Willner – Taschenlexikon der Schmetterlinge Europas

Wolfgang Willner

Taschenlexikon der Schmetterlinge Europas

Alle Tagfalter im Porträt

Quelle & Meyer Verlag Wiebelsheim

Über den Autor

Wolfgang Willner ist Naturfotograf und -filmer und beschäftigt sich seit seiner Kindheit mit der heimischen Flora und Fauna. Seine besondere Begeisterung gilt den Schmetterlingen und den Käfern. Er ist außerdem ehrenamtlicher Mitarbeiter beim Bund Naturschutz in Bayern e.V.

Bibliografische Information der Deutschen Nationalbibliothek
Die Deutsche Nationalbibliothek verzeichnet diese Publikation in der Deutschen Nationalbibliografie; detaillierte bibliografische Daten sind im Internet über http://dnb.d-nb.de abrufbar.

Umschlagabbildungen: Wolfgang Willner
Druck und Verarbeitung: Himmer GmbH Druckerei & Verlag, Augsburg
Printed in Germany/Imprimé en Allemagne
ISBN 978-3-494-01633-7

Inhalt

Einführung ... 7

Artporträts ... 43
- *Hesperiidae* Familie Dickkopffalter ... 43
- *Papilionidae* Familie Ritterfalter ... 81
- *Pieridae* Familie Weißlinge und Gelblinge ... 96
- *Lycaenidae* Familie Bläulinge ... 143
- *Nymphalidae* Familie Edelfalter ... 244

Literaturverzeichnis ... 431

Glossar ... 433

Bildquellennachweis ... 434

Register der deutschen Artnamen ... 435

Register der wissenschaftlichen Artnamen ... 444

Einführung

In der wohl artenreichsten Tiergruppe weltweit, den Insekten, stellen die Schmetterlinge die faszinierendsten Vertreter dar. Ihre Farbenpracht und Formenvielfalt ist einzigartig. Selbst unser so häufiges Tagpfauenauge kann es an Schönheit, Eleganz und Farbigkeit durchaus mit großen tropischen Vertretern aufnehmen und wir empfinden Sympathie für diese scheinbar so mühe- und lautlos durch die Luft fliegenden Gaukler. Diese Tiere haben schon im Altertum die Fantasie der Menschen beflügelt und zu vielen Mythen und Dichtungen angeregt. Der wissenschaftliche Bezeichnung für Schmetterlinge „Lepidoptera“ setzt sich aus dem Griechischen „lep“ = Schuppe und „pteron“ = Flügel zusammen.

Die Tagfalter fliegen am liebsten bei Sonne und Wärme und lassen sich dann auch gut beobachten. Man zählt derzeit 10144 Arten in Europa, (etwa 3700 in Deutschland), davon sind allerdings nur insgesamt 464 Arten Tagfalter. Dieser Band soll auf aktuellem Stand einen Überblick über alle Tagfalter Europas geben. Es herrscht allerdings bei einem Teil der Arten Uneinigkeit über deren Artstatus, da eine Reihe von Autoren aufgrund genetischer Analysen in den letzten Jahren neue Arten abgespalten haben, die nicht von allen akzeptiert werden. Wir beziehen uns auf den Abgleich der Europa-Checkliste von KARSHOLT & RAZOWSKI (1996) mit der Fauna Europaea, Version 2.5, letztes Update vom 23. Juli 2012.

Die Unterscheidung von Tag- und Nachtfaltern ist eigentlich nicht ganz nachvollziehbar, da eine Reihe von Nachtfaltern wie z. B. die Widderchen, das Taubenschwänzchen und der Hummel- und der Skabiosenschwärmer am Tag und nicht nachts fliegen. Ein gutes Erkennungsmerkmal sind die Fühler. Bei Tagfaltern sind sie an den Enden keulenförmig verdickt, während sie bei Nachtfaltern fadenförmig gekämmt oder gefiedert sind. Auch die deutsche Namensgebung ist oft nicht eindeutig, weil viele Arten verschiedene deutsche Namen haben. Richtig und exakt ist daher nur die wissenschaftliche Bezeichnung, die sich aus dem Gattungs- und Artnamen zusammensetzt. Einen dritten Namen bekommen Arten noch, wenn sie als Unterart einer Art klassifiziert sind.

Das eindeutige Bestimmen der Falter ist manchmal nicht ohne Einfangen und Betrachtung in der Hand möglich. Wir beschränken uns auf die auch für den Laien sichtbaren und möglichen Merkmale, da es nicht sinnvoll ist, die Falter jedes Mal zu fangen, zu beunruhigen und vielleicht sogar zu schädigen. Bei vielen Arten ist dies zudem naturschutzrechtlich untersagt und nur mit behördlicher Ausnahmegenehmigung für wissenschaftliche Zwecke zulässig. Daher sind Merkmale der Vorderflügelunterseite und bei manchen Arten der Flügeloberseiten in der Praxis oft nicht sehr hilfreich, da sie beim sitzenden Falter meist nicht vollständig oder bei Gelblingen beispielsweise gar nicht oder nur schwer erkennbar, im Gegenlicht sichtbar werden.

Es sind meist markante Zeichnungen der Flügel mit Bänderungen, Punkten und Flecken, die Anhaltspunkte für eine Zuordnung liefern. Für die tiefergehende wissenschaftliche Beschäftigung verweise ich im Anhang auf die einschlägige Fachliteratur, wo man unter anderem mehr über die Methoden zur Bestimmung schwieriger Falterarten erfährt.
Eine Reihe dieser Arten sind nur durch Präparation und Genitaluntersuchungen des Männchens unter dem Mikroskop eindeutig bestimmbar. Den Umfang der europäischen Schmetterlingsfauna als fotografische Dokumentation auch nur annähernd wiedergeben zu wollen, dafür reicht ein Menschenleben nicht aus. In den über vier Jahrzehnten, in denen mein verstorbener Vater Otto Willner und später ich neben den vielen anderen naturfotografischen Themen an dieser faszinierenden Tiergruppe gearbeitet haben, ist sie uns ans Herz gewachsen.
Der Verlag hat sich dankenswerterweise entschieden zwei Bände zu produzieren. Einen Band über Tag- und einen über Nachtfalter. Im vorliegenden Tagfalterband sind alle europäischen Tagfalter aufgeführt, wobei der größte Teil mit Foto abgebildet werden konnte. Mein Dank gilt den Kollegen, die mir bei der Suche nach Informationen und Bildmaterial geholfen haben. Heinrich Vogel, der mich mit seinen Bildern und bei der Textkorrektur unterstützte, Dr. Wolfgang Wagner, der aus seinem umfangreichen Archiv Bilder vieler süd- und osteuropäischer Arten zur Verfügung stellte. Sowie Robert Hirmer und Werner Redl, die ebenfalls Bildmaterial bereitstellten.
Dieses Buch soll dem interessierten Laien und auch etwas erfahreneren Schmetterlingsbeobachtern zu Hause und bei Exkursionen in der Natur helfen europäische Schmetterlingsarten kennenzulernen. Dem Autor ist es ein Anliegen, Verständnis für den Schutz dieser faszinierenden, aber hoch bedrohten Tiergruppe zu wecken.
Ihr Verschwinden in unserer Natur und Erscheinen in Roten Listen warnt uns vor massiven Veränderungen und Gefahren für die Artenvielfalt. Eine ganze Reihe unserer heimischen Tagfalter gelten als sogenannte Bioindikatoren, als Anzeiger für den Zustand unserer Natur. Die Bände sollen sowohl dem Laien einen Einstieg in die Beschäftigung mit dieser vielfältigen Welt ermöglichen als auch dem Fortgeschrittenen einen Überblick geben. Ich beschränke mich auf das Notwendigste an Fachausdrücken und Bestimmungsgrundlagen, um den eigentlichen Akteuren möglichst viel Raum für Bilder und die wichtigen Artinformationen zu überlassen. Eine Überlegung, die auch zu einer erschwinglichen Preisgestaltung beiträgt. Für weitergehende Fragen zur Bestimmung und Biologie sei auf zahlreiche Werke der Fachliteratur und die entsprechenden Internetadressen und -foren im Anhang verwiesen. Die Falterarten sind größtenteils lebend und wo vorhanden auch im Raupenstadium abgebildet.

Körperbau

Eine Einführung in die Merkmale des Körperbaus und die verschiedenen Entwicklungsstadien der Tagfalter soll bei der Bestimmung und dem Verständnis der Biologie der Tiere helfen. Die Grundprinzipien des Bauplans entsprechen denen anderer Insektengruppen wie z. B. Heuschrecken, Wespen oder Käfern. Die Tiere haben kein Innenskelett. Ihre Außenhülle aus Chitin schützt vor Umwelteinflüssen. Der Körper gliedert sich in drei gut erkennbare Abschnitte, den Kopf *(Caput)*, die Brust *(Thorax)* und den Hinterleib *(Abdomen)*. Der Hinterleib ist in Ringe unterteilt, die durch flexible Häute verbunden sind.

Abb. 1: Blauschwarzer Eisvogel *(Limenitis reducta)*

Der Kopf trägt die Augen und zusätzlich Punktaugen, die keulenförmig verdickten Fühler und die Mundwerkzeuge. Das Sehvermögen ist sehr begrenzt und lässt nur eine grob gerasterte Wahrnehmung zu, ausreichend für die Erfassung von Bewegungen, Umrissen und Farben von Blüten auf kurzer Distanz. Das Erkennen der Farben ist sowohl für das Aufspüren von Nektarquellen als auch bei manchen Arten für die Partnerfindung wichtig. Zusätzlich nehmen sie ultraviolettes Licht wahr und finden so Blüten, die Farbmuster im UV-Bereich zeigen. Die Palpen (Tastwerkzeuge) sitzen links und rechts der zum Saugrüssel umgebildeten Mundwerkzeuge. Der Saugrüssel ist zweigeteilt und bildet aus zwei Rinnen ein flexibles Rohr, das aufgerollt werden kann. Er hat eine Reihe von Sinneszellen, die dem Tast- und Geschmackssinn dienen. An der Brust sitzen sowohl die Flügel als auch die drei Beinpaare. Die Beine bestehen aus dem Schenkel *(Femur)*, der Schiene *(Tibia)* und dem Fuß *(Tarsus)* und sind vermutlich auch Träger von Sinnesorganen. Bei einigen Tagfalterfamilien ist das vordere Beinpaar so weit verkümmert, dass es zur Fortbewegung nicht mehr geeignet ist. Es ist zu Putzpfoten umgeformt. Die sogenannten „Flügelherzen" sorgen für die Durchblutung der Flügel. Die Flügelpaare bestehen aus flachen, doppelhäutigen Membranen und sind das wichtigste und auffälligste Merkmal der Falter. Sie sind dicht mit – oft farbenprächtigen- Schuppen besetzt, die dachziegelartig angeordnet sind. Die leuchtenden Farben werden entweder durch Farbpigmente, wie zum Beispiel beim prächtigen Tagpfauenauge, oder auch durch Lichtbrechungen und Reflexionen wie bei den Schillerfaltern hervorgerufen. Bei den Schillerfaltern entsteht vergleichbar mit den tropischen Morphofaltern das intensiv blaue Schillern nicht durch Pigmentfarben, sondern durch den Aufbau der Schuppen, die Strukturfarben aufgrund von Lichtbrechungseffekten an kleinsten Rippen, Näpfchen oder Gittern auf der Oberfläche in einem bestimmten Betrachtungswinkelbereich erzeugen. Die männlichen Falter sind ansonsten unauffällig dunkelbraun wie die Weibchen, denen der Schillereffekt völlig fehlt. Solche Schillerfarben können auch in Rot, Gold, Grün oder als Perlmutteffekt auftreten.

Abb. 2: Flügeldetail Großer Schillerfalter

Bei einer Reihe von Arten unterscheiden sich Männchen und Weibchen in Farbe, Zeichnung und Größe der Flügel wie beim Aurorafalter *(Anthocharis cardamines)* und vielen Bläulingsarten. In der Zoologie nennt man dies Geschlechtsdimorphismus. Wichtige Bestimmungsmerkmale sind auch die Form und Anzahl der Flügeladern, die den Flügeln Form und Stabilität verleihen. Bei einer Reihe von Tagfaltern kommen hauptsächlich bei den Männchen sogenannte Duftschuppen vor, die durch Drüsen an ihrer Basis ein Sekret absondern, das durch die Luft verbreitet wird und der Partnerwerbung und -findung dient. Arten mit großflächigen Flügeln wie

z. B. Segelfalter, Schwalbenschwanz oder Apollofalter haben einen relativ langsamen Flügelschlag und sind zum Gleitflug befähigt. Bei kleineren Arten wie z. B. den Dickkopffaltern ist nur ein schwirrender Flug möglich. Ein großer Teil der Tagfalter bildet eine Generation (Schmetterling–Ei–Raupe–Puppe–Schmetterling) aus, andere, wie der Schwalbenschwanz, drei, wieder andere, wie das Landkärtchen zwei Generationen pro Jahr, die sich als einzige europäische Art im Aussehen des fertigen Schmetterlings stark unterscheiden: die Frühjahrsgeneration ist hellorange, die Sommergeneration dunkelbraun. Die Bildung der verschiedenen Färbungen hängt mit der unterschiedlichen Tageslänge zusammen.

Abb. 3a: Geschlechtsdimorphismus beim Aurorafalter: Weibchen

Abb. 3b: Geschlechtsdimorphismus beim Aurorafalter: Männchen

Abb. 4a: Frühjahrsform des Landkärtchens

Abb. 4b: Sommerform des Landkärtchens

Im Hinterleib befinden sich neben dem Darm die komplexen und vor allem bei den Weibchen großen Fortpflanzungsorgane. Sie besitzen eine Öffnung zur Begattung und eine Begattungstasche, wo die Spermatophore (das Behältnis der Spermien, das vom Männchen abgegeben wird) abgelegt wird. Die Eier werden über eine weitere Öffnung, in die der Eileiter mündet, abgelegt. Die Befruchtung mit den Spermien erfolgt erst kurz vor der Ablage im Eileiter. Ein Sekret aus den bei einem großen Teil der Tagfalter vorhandenen Kittdrüsen dient dem Anheften der Eier. Arten, denen diese Drüse fehlt, verfügen über eine zusammenschiebbare Legeröhre. Die männlichen Geschlechtsorgane bestehen aus Klammerorganen in Form eines aus Chitin gebildeten, ringähnlichen Gebildes, seitlich von zwei Klappen, den sogenannten Valven, flankiert, die das Weibchen wie eine Pinzette festhalten. Dazwischen ist das eigentliche Begattungsglied angeordnet. Die Form und Ausprägung dieser Kopulationsorgane sind wichtige Bestimmungsmerkmale.

Das Ei

Bei Tagfaltern variieren die Formen von Eiern und Gelegen von kugelförmig, abgeplattet, oval, zylindrisch oder tönnchenförmig mit Rippen, eingekerbt oder glatt und auch die Farben sind sehr unterschiedlich. Oft verändern sie sich je nach Entwicklungsstand von hell nach dunkel. Eine feste Hülle umgibt den Dotter zur Ernährung für den Embryo bis zur Entwicklung zur Raupe. Dieses Stadium der Entwicklung kann zwischen sechs und zehn Tage, bei im Ei überwinternden Arten aber auch mehrere Monate dauern. Landkärtchen legen ihre Eier in Türmchen übereinander an Brennnesselblättern ab, der Trauermantel klebt seine 200 und mehr Eier rund um die

Zweige von Weiden, das Schachbrett wirft sie einfach auf den Boden in Nähe ihrer Futterpflanzen, der Schwalbenschwanz klebt sie wiederum einzeln an die Pflanzen. Beim Schlüpfen beißen die Jungraupen mit ihren Mundwerkzeugen die Eihülle auf und viele Arten ernähren sich davon auch zunächst.

Abb. 5a: Eier des Aurorafalters an Gänsekresse *(Arabis hirsuta)*

Abb. 5b: Eier des Landkärtches in Türmchenform abgelegt an Brennnessel

Abb. 5c: Eier des Trauermantels ringförmig abgelegt an Weidenzweig

Die Raupe

Die äußere Form der Larvenstadien der Tagfalter ist meist mehr oder weniger annähernd länglich-walzenförmig. Variationen treten in Aussehen, Farbe oder Behaarung auf. Bei Edelfaltern treten oft behaarte, borsten-, stachelartige oder warzenförmige Fortsätze auf. Raupen der Bläulinge sind meist grünlich asselartig abgeflacht. Die Gliederung unterteilt sich in 14 Abschnitte bzw. Segmente. Der Kopf verfügt über sechs Paar Punktaugen, die nur eine Hell-dunkel-Unterscheidung ermöglichen, und zum Zerkauen der Nahrung geeignete Mandibeln. An der Unterlippe sitzen Spinndrüsen, die einen Faden zur Fixierung oder Fortbewegung auf glatten Oberflächen wie Blättern oder zum Spinnen eines gemeinschaftlichen Raupennestes sowie auch zur späteren Befestigung der Puppenhülle herstellen. Die drei Brustsegmente tragen je ein Beinpaar. Am 3. bis 6. Hinterleibssegment sitzen vier Bauchbeinpaare, die Haftorgane besitzen, um sich auch an glatten Oberflächen festhalten zu können, und am Ende ein letztes Paar Beine, die sogenannten Nachschieber. Das Innere der Raupe besteht zum größten Teil aus den Verdauungsorganen. An der Seite befinden sich kleine Löcher, die Atemöffnungen (Stigmen). Die Zunahme an Größe und Gewicht in dieser Phase des Fressens erfordert mehrfaches meist viermaliges Häuten der Raupe. Die Dauer des Raupenstadiums beträgt temperaturabhängig durchschnittlich 20 bis 40 Tage, kann bei verschiedenen Arten aber auch mehrere Monate, und wenn es überwinternde Vertreter sind, bis zu 22 Monate dauern.

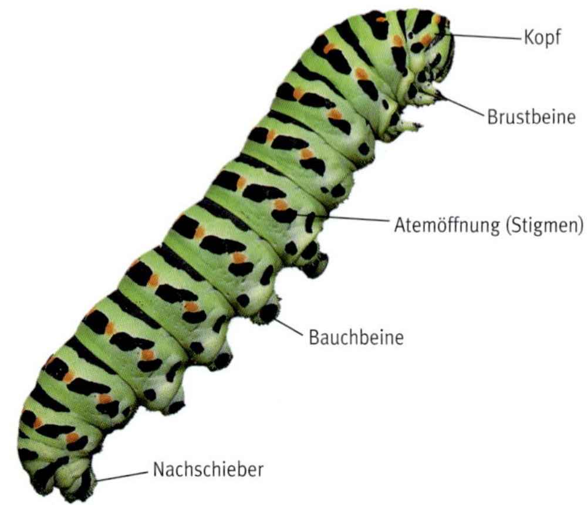

Abb. 6a: Schwalbenschwanzraupe

Abb. 6b: schlüpfende Trauermantel-Raupen

Die Puppe

Die Puppe ist das Stadium der vollständigen Umwandlung von der Raupe zum Falter. Bei Tagfaltern ist sie eine sogenannte Mumienpuppe, darin sind die späteren Extremitäten der Falter in Scheiden mit dem Rumpf fest verbunden. Sie ist vorne starr und am Hinterleib mit beschränkt beweglichen Segmenten ausgestattet. Am Hinterleibsende befindet sich ein mit Borsten, Haken und Stacheln ausgestattetes Gebilde, das sich z.B. zum Verankern der Puppe an der Pflanze oder in einem Raupengespinst eignet. Das Gewebe der Puppe wird während der ein- bis dreiwöchigen, bei überwinternden Arten aber auch mehrere Monate dauernden Entwicklung vollständig aufgelöst und in die Organe des erwachsenen Tagfalters umgebaut. Man unterscheidet Gürtelpuppen wie etwa beim Schwalbenschwanz *(Papilio machaon)* oder dem Baumweißling *(Aporia crataegi)*, die sich mit dem Kopf nach oben verpuppen, oder Stürzpuppen wie die des Kleinen Fuchses *(Aglais urticae)*, die die Verpuppung mit dem Kopf nach unten vollziehen. Einige der europäischen Tagfalter verpuppen sich auch in einem Gespinst zwischen Pflanzenresten, Falllaub, zwischen Moos oder unter Steinen. Zu ihnen gehören die Mohrenfalter *(Erebia sp.)* oder der Apollofalter *(Parnassius apollo)*. Einen Schritt weiter gehen seine Verwandten der Schwarze Apollo *(P. mnemosyne)* und der Hochalpen-Apollo *(P. phoebus)*, sie bauen sich einen stabilen Kokon zur Verpuppung am Erdboden. Eine Besonderheit bei manchen Edelfaltern wie beim Admiral *(Vanessa atalanta)* oder beim Mädesüß-Perlmutterfalter *(Brenthis ino)* sind golden oder silbrig glänzende Stellen, die durch Lichtbrechungen an der Puppenhaut zustande kommen.

Abb. 7a: Puppe des Schwalbenschwanzes

Abb. 7b: Puppe des Apollofalters

Abb. 7c: Puppe des Admirals

Die fertig entwickelten Falter müssen sich aus den Puppenhüllen befreien, indem sie diese an vorbestimmten Nahtstellen durch Körperbewegungen auftrennen. Darüber hinaus müssen sich manche noch aus einem harten Kokon, mithilfe von Sekreten, die das robuste Gespinst an einer Stelle auflösen und eine Öffnung schaffen, befreien. Dies alles geschieht mit den kleinen, schlaffen, zusammengefalteten Flügeln, die nur selten beim Schlupfvorgang durch Störung oder sonstige Probleme beschädigt werden können. Die Falter suchen eine geeignete Stelle an einer Pflanze oder anderen senkrechten Strukturen, wo sie frei hängend ihre Flügel mit Blutflüssigkeit und Luft aufpumpen. In dieser Zeit sind alle Falter leicht angreifbare Beute für Fressfeinde. Sie können noch nicht fliegen, weil die Flügel und der Körper an der Luft erst einmal aushärten müssen. Vor dem ersten Flug geben sie noch eine Flüssigkeit, das Meconium (Puppenharn) ab. Es besteht aus überflüssigen Körpersekreten, die während des Puppenstadiums nicht ausgeschieden werden konnten. Dieser ganze Vorgang der vollständigen Verwandlung des Eis zur Imago wird durch Hormone gesteuert.

Abb. 8a: Puppe des Kleinen Feuerfalters

Abb. 8b: Die farbenfrohe Puppe des Maivogels

Lebensweise der Tagfalter

Nahrungsaufnahme

Während ihrer Lebenszeit von wenigen Tagen über mehrere Wochen und bei einigen, wenigen überwinternden Arten wie dem Zitronenfalter *(Gonepteryx rhamni)* bis zu einem Jahr ist der größte Teil der Tagfalter mit der Suche nach Nahrung und auch gleichzeitig nach Eiablageplätzen und Paarungsmöglichkeiten beschäftigt. Die hauptsächliche Nahrung besteht aus Blütennektar, in dem Zucker und Aminosäuren enthalten sind. Die Falter sprechen dabei unterschiedlich vor allem auf blaue, rot-violette und gelbe Blütenfarben an und setzen zusätzlich ihre Geruchswahrnehmung ein. Die sehr langen Rüssel der Tagfalter sind eine Anpassung an die Verfügbarkeit der Blüten, abhängig von der Jahreszeit und ihrer Flugzeit. Sie können damit auch sehr lange, röhrenförmige Blüten nutzen. Oft wird die eine Nahrungspflanze bevorzugt genutzt, wenn sie zur selben Zeit blüht. Es gibt zudem eine Reihe von Arten, die zusätzlich oder nur an anderen Nahrungsquellen wie Kot, Aas, Urin, Schweiß und gärenden Säften von Fallobst und Baumsäften saugen. Manche nehmen auch oder nur Mineralsalze und Wasser von feuchten Bodenstellen und an Pfützenrändern auf.

Abb. 9: Kleine Schillerfalter beim Saugen

Wärmeregulation

Tagfalter brauchen wie viele andere Insektenarten einen bestimmten Temperaturbereich, um aktiv werden zu können. Die Flügelmuskulatur arbeitet in der Regel bei den meisten Arten in einem Körpertemperaturbereich zwischen 30 bis 38 °C optimal. Bei den in Hochgebirgen fliegenden Faltern, die zum Gleitflug befähigt sind, wie z. B. dem Hochalpen-Apollo *(Parnassius phoebe)*, sind auch schon Körpertemperaturen ab 17 °C ausreichend. Bei Nachtfaltern kann man bei vielen Arten das hochfrequente Flügelschlagen als Methode zur Erhöhung der Körpertemperatur beobachten. Dazu sind auch manche Tagfalterarten in der Lage. In der Regel erfolgt das Erwärmen des Körpers aber meist durch Sonnen mit ausgebreiteten Flügeln. Sie suchen dazu warme, windgeschützte Stellen, besonnte Bereiche an Hängen, Böschungen oder an offenen Bodenstellen oder Felsbereichen auf. Bei Hitze suchen viele Falterarten den Schatten auf oder ziehen sich in kühlere Bereiche in Gehölzen zurück.

Abb. 10: Hochalpen-Apollo bei der Paarung

Partnerfindung und Balz

Die männlichen Tagfalter verwenden viel Zeit und Aufwand für die Partnerfindung und -werbung. Dabei werden zwei verschiedene Strategien verfolgt, die eine beschränkt sich auf das Benutzen von Sitzwarten nahe höherer Vegetation in Erwartung vorbeifliegender Weibchen. Die andere besteht aus aktivem Umherfliegen im Revier mit einer wesentlich größeren Flächenabdeckung auf der Suche nach Weibchen. Dabei zeigen die Männchen vieler Arten ein Revierverhalten und versuchen fremde Männchen, die in der Nähe ihres Ansitzplatzes auftauchen, zu vertreiben. Einige Tagfalter wie Schwalbenschwänze *(Papilio machaon)*, Segelfalter *(Iphic-*

lides podalirius), Mauerfuchs *(Lasiommata megera)* oder Braunauge *(L. maera)* begeben sich zur Balz und Partnerfindung auf Berggipfel, Hügel und Geländekuppen zur sogenannten Gipfelbalz (hill-topping). Ähnliches, nämlich die sogenannte Wipfelbalz, betreiben Waldarten wie die Schillerfalter *(Apatura sp.)* und der Große Eisvogel *(Limenitis populi)*. Sie verteidigen dabei ihre Reviere vom Ansitz aus gegen eindringende Männchen und versuchen sich mit einfliegenden Weibchen zu paaren.
Bei der Wahrnehmung und Erkennung des Partners spielen Faktoren wie die Zeichnung und Färbung der Flügel und auch Größe und Form darauf befindlicher UV-Anteile eine Rolle. Auch Gerüche und Pheromone der bei Männchen mancher Arten vorhandenen Duftschuppen sowie das Balzverhalten sind ausschlaggebend. Von Art zu Art kann eine Kopula einige Minuten, Stunden oder auch Tage dauern. Die Spermatophore, die das Männchen an das Weibchen übergibt, ist auch oft zusätzlich mit Nährstoffen, Stoffen, die die Eiproduktion anregen, oder die Empfängnisbereitschaft der Weibchen gegenüber Rivalen reduzieren sollen, angereichert. Die Männchen einiger Arten können am Ende der Kopula ein Sekret oder eine Art Stopfen produzieren, das vermutlich eine weitere Paarung mit anderen Männchen verhindern soll.

Abb. 11: Balz des Schwarzgefleckten Ameisen-Bläulings

Eiablage

Der passende Standort für die Ablage der Eier ist von großer Bedeutung für das Überleben der Nachkommen. Die Raupe sollte ein ausreichendes und gutes Nahrungsangebot vorfinden. Die klimatischen Bedingungen sollten stimmen und möglichst wenig Fressfeinde oder Parasiten vorhanden sein. Arten, die im Raupenstadium auf Ameisen angewiesen sind, benötigen eine ausreichende Menge vorkommender Wirtsameisen. Die Ablage erfolgt bei mehr als zwei Dritteln der europäischen Tagfalter bevorzugt an jungen Blättern, aber auch an Knospen, Trieben, Blüten und Früchten der späteren Raupenfutterpflanze. Der Rest legt die Eier in Nähe der Pflanzen z.B. an Borke oder anderen Strukturen ab. Ein großer Teil heftet die Eier einzeln an die Pflanzen, der Rest wirft die Eier in deren Nähe ab und ein kleiner Teil legt sie in Form einer größeren zusammenliegenden Ansammlung, eines Geleges, das einige wenige bis mehr als hundert Eier beinhalten kann, ab. Dies kann Vorteile wie die Bildung eines gemeinsamen Raupengespinstes, das Schutz vor kleineren Fressfeinden, Witterungseinflüssen und Parasiten bietet, aber auch Nachteile wie einen größeren Nahrungsbedarf und einen möglichen Totalverlust bei falscher Wahl des Standorts oder Angriff eines größeren Feindes mit sich bringen. Ein Weibchen kann je nach Art zwischen 50 und 1500 Eiern produzieren, die allerdings im Freiland aufgrund von Witterungsbedingungen oder erreichbarer, geeigneter Eiablageplätze und der Fitness nicht alle zur Ablage kommen.

Abb. 12a: Eiablage Trauermantel

Abb. 12b: Zitronenfalter bei der Eiablage

Lebensweise der Raupe

Die Raupen der Tagfalter leben in der Regel von pflanzlicher Nahrung wie zum Beispiel Mohrenfalter von Gräsern, Weißlinge von Kreuzblütlern oder Bläulinge von Schmetterlingsblütlern. Die sogenannten Ameisenbläulinge sind in einem späteren Larvenstadium aber auch räuberisch und ernähren sich von der Ameisenbrut. Die Raupe muss in der Lage sein, ihre Futterpflanzen zu erkennen. Dafür sind sie mit Rezeptoren im Bereich ihrer Mundwerkzeuge ausgestattet und manche Arten müssen ihre Nahrungsgrundlage erst einmal in Nähe ihrer Eiablagestelle nach dem Schlupf ausfindig machen. Da viele Raupen überwintern müssen, ist es im Frühjahr notwendig, eine neue Futterpflanze aufzusuchen. Das Interesse der Raupen liegt in der Anreicherung von Proteinen während ihrer Entwicklung. Eine Reihe von Arten sind bei der Auswahl ihrer Kost sehr selektiv und fressen nur eine einzige Pflanzenart, wie der Schlehen-Zipfelfalter (*Satyrium acaciae*) die Blätter der Schlehe (*Prunus spinosa*) oder der Hochmoor-Gelbling (*Colias palaeno*) die der Rauschbeere (*Vaccinium uliginosum*). Diese Ernährungsweise nennt man „monophag“. Im Gegensatz dazu ernährt sich ein Großteil der Tagfalter von verschiedenen und manche sogar von einer Vielzahl von Pflanzenarten, also „polyphag“. Raupen, die an einander verwandten Pflanzenarten fressen, wie z. B. die des Großen Schillerfalters, der verschiedene Weidenarten nutzt, nennt man „oligophag“, wobei bei manchen europaweit vorkommenden, in Deutschland nur als oligophag bekannten Arten in einem anderen Land die Nutzung auch anderer Pflanzenfamilien und damit auf ganz Europa bezogen ein polyphages Verhalten nachweisbar ist. Der Zeitpunkt des Schlüpfens muss mit dem Vorhandensein ihrer

Futterpflanze übereinstimmen. Die Raupen benötigen für ihr Wachstum, die Entwicklung, ihre spätere Fitness und ihre Fortpflanzungsfähigkeit als Falter Stickstoffverbindungen wie Aminosäuren und vor allem Proteine. Ausschlaggebend sind auch die Witterungsbedingungen, da Nahrungsaufnahme und Häutungsfähigkeit von der Temperatur abhängig sind. Eine Überwinterung von Tagfaltern als Imagines ist die Ausnahme. Der größte Teil überwintert als Raupe und versteckt sich dazu in Grashorsten, in der Streuschicht oder in einem selbst gebauten Unterschlupf an den Blättern ihrer Futterpflanze. Sie reduzieren zum Schutz vor Frost ihren Wassergehalt und lagern Eiweißstoffe und Glycerin in ihre Zellen ein, um zu verhindern dass sich Eiskristalle bilden, die die Zellen zerstören.

Kein Leben ohne Ameisen

Einige Vertreter einer Tagfalterfamilie, der Bläulinge, haben eine ganz besondere Lebensweise. Sie sind mit Ameisen „befreundet". Ameisen suchen ihre Nähe, weil die Raupen einen Duft aus Drüsen am Raupenkörper verströmen, der sie anlockt. Die Ameisen lokalisieren die Raupen aufgrund des Duftes und beschützen sie durch ihre Anwesenheit und Wehrhaftigkeit auch vor Feinden. Als Belohnung sondern die Raupen eine süße Flüssigkeit ab, die von den Ameisen gerne aufgesaugt wird.
Andere Bläulingsarten haben ein noch wesentlich engeres Verhältnis zu Ameisen, sie sind auf sie angewiesen und zwar auf bestimmte Arten von Knotenameisen. Zu diesen Ameisenbläulingen gehören bei uns fünf Vertreter: der Helle und der Dunkle Wiesenknopf- sowie der Lungenenzian-, der Kreuzenzian- und der Thymian-Ameisenbläuling. Die Falter legen ihre Eier wie andere Artgenossen an ihre Nahrungspflanze, Großer Wiesenknopf oder Lungen-Schwalbenwurz- und Kreuz-Enzian und Thymian-Arten, in Bereichen ab, wo auch meist die Nester ihrer späteren Wirtsameisen nicht allzu weit entfernt sind. Die Raupen fressen zwei bis drei Wochen an den Blüten und lassen sich dann zu Boden fallen. Von den Wirtsameisen werden sie hier auch oft nur zufällig aufgefunden und regelrecht adoptiert, d.h. ins Nest eingetragen. Das Risiko für die Raupe, keiner Ameise zu begegnen und verhungern zu müssen, ist relativ hoch. Auch von der falschen Knotenameisenart ins Nest eingetragen zu werden, hat zur Folge, dass die Raupen vernachlässigt werden und absterben. Wenn aber eine der richtigen Wirtsameisen die Raupe findet, wird ihr vorgegaukelt, dass es sich bei der Raupe um eine Larve der eigenen Art handelt, und sie wird ins Nest geschleppt. Es wirken dabei zumindest beim Kreuzenzian-Bläuling auch Duftstoffe, sogenannte Pheromone, der Raupe mit, den Fürsorgetrieb der Ameisen zu wecken. Dort in den unterirdisch gelegenen Nestern verbringen sie ihr Leben. Die Enzian-Bläulingsraupen werden von den Ameisen gefüttert, während die anderen drei Arten parasitieren, sie ernähren

sich nämlich von der Brut ihrer Wirtsameisen. So verbringen die Raupen auch den Winter geschützt im Nest und verpuppen sich dort, bevor sie im Frühsommer schlüpfen und durch die Ameisengänge ins Freie gelangen.

Abb. 13: Enzian-Ameisenbläuling (Phengaris alcon) bei der Eiablage am Lungenenzian

Fressfeinde, Parasiten und Krankheiten

Schmetterlinge sind eine begehrte Beute einer Vielzahl von Jägern. Einige Vogelarten sind wendig und geschickt genug, um die Falter sogar im Flug zu erbeuten, wie die exotisch anmutenden Bienenfresser.

Die Raupen zur Massenvermehrung neigender Arten sind zur Aufzuchtzeit der Jungen wichtiger Bestandteil des Speisezettels vieler Vogelarten. Auch unter den Insekten jagen viele Arten Schmetterlinge. Libellen können ab und zu einen der Falter ergreifen, dabei wird nur der Körper verzehrt, die Flügel bleiben übrig. Einige Krabbenspinnenarten haben sich auf die Ansitzjagd auf Blüten spezialisiert. Dies geht so weit, dass das Weibchen einer bestimmten Art, der Veränderlichen Krabbenspinne (*Misumena vatia*), sich an die Farbe der Blüte, auf der sie sitzt, anpassen kann. Mit etwas Geduld fällt der eine oder andere Falter auf den Hinterhalt herein. Auch Raubfliegen können Falter fangen. Waldameisen, Raubwanzen und sogar Heuschrecken wie das Grüne Heupferd erbeuten mit viel Glück Schmetterlinge beim Blütenbesuch oder am Boden.

Die Raupen der Falter sind einer Vielzahl von Fressfeinden ausgesetzt. Ameisen, Spinnen, Wespen, und Käfer machen Jagd auf sie.

Abb 14: Bienenfresser mit Tagpfauenauge

Die Gemeine Sandwespe lähmt die Raupen mit einem Stich und schleppt sie anschließend als lebenden, aber bewegungsunfähigen Nahrungsvorrat zu ihrer Brut ins Nest.
Unter den Schlupf-(*Ichneumonidae*), Brack-(*Braconidae*) und Erzwespen (*Chalcidoidea*) gibt es eine Reihe von Arten, die Raupen und Puppen parasitieren. Sie stechen ihr Opfer an und legen ihre Eier in den Körper. Die Larven fressen sich regelrecht durch die weiterlebende Raupe oder Puppe und schlüpfen zuletzt. Die Raupe stirbt dabei wenig später. Manche Parasitoide sind auf ganz bestimmte Tagfalterarten oder -familien spezialisiert, andere befallen zahlreiche Wirtsarten. Im Raupenstadium können aber auch Infektionen durch Bakterien, Viren und Pilze auftreten. Vor allem der Pilzbefall wird durch anhaltend feuchte Witterung erheblich begünstigt. Amphibien wie Erdkröten, Eidechsen, Säugetiere wie Spitzmäuse und Maulwürfe stellen Raupen, Puppen und Schmetterlingen nach. Sogar eine Pflanzenfamilie ist in der Lage, Schmetterlinge passiv zu erbeuten. Die drei heimischen Sonnentauarten sind potenzielle Feinde, sie bilden klebrige Fallen für Falter und andere Insektenarten. Infektionen durch Viren, Pilze und Bakterien sind bei bestimmten Witterungsbedingungen, wie anhaltend hoher Feuchtigkeit oder Niederschlägen, ein weiterer bestandsregelnder Faktor.

Doch sind Schmetterlinge nicht ganz hilflos ihren Fressfeinden ausgesetzt. Die einen arbeiten mit dem Überraschungseffekt. Sie tragen die Warnfarben Rot oder Gelb auf ihren Hinterflügeln. Manche haben noch eine Stufe mehr zur Verfügung, sie zeigen Augenzeichnungen auf den Hinterflügeln, wie das Abendpfauenauge. Bei Störung klappen die Vorderflügel blitzartig nach oben und die Augenzeichnung wird sichtbar. Den Überraschungs-

effekt kann der Falter jetzt nützen und mit etwas Glück den Angreifer verwirren. Die Zipfelfalter imitieren mit ihren Zipfeln am Flügelende und Augenzeichnungen den Kopf, um Fressfeinde von überlebenswichtigen Körperteilen abzulenken.
Das Tagpfauenauge führt diesen Trick beim Besuch von Blüten durch nervös scheinendes Öffnen und Schließen der Flügel aus. Vögeln präsentiert es damit die sich ständig bewegende Augenzeichnung aufs Neue. Von außen ist das Tagpfauenauge wie viele andere Falter sehr unscheinbar gefärbt und gezeichnet, einem alten vertrockneten Blatt sehr ähnlich und damit gut getarnt. Viele Raupen weichen ihren Feinden einfach aus, indem sie tagsüber versteckt ruhen und nur nachts fressen. Auch hier kommt die Methode des Tragens von Warnfarben Rot und Gelb in verschiedenen Kombinationen zum Einsatz. Diese Raupen ernähren sich an giftigen Pflanzen wie etwa der Monarchfalter *(Danaus plexippus)*und bauen deren Inhaltsstoffe in den Körper ein. Auch die Falter enthalten später noch die Giftstoffe. Raupen, die in großen Mengen auftreten, leben oft in Gemeinschaftsnestern oder bauen widerstandsfähige Gespinste. Andere Tagfalter sind in Raupen und Puppenstadium perfekt an ihren Untergrund angepasst und somit schwer zu entdecken. Manche Raupen verstecken sich tagsüber und fressen nur nachts oder lassen sich bei Berührung zu Boden fallen. Die Raupe des Schwalbenschwanzes hat noch einen anderen Abwehrtrick auf Lager, sie fährt bei Störung eine orangefarbene Ausstülpung ähnlich einer Gabel am Nacken aus, die einen abstoßenden, aus Buttersäure bestehenden Duft absondert.

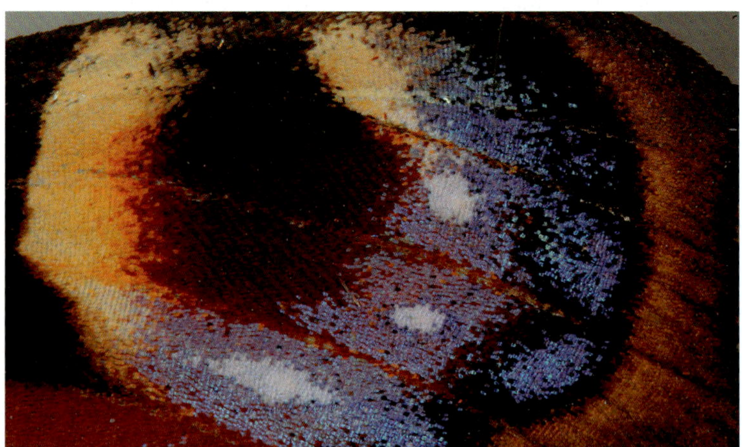

Abb. 15: Detail Augenzeichnung des Tagpfauenauges

Lebensräume der Tagfalter

Zum Bestimmen und Auffinden unserer heimischen Schmetterlinge ist es hilfreich, zu wissen, wo man suchen muss, bzw. in welchem Lebensraum man sich gerade befindet, wenn man Schmetterlinge beobachtet, die man nicht kennt. Viele unserer Falter können nur in ganz bestimmten Biotopen leben. So sind beispielsweise der Hochmoor-Gelbling und der Hochmoor-Perlmutterfalter an das Hochmoor gebunden, weil ihre Eiablage- und Raupennahrungspflanzen nur hier vorkommen. Der Storchschnabel-Bläuling kann zwei unterschiedliche Biotope nutzen, das eine trocken, das andere feucht. Seine Raupen fressen zwei verschiedene Storchschnabelarten. Andere haben nur wenige Lebensraumpräferenzen, weil ihre verschiedenen Futterpflanzen an vielen Stellen wachsen und sie keine bestimmten kleinklimatischen Bedingungen zum Aufwachsen benötigen. So sind Wanderfalter wie der Distelfalter Nomaden, die überall zurechtkommen, wenn dort ihre Raupenfutterpflanzen wachsen. Manche Falter leben auch in zwei verschiedenen Lebensräumen zu unterschiedlichen Tageszeiten, wie die Schillerfalter. Die Vormittagsstunden verbringen beide Arten meist am Boden, wo sie an feuchten Stellen oder an Tierkot saugen, während die Nachmittagsstunden in den Baumwipfeln mit der Balz und Paarung verbracht werden. Auch die Höhenlage der Lebensräume bestimmt über das Vorhandensein von Arten. Im Folgenden ist eine Zusammenstellung der wichtigsten Lebensräume gegeben.

Lebensraum Trockenrasen

Der Lebensraum Trockenrasen bietet vielen Tagfalterarten Heimat, die eher im südlichen Europa verbreitet sind. Warm, trocken und voll mit den verschiedensten Blütenpflanzenarten findet sich hier eine Reihe seltener Schmetterlinge. Im Sommer können an manchen Stellen in Bodennähe Temperaturen von 40 bis zu 60 °C herrschen. Bereiche mit Felsen und Geröll oder Abraumhalden von Steinbrüchen sind hier vielfach vorzufinden und können Wärme speichern. Der Pflanzenwuchs ist meist lückig und nicht sehr hochragend, wodurch viel Licht bis an den Boden gelangt. Unterschiede ergeben sich in der Artenzusammensetzung aus der Bodenbeschaffenheit. Auf saurem oder basischem Substrat wachsen jeweils spezifische Pflanzengesellschaften. Dazwischen gibt es eine Anzahl von Ausprägungen, die sich durch die vorherrschenden Pflanzenarten definieren lassen. Die meisten dieser Trocken- und Halbtrockenrasen sind durch menschliche Bewirtschaftung entstanden. Sie können oft nur durch das Weiterführen dieser Bewirtschaftung erhalten werden. Die Nutzung und Pflege durch extensive Beweidung mit Schafen und Ziegen kann dies gewährleisten. Wichtig für die vielen bedrohten Arten, die hier vorkommen, ist Nährstoffarmut und der damit verbundene Reichtum an ganz bestimmten Pflanzen.

Abb. 16: Typischer Lebensraum Trockenrasen im Altmühltal, Bayern

Lebensraum Hochmoor

Hochmoore sind aufgrund ihrer Beschaffenheit einzigartige Lebensräume. Wie ein Schwamm haben die viele Meter dicken Ablagerungen abgestorbener Torfmoose sich mit Wasser vollgesogen. Sie konnten sich nur dort ausbilden, wo als Voraussetzungen viel Wasser und bestimmte klimatische Bedingungen gegeben waren. Ein verlandender See, im Alpenvorland oft aus Gletschern entstanden, bildete die Voraussetzung für das Entstehen. Mithilfe einer ständig wachsenden Schicht von Torfmoosen wurde das Moor in Jahrtausenden aufgebaut und wölbte sich schließlich über die Umgebung auf. Torfmoose wachsen durchschnittlich ca. 1 mm pro Jahr. Hochmoore können eine Mächtigkeit von 4 bis 8 m erreichen. Ständige Wasserzufuhr aus Niederschlägen ist notwendig, um die Verdunstung auszugleichen. Die große Menge an Wasser, die das Moor speichert, führt sogar dazu, dass es durchschnittlich ein paar Grad Celsius kühler als in der Umgebung sein kann. Die Nährstoffarmut macht Hochmoore artenarm, aber die wenigen Arten, die hier vorkommen, sind auf diesen Lebensraum angewiesen. Sie sind Überbleibsel der letzten Eiszeit vor ungefähr 10000 Jahren und können nur unter diesen rauen Bedingungen in den Hochmooren überleben. Ein Großteil der Hochmoore in Mitteleuropa ist mittlerweile durch Torfabbau, Entwässerung, Umwandlung in Landwirtschaftsflächen und durch viele andere Faktoren verschwunden. Heute aber weiß man, dass mit dem Wiedervernässen der teilweise schon stark beeinträchtigten Reste viele Moore wieder renaturiert werden könne. Damit können sie sogar einen wichtigen Beitrag zum Klimaschutz leisten. Die verrottenden Pflanzenreste aus den über Jahrtausenden entstandenen Torfschichten geben beim Austrocknen klimaschädliches Kohlendioxid,

Lachgas und andere Gase ab. Also ist Moorschutz nicht nur Schmetterlings- und Arten-, sondern auch Klimaschutz.

Abb. 17: Lebensraum Hochmoor in Ostfriesland

Lebensraum Acker und Ödland

Landwirtschaftlich intensiv genutzte Flächen sind fast immer artenarm. Tagfalter haben hier nur wenig Überlebenschancen. Flächen, die nicht oder nur zeitweise bewirtschaftet werden, wie Weg- und Straßenränder, Ackerraine, Brachflächen, Kiesgruben, Sandgruben und Steinbrüche stellen wichtige Ersatzlebensräume dar. In ihnen finden sich hauptsächlich die anspruchsloseren und anpassungsfähigen Falterarten. In entsprechendem Umfeld kann jedoch ein aufgelassener Steinbruch auch ein Rückzugsgebiet für seltene Arten sein. In der Regel sind diese Flächen kein Ersatz für die ursprünglichen Biotope, aber sie können Rückzugsbereiche und Vernetzung zwischen den isolierten Biotopen in unserer zivilisationsgeprägten Landschaft schaffen.

Abb. 18: Typischer Lebensraum Acker

Lebensraum Gärten und Parks und städtische Brachflächen

Untersuchungen zeigen, dass Gärten und Parks durchaus einen wichtigen Lebensraum für unsere heimischen Falter darstellen können. So ist die Artenvielfalt in Städten manchmal ganz beachtlich. In einer Münchner Parkanlage wurden in einer fest installierten Lichtfalle weit über 300 Arten nachgewiesen. Diese Fülle hängt aber damit zusammen, dass in Städten unterschiedliche Biotoptypen nebeneinander auftreten können. Auch das Umland spielt hier noch eine wichtige Rolle, wenn von dort Arten einwandern können. Für die wirklich bedrohten und seltenen Arten mit ihren spezifischen Ansprüchen bieten solche städtischen Lebensräume aber oft keinen ausreichenden Ersatz. In den Parks und naturnahen Gärten können Stadtbewohner auch am einfachsten ihre ersten Beobachtungen der heimischen Schmetterlingswelt machen. Die beliebten bunt-exotischen Gärten jedoch, mit ihren standortfremden Zierpflanzen und Koniferen, bieten den Faltern wenig, oft noch nicht einmal Nektar. Einzig der naturnahe Garten kann viele Funktionen im Hinblick auf die Förderung unserer Schmetterlinge erfüllen. Das Angebot an Nektarpflanzen ist vielfältig. Am bekanntesten ist der Schmetterlingsflieder (*Buddleja*), auch eine ganze Palette heimischer Pflanzen lassen sich in einer Wildblumenwiese aussäen. Verschiedene Distelarten, Dost, Thymian, Skabiosen, mehrere Kleearten, Wasserdost, Weiden mit ihren Kätzchen als Nektarquelle im Frühjahr und eine Reihe weiterer Arten sind geeignet. Darüber hinaus kann man den Faltern entsprechende Pflanzen zur Eiablage anbieten.

Abb. 19: Lebensraum Garten

Lebensraum Alpen

In den Alpen gibt es, abhängig von der Höhenstufe, Wiesen, die gemäht oder beweidet werden, und Wälder und Felsfluren. Viele der im Flachland bzw. in den Tälern lebenden Falterarten dringen zwar auch in größere Höhen vor, aber in den Hochlagen kommen dauerhaft nur Schmetterlinge vor, die mit den rauen klimatischen Bedingungen zurechtkommen. Der Hochalpen-Apollo ist einer von ihnen. Er lebt in den Quellfluren und an den Gebirgsbächen. Seine Raupe lebt vom Fetthennen-Steinbrech. An feuchten Erdstellen in der Nähe finden sich auch eine Reihe von Mohrenfaltern, Weißlings-, Dickkopffalter- und Bläulingsarten zum Saugen ein, deren Raupen in den alpinen Rasen aufwachsen. Die oberste Höhenstufe ist geprägt durch Felsfluren und Schutthalden. In Höhen um 3500 m sind nur noch einige wenige Falterarten vertreten. Hier beginnt die lebensfeindliche Zone.

Abb. 20: Alpen-Gebirgsmatten im Tannheimer Tal, Tirol

Lebensraum Hecken

Hecken und Feldgehölze sind Reste einer ehemaligen bäuerlichen Kulturlandschaft, wie wir sie heute nur mehr selten vorfinden. Die Flurbereinigung hatte seit den 1950er- bis in die 1980er-Jahre diese Landschaftselemente systematisch beseitigen lassen. In Norddeutschland gibt es Hecken in Form von Wallhecken und Knicks, in der Eifel erstrecken sie sich netzartig. Auch in der Rhön und im fränkischen Jura sind noch größere Heckenlandschaften vorhanden. Die verschiedenen Bereiche einer Hecke bieten vielen Faltern Nektar aus Blüten der Bäume und Sträucher und im Saumbereich, am Boden, aus dem Angebot der Kräuter und Blütenpflanzen. Aber Hecken erfüllen für unsere Falterfauna und nicht nur für sie noch eine Reihe weiterer wichtiger Funktionen, z. B. Ansitz- und Sitzwarten, Schatten, Windschutz, Eiablagemöglichkeit, Schlafplatz und Schutz vor Witterung. Eine gewisse Breite – 3 bis 8 m – vorausgesetzt bietet eine Hecke Lebensraum ähnlich einem naturnahen Waldrand und dies gleich zweimal, auf beiden Seiten. Je unregelmäßiger ihre Struktur ist, umso wertvoller sind für die Falter solche Hecken. Aufgrund ihrer unterschiedlichen Form manchmal mit Ecken, mal geschwungen, oft verschieden breit und hoch, mit größeren Bäumen und lichten Stellen mit Krautsaum müssen sie behutsam gepflegt werden. Radikale Eingriffe vertragen die hier ansässigen Lebensgemeinschaften ebenso wenig wie gar keine Pflege.

Abb. 21: Wallhecken in Oberbayern

Lebensraum Wald

Bevor der Mensch in Mitteleuropa ansässig wurde, waren wahrscheinlich bis zu 90 % der Fläche Mitteleuropas mit Buchenwäldern bedeckt. Inwieweit große Herden von Pflanzenfressern wie Wisente, Auerochsen und andere, nach der sogenannten Megaherbivoren-Theorie, für offene Flächen in den Waldlandschaften sorgen konnten, ist umstritten. Es ist wohl davon auszugehen, dass Wälder in der wärmeren Periode nach der letzten Eiszeit dominierend in unseren Breiten waren.

Heute bilden Waldtypen unterschiedliche Biotope. Feucht sind die Auenwälder an Flüssen, die Erlen-Buchenwälder, die Birken-Moorwälder, Waldkiefern-Moorwälder und die Bergkiefern-Moorwälder. Eher trockene Standorte bevorzugen Sand- und Schneeheide-Kiefernwälder, Eiche-Hainbuchenwälder und Eichen-Birkenwälder. Die meisten Schmetterlingsarten finden sich in lichten Eichenmischwäldern und allen Waldgesellschaften, in denen die Eiche die vorherrschende Baumart ist. Über 200 Arten von Schmetterlingen bevorzugen Eichen für ihre Entwicklung.

Die Rotbuche ist die andere Waldgesellschaften bestimmende Baumart. Wenig attraktiv als Lebensraum für Schmetterlinge sind eintönige Fichtenforste. Ein paar wenige Nachtfalterarten leben an Fichten, wie der Kiefernspinner oder die Nonne, die früher als Forstschädlinge in massenhafter Vermehrung auftreten konnten.

Die Anzahl der Tagfalter, die im Wald leben können, ist gering. Sie halten sich im Wald an besonders besonnten Stellen, Lichtungen, Waldwegen oder in den Kronen der Bäume auf. Eine Reihe von Pflanzen am Boden dient als Nektarquellen wie Scharbockskraut, Knoblauchsrauke, Wasserdost, Seidelbast, Flockenblumen, Habichtskräuter, Liguster, Holunder und andere. Die Nachtfalter nutzen noch viele weitere Pflanzen als Nektarquellen wie das Waldgeißblatt, Rote Heckenkirsche, Liguster und weitere Sträucher. Auch austretende Säfte der Laubbäume oder die süßen Ausscheidungen von Blattläusen werden genutzt.

Abb. 22: Naturwaldreservat in Oberbayern

Lebensraum Wiese

Unter dem Sammelbegriff Wiese lassen sich eine Reihe verschiedener Lebensraumformen einordnen. Eine von ihnen ist die Streuwiese. Auf feuchtem Untergrund ist sie durch die Art der Bewirtschaftung geprägt. Streuwiesen wurden früher gemäht und das Mähgut in den Ställen als Einstreu verwendet. Diese Nutzung hat in der modernen Landwirtschaft leider viel von ihrer Bedeutung verloren. Der Naturschutz muss heute oft nachhelfen, um mit Pflegemaßnahmen diese Biotope zu erhalten. Eine spezielle Pflanzengesellschaft bestehend aus Arten wie Pfeifengras, Teufelsabbiss, Großem Wiesenknopf, Lungen- und Schwalbenwurz-Enzian, Prachtnelke, verschiedenen Knabenkräutern, der Sibirischen Schwertlilie und viele mehr können in diesem Lebensraum auftreten. Vertreter der Ameisenbläulinge finden hier ihre Raupennahrungspflanzen und Wirtsameisen. Auf nährstoffreichen Böden sind Hochstaudenfluren, Feuchtwiesen und Niedermoore vorzufinden. Hochstaudenfluren treten oft an Gewässerufern und Rändern von Sümpfen auf. Mädesüß, Blut- und Gilbweiderich, Kohldistel und Rauhaariges Weidenröschen sind einige der typischen Pflanzenarten. Feuchtwiesen und Niedermoore entstehen dort, wo das Wasser zurückgehalten wird und nicht abfließen kann. Pflanzen wie der Schlangenknöterich, Trollblume und eine Reihe von Faltern wie der Blauschillernde Feuerfalter und der Natterwurz-Perlmutterfalter sind hier beheimatet. Zwischen den einzelnen Lebensraumtypen gibt es eine Reihe von Übergangsformen.

Abb. 23: Feuchtwiese in Oberbayern

Gefährdung und Schutz unserer Tag- und Nachtfalter

Kaum eine andere Ordnung eignet sich so gut, um den Zustand unserer Natur zu beschreiben, wie die Schmetterlinge. Sie haben auch erheblich unter von Menschen gemachten Umwelteinflüssen zu leiden, weil sie so empfindlich auf Veränderungen ihrer Lebensbedingungen reagieren. Viele Schmetterlinge haben sich auf ganz bestimmte Lebensräume spezialisiert. Im Laufe der Evolution haben sie ihre ökologischen Nischen mit ganz speziellen klimatischen Bedingungen und vielen anderen Faktoren wie dem Nahrungspflanzenangebot gefunden. Schon das Verschwinden einer bestimmten Pflanzenart, an die die Raupe einer dieser hochspezialisierten Arten gebunden ist, führt unweigerlich zum Aussterben. Dies mag vielleicht auf den ersten Blick als Nachteil erscheinen, hat aber durchaus einen Sinn. Das Nutzen dieser Nahrungspflanze vermeidet nämlich Konkurrenz zu anderen Arten. So könnten theoretisch an jeder Pflanzenart eines solchen Lebensraumes Raupen einer anderen Schmetterlingsart leben. Damit erhöht sich die Anzahl der am Standort möglichen Arten erheblich. Hinzu kommt, dass sich einige Falter daran angepasst haben, giftige Inhaltsstoffe, die gewisse Pflanzen zur Abwehr von Fressfeinden eingelagert haben, zu verwerten. Darüber hinaus können diese Schmetterlingsarten die Gifte zu ihrem eigenen Schutz im Körper speichern. Die Zeiten, zu denen Raupe und Falter leben, sind von Art zu Art verschieden, so verteilt sich auch zeitlich die Nutzung des Nahrungsangebotes. Zusätzlich werden oft verschiedene Teile der Pflanzen genutzt, sodass die Raupen

jener Arten, die an denselben Pflanzen leben, auch nicht Nahrungskonkurrenten sein müssen.
Nicht nur die zunehmende Zersiedelung, Bebauung, Versiegelung durch Straßenbau und weitere Infrastrukturmaßnahmen, sondern vor allem auch die rapide Intensivierung der Landwirtschaft nach dem 2. Weltkrieg haben zum Verlust von Lebensräumen geführt. Feuchtgebiete wurden entwässert und in Äcker verwandelt, Moore abgetorft, Magerrasen gedüngt und in Maisäcker verwandelt. Landschaftsstrukturen wie Hecken, Feldgehölze und Brachen wurden durch Flurbereinigungen vernichtet, Waldlichtungen aufgeforstet und ganze Laubwälder in Nadelholzmonokulturen verwandelt. Der damit einhergehende Verlust vieler lebensnotwendiger Nahrungspflanzen raubt den Raupen der Falterarten die Lebensgrundlage.
Überall wurde diese intensive Landwirtschaft vorangetrieben. Der Einsatz von Dünge- und Spritzmitteln findet flächendeckend statt und beeinflusst selbst die Falterbestände in angrenzenden Naturschutzgebieten. Wiesen, so wie man sie sich vorstellt, mit einer bunten Vielfalt an Blütenpflanzen existieren heute praktisch nicht mehr. Die Überdüngung mit Gülle und Mineraldüngern hat aus ihnen intensiv genutzte Fettwiesen mit einigen wenigen dominierenden Pflanzenarten wie dem Löwenzahn gemacht. Hier kann kein Schmetterling mehr leben. Wenn sich doch einmal einer dorthin verirrt und sogar noch Eier ablegen sollte, wird seine Raupe mitsamt der Nahrungspflanze durch kurz aufeinander folgendes Mähen erledigt. Die in Wiesen fliegenden Schmetterlingsarten brauchen bestimmte Pflanzen für ihre Raupen, da sie vielfach auf eine Art spezialisiert sind. Die Stickstoffgaben vertragen die meisten dieser Pflanzenarten nicht und verschwinden ebenso wie die Falter. Schließlich wächst der Eintrag von Stickstoff, der mit jedem Regen aus der Luft ausgewaschen wird, auch noch aus Quellen wie dem Verkehr, Industrie und Haushalten auf mittlerweile weit mehr als 30 kg pro Hektar und Jahr. Zu allem Überfluss werden in unserem so ordnungsliebenden Land ohne ersichtlichen Grund auch noch Flächen an Weg- und Straßenrändern ständig und intensiv gemäht. Hier, wo die Landwirtschaft mit ihren Giften und Dünger nicht hinkommt, wäre oft noch Platz für eine Fülle von Blütenpflanzen, die den Faltern Nahrung und Eiablagemöglichkeiten bieten könnten. Das mittlerweile wie eine Ersatzreligion gepredigte und angeblich so unverzichtbare Wirtschaftswachstum trägt durch ausufernde Bautätigkeit und damit einhergehende Flächenversieglung dazu bei, dass der Druck auf die Intensivierung der landwirtschaftlichen Produktionsflächen und der wenigen verbliebenen extensiv genutzten Bereiche weiter zunimmt.
Die althergebrachten Nutzungen, wie die extensive Mahd von Wiesen zum passenden Zeitpunkt oder eine angemessene, nicht zu intensive Beweidung vieler Flächen, ist unrentabel und aufgegeben worden. Viele aus Sicht des Naturschutzes wertvolle Biotope verbuschen und bewalden sich

wieder. Weiterer Lebensraumverlust ist die Folge. Große Teile dieser Biotope in unserer Landschaft sind erst durch solche angepasste Nutzungsformen entstanden.

Abb. 24a: Wegrand mit Wildblumenansaat

Abb. 24b: Abgetorftes, zerstörtes Hochmoor in Norddeutschland

Die Auswirkungen, die der Klimawandel für die Falterpopulationen mit sich bringt, lassen sich in ersten Studien nur grob abschätzen. Vor allem empfindliche Arten mit hohen Ansprüchen an ihren Lebensraum werden vermutlich darunter zusätzlich zu leiden haben, wenn sich die klimatischen Bedingungen ändern. Die Auswirkungen der Gentechnik in der Landwirt-

schaft können weitere Probleme nicht nur für unsere Schmetterlinge mit sich bringen. Vorgänge, Mechanismen und Wechselwirkungen durch das Freisetzen genveränderter Organismen lassen sich in der freien Natur wohl erst in Jahrzehnten abschätzen.
Die derzeitige Naturschutzgesetzgebung trägt zum Erhalt der Artenvielfalt unserer Tag- und Nachtfalter nur wenig bei, da die eigentlichen Gefährdungsursachen, der Lebensraumverlust, die landwirtschaftliche Intensivierung durch Gesetze, wie die Bundesartenschutzverordnung oder die Naturschutzgesetzgebung der einzelnen Bundesländer und der europäischen Mitgliedsstaaten kaum beschränkt wird. Es werden hauptsächlich nur Fang, Sammeln oder Störung eingeschränkt, während beispielsweise „gute landwirtschaftliche Praxis" oft ausdrücklich davon ausgenommen wird, selbst wenn dies in der Natur zur Vernichtung ganzer Falterpopulationen führen kann. In Roten Listen wird die Gefährdungssituation der einzelnen Arten aufgeführt. Man findet mittlerweile einen großen Anteil von europäischen Arten in den Kategorien „vom Aussterben bedroht, stark gefährdet oder gefährdet", ohne dass dies wirklich ernsthafte Konsequenzen für den Umgang mit deren sensiblen Lebensräumen hat. Europaweit sind der Bedrohungsgrad, die Größe noch verbliebener Populationen und die Ursachen der Gefährdung oft nicht einmal annähernd ausreichend erfasst. So wird der Artenschwund sich weiter fortsetzen. Nur ein grundlegender Wertewandel der Gesellschaft und vonseiten des Gesetzgebers kann hier etwas verändern.

Abb. 25: Pestizidausbringung

Naturschutzstatus

1. Biotopverlust von Moorstandorten und Feuchtwiesen und Grünland durch Entwässerung, intensive landwirtschaftliche Nutzung, Düngung oder intensiven, industriellen Torfabbau. Biotopverlust durch forstliche Nutzungsänderungen. Lebensraumverlust durch Nutzungsintensivierung (intensive Mahd und Beweidung), Bebauung. Verlust von extensiv genutzten Mooren, Bruch und Auwald-Lichtungen mit Mahd in mehrjährigem Abstand. Intensivierung der Waldbewirtschaftung.
2. Verlust der Lebensräume. Fehlen von traditioneller partieller wechselnder Streuwiesenmahd zum passenden Zeitpunkt. Verbuschung durch fehlende extensive Nutzung (angepasste Beweidung oder Mahd) bzw. Pflege. Biotopverlust, extensiv genutzter Wiesen, Bewaldung, bzw. traditionelle Nutzung. Aufforstung, Düngung und Verfilzung der Lebensräume.
3. Verschwinden von Pufferbereichen und Säumen zu landwirtschaftlich intensiv genutzten Flächen oder an Waldrändern. Zu intensive, häufige Mahd und starke Nährstoffeinträge. Überzogene, häufige Mahd von Dämmen, Straßenböschungen, Wegrändern, Moorstandorten, Feuchtwiesen und Grünland.
4. Fehlende Mahd oder extensive Beweidung, Aufgabe der Nutzung, z. B. Militär auf Truppenübungsplätzen. Verlust offener Kiefernwälder mit Sandtrockenrasen.
5. Erschließungsmaßnahmen für Tourismus (Bau von Skipisten).
6. Vernichtung der Nahrungspflanze und deren geeigneter Standorte für die Eiablage durch falsche oder überzogene Pflege und Nutzungsveränderung oder Beseitigung.
7. Fehlen traditioneller Mittelwaldnutzung. Verschwinden von Lichtungen mit Laubbaumjungwuchs. Unterbleiben regelmäßiger Hiebmaßnahmen.
8. Landwirtschaftliche Nutzungsintensivierung und Aufgabe, sowie forstliche Nutzungsänderung.
9. Klimaerwärmung.
10. Einsatz von Pestiziden.
11. Eine Mahd der Habitate führt in beinahe jeder Jahreszeit zu erheblichen Bestandsverlusten. Fehlende Entbuschung.
12. Zu intensive Beweidung durch Rinder, Schafe oder Ziegen.
13. Stickstoffeintrag durch die Luft aus Emissionen von Industrie, Verkehr und Haushalten.

Diese Artenliste beruht auf einem Abgleich der Europa-Checklist von KARSHOLT & RAZOWSKI (1996) mit der Fauna Europaea.

Hesperiidae Familie Dickkopffalter

In Europa sind 46 Arten nachgewiesen, die in die Unterfamilien *Pyrginae*, *Heteropterinae* und *Hesperiinae* unterteilt werden. Die auffallend breiten Köpfe sind für die Namensgebung verantwortlich. Eine kranzartige behaarte Struktur um die Komplexaugen ist für die Familie typisch.

Borbo borbonica

Die Flügelspannweite reicht von 41 bis 45 mm. Die braunen Vorderflügel tragen eine Reihe von durchscheinenden, unterschiedlich großen weißen Flecken und je einen gelblichen. Imagines leben in mehreren Generationen im Mittelmeerraum von Juni bis November. Habitate sind trocken-heiße Küstenschluchten und Sanddünen an den Küsten von Südwest-Spanien. Der Falter ist in Höhenlagen von 0 bis 50 m zu finden. Die Art ist in Südwest-Spanien und Gibraltar nur selten, gelegentlich und lokal in Küstengebieten verbreitet.

Flugzeit	J	F	M	A	M	J	J	A	S	O	N	D

Carcharodus alceae (Malven-Dickkopffalter)

Die Spannweite seiner Vorderflügel beträgt 23 bis 30 mm. Die Farbgebung der Flügeloberseiten ist variabel mit orangen, graubraunen, gelb- oder rötlichbraunen rechteckigen Flecken und kurzen, weißen Querstreifen auf den Vorderflügeln. Die Raupen leben ab September bis zur Überwinterung und Verpuppung Anfang April an Malvengewächsen wie Moschus-Malve (*Malva moschata*) und Sigmarskraut (*M. alcea*), im Süden auch oft an Weg-Malve (*M. neglecta*) oder Gewöhnlicher Stockrose (*Alcea rosea*). Die Raupen der zweiten Generation erscheinen zwischen Juni und Juli. In den südeuropäischen Regionen können in warmen Jahren bis zu fünf Generationen pro Jahr gebildet werden. Zwei Generationen werden in Mitteleuropa hervorgebracht, von April bis Juni und wieder von Juli bis Anfang September. Die Habitate bestehen aus offenen, sonnigen Ruderalflächen, Straßen- und Wegrändern, Trockenrasen, Dämmen, Kiesgruben und Steinbrüchen, von Meereshöhe bis auf 1100 m Höhe. Man findet die Art in Mittel- und Südeuropa.

RL 3/Naturschutzstatus: 3.

Flugzeit	J	F	M	A	M	J	J	A	S	O	N	D
Raupen	J	F	M	A	M	J	J	A	S	O	N	D

Carcharodus baeticus (Andorn-Dickkopffalter)

Die Spannweite beträgt etwa 28 bis 30 mm. Die Oberseite zeigt ein graubraunes Flügelmuster. Die Unterseite weist eine weiße, netzartige Zeichnung auf bräunlichem Grund auf. Raupennahrung sind der Gewöhnliche Andorn (*Marrubium vulgare*) und Schwarznesseln (*Ballota* sp.). Imagines treten je nach Verbreitung in ein bis drei Generationen von April bis Ende Oktober auf. Als Lebensraum werden trockene, warme und vegetationsarme Hänge bis 1600 m und trockene, heiße felsige Schluchten bevorzugt. Verbreitet ist die Art auf der Iberischen Halbinsel, in Südfrankreich, Italien südlich bis Sizilien, nördlich bis ins Wallis (Schweiz).

Flugzeit	J	F	M	A	M	J	J	A	S	O	N	D

Carcharodus flocciferus (Heilziest-Dickkopffalter)

Der recht kleine Falter erreicht eine Vorderflügellänge von 14 bis 16 mm. Typisch sind ein graubraunes Flügelmuster, Glasflecken auf den Vorderflügeln und auf der Hinterflügel-Oberseite mehrere helle Flecken. Die Flugzeit erstreckt sich in einer oder ausnahmsweise zwei Generationen von Ende Mai bis Ende August. Die Eiablage erfolgt an der Oberseite der Blätter von verschiedenen Pflanzen wie Heil-Ziest (*Stachys officinalis*), Aufrechtem Ziest (*S. recta*), Sumpf-Ziest (*S. palustris*) und anderen Ziest-Arten. Die Raupen spinnen sich nach dem Schlupf in die Blätter ein und fressen diese. Sie überwintern im Raupenstadium. Als Lebensraum werden extensiv gemähte, wechselfeuchte Streuwiesen und Niedermoore und auch daran

anschließende trockenere Bereiche genutzt. Die Höhenverbreitung liegt zwischen 300 und 2300 m. In Europa ist der seltene Heilziest-Dickkopffalter von der Iberischen Halbinsel bis Ostpolen und das Baltikum, nach Norden bis Mittelfrankreich, das Alpenvorland und Österreich verbreitet. **RL 1/Naturschutzstatus:** 2.

Flugzeit	J	F	M	A	M	J	J	A	S	O	N	D

Carcharodus lavatherae (Loreley-Dickkopffalter)

Die Spannweite der Vorderflügel erreicht 25 bis 32 mm. Die Oberseiten der Flügel sind gelblich braun bis grünlich braun marmoriert und tragen weiße Flecken. Am Rand der Hinterflügel befinden sich weiße Flecken, die pfeilförmig sind. Diese und die helle Hinterflügel-Unterseite machen die Art gut bestimmbar. Die Raupe lebt von Juli bis zur Überwinterung und dann bis Anfang Mai des folgenden Jahres an Ziest-Arten wie dem Acker-Ziest (*Stachys arvensis*), dem Aufrechten Ziest (*S. recta*) und vor allem an Deutschem Ziest (*S. germanica*). Zur Überwinterung spinnen sich die Raupen in dürre Blätter ein. Die Falter fliegen in einer Generation von Mai bis Juli. Sie bevorzugen warme Trockenrasen und Felsenheiden mit Strauchbewuchs in Höhen zwischen 200 und 1600 m Höhe. Der deutsche Name Loreley-Dickkopffalter stammt vom einzigen deutschen Nachweis in der Nähe der Loreley am Rhein bei Sankt Goarshausen. In Europa findet man die Falter von Spanien über Südfrankreich, die Südschweiz, Italien und südöstlich bis in den Norden Griechenlands.

RL 1/Naturschutzstatus: 2.

Flugzeit	J	F	M	A	M	J	J	A	S	O	N	D
Raupen	J	F	M	A	M	J	J	A	S	O	N	D

Carcharodus orientalis

Die Spannweite liegt bei 28 bis 33 mm. Das Zeichnungsmuster der Flügel ist identisch mit dem des Heilziest-Dickkopffalters (*C. flocciferus*). Imagines kommen je nach Lage in zwei oder drei Generationen zwischen April und August vor. Raupennahrung sind Ziestarten (*Stachys* sp.), Andorn

(*Marrubium* sp.), Schwarznessel (*Ballota* sp.)und Steinquendel (*Calamintha acinos*). Der Falter bewohnt Trocken- und Magerrasen, heiße, trockene, felsige und blütenreiche Hänge, Schluchten, (Mager-)Wiesen und ehemalige Kulturflächen zwischen Meereshöhen bis 1700 m Höhe. *C. orientalis* ist verbreitet in Südost-Europa, Griechenland, Türkei und dem nördlichen Ungarn.

Flugzeit	J	F	M	A	M	J	J	A	S	O	N	D

Carcharodus stauderi

Die Spannweite liegt zwischen 28 und 30 mm. Die Zeichnungsmuster sind schwer vom Andorn-Dickkopffalter *(C. baeticus)* unterscheidbar. Als Raupennahrung wird Andorn (*Marrubium* sp.) angegeben, wahrscheinlicher sind aber Pflanzenarten wie Napf-Schwarznessel (*Ballota acetabulosa*) und *B. undulata*. Die Art bevorzugt trockene, heiße, felsige Wiesen und Hänge. Imagines treten in einer Generation von Mai bis Juni auf. Der Falter ist in Europa nur auf den griechischen Inseln (z. B. Samos, Kos, Rhodos) zu finden.

Flugzeit	J	F	M	A	M	J	J	A	S	O	N	D

Carcharodus tripolina

Die Flügel erreichen Spannweiten zwischen 24 und 30 mm. Die Art ist von Größe und Aussehen leicht mit *C. alceae*, dem Malven-Dickkopffalter, zu verwechseln. Eine Unterscheidung nach äußeren Merkmalen ist nicht möglich. Imagines erscheinen je nach Lage in mehreren Generationen von März bis September. Raupennahrung: Wilde Malve (*Malva sylvestris*) und Mittelmeer-Baummalve (*Lavatera arborea*). *C. tripolina* kommt in Europa nur an den Küsten Portugals und Spaniens vor.

Flugzeit	J	F	M	A	M	J	J	A	S	O	N	D

Carterocephalus palaemon (Gelbwürfeliger Dickkopffalter)

Die häufige Art erreicht eine Spannweite bis 30 mm. Die Flügeloberseite ist dunkelbraun mit orangebraunen Flecken. Die Unterseite der Fühlerkolben ist bei den Männchen dunkel gefärbt. Die Raupe nutzt zwischen Juli bis April des Folgejahres verschiedene Grasarten wie Pfeifengras (*Molinia caerulea*), Wald-Zwenke (*Brachypodium sylvaticum*), Gemeines Knäuelgras (*Dactylis glomerata*) und viele andere. Die Falter leben in einer Generation von Mai bis Juli, sie bevorzugen trockene, mit Gras bewachsene, oft aber auch feuchte Lebensräume in Waldnähe. Sie sind auch auf Lichtungen oder an Waldrändern vom Flachland bis in Gebirgshöhen um 1800 Meter anzutreffen. Die Verbreitung beschränkt sich auf Mittel-, Nord- und Osteuropa.

Flugzeit	J	F	M	A	M	J	J	A	S	O	N	D
Raupen	J	F	M	A	M	J	J	A	S	O	N	D

Erynnis marloyi

Die Spannweite beträgt zwischen 32 und 34 mm. Die dunkelbraune Grundfarbe verläuft auf der Vorderflügel-Oberseite in grau mit schwarzen Querbändern. Die Raupen ernähren sich von der Pfirsichblättrigen Birne (*Pyrus spinosa*), Italienischen Pflaume (*Prunus cocomilia*) und auch von der Schlehe (*Prunus spinosa*). Imagines treten in einer Generation von Mitte Mai bis Ende Juni auf. Ihr Lebensraum sind warme Trockenrasen und Hänge in Bergregionen zwischen 500 und über 2000 m. Man findet sie auf der südlichen Balkanhalbinsel (Albanien, Mazedonien, Griechenland) und im europäischen Teil der Türkei.

Flugzeit	J	F	M	A	**M**	**J**	J	A	S	O	N	D

Erynnis tages (Dunkler Dickkopffalter)

Er erreicht mit seinen Vorderflügeln eine Spannweite von 23 bis zu 26 mm. Die Oberseite der Flügel ist dunkelbraun mit weißlich grauen Bändern und Flecken. Die Unterseite ist hellbraun mit einigen etwas helleren Flecken. Die Raupen der ersten Generation fressen nach dem Schlupf von August bis zur Überwinterung und bis Mai des Folgejahres und die der zweiten Generation von Mitte Juni bis Juli an Hornklee (*Lotus* sp.), Gewöhnlichem Hufeisenklee (*Hippocrepis comosa*), Bunter Kronwicke (*Securigera varia*) und anderen. Der Falter erscheint in zwei Generationen erstmals von April bis Juli und dann wieder von Juli bis September. Er ist in extensiv genutztem, blütenreichem Grünland, auf Magerrasen und seltener auch auf feuchteren, nicht überdüngten Standorten vom Flachland bis in Gebirgsregionen über 1800 m zu finden. Mit wenigen Ausnahmen (z. B. in Nordeuropa, Südportugal und einigen Mittelmeerinseln) ist *E. tages* in ganz Europa vertreten.

RL V/Naturschutzstatus: 2

Flugzeit	J	F	M	A	M	J	J	A	S	O	N	D
Raupen	J	F	M	A	M	J	J	A	S	O	N	D

Gegenes nostrodamus

Die Vorderflügelspannweite beträgt 30 bis 34 mm. Die Oberseite der Flügel ist bräunlich grau, die Unterseite heller. Das Weibchen hat weiße Flecken auf der Vorderflügel-Oberseite. Als Raupennahrung dienen Grasarten (*Aeluropus* sp.) und Rispenhirsen (*Panicum* sp.). Imagines fliegen von Ende April bis Oktober je nach Lage, in zwei bis drei Generationen. Ihr Lebensraum sind heiße, trockene Schluchten und im Sommer austrocknende Überschwemmungsflächen von Flüssen mit spärlicher Vegetation. Sie sind in vielen Küstenbereichen des Mittelmeeres von Meeresniveau bis 100 m Höhe, manchmal auch darüber verbreitet.

Flugzeit	J	F	M	A	M	J	J	A	S	O	N	D

Gegenes pumilio

Die Vorderflügelspannweite beträgt 27 bis 30 mm. Die Vorderflügel sind am Außenrand leicht eingebuchtet. Die graubraune Unterseite zeigt undeutliche helle Flecke auf allen Flügeln. Die Oberseite ist dunkelbraun. Die Raupen fressen von verschiedenen Grasarten. Die Imagines fliegen von April bis Oktober in drei und mehr Generationen. Sie bewohnen trockene, heiße Felshänge im Küstenbereich und extensiv genutzte Olivenhaine. Ihr Verbreitungsgebiet sind viele Küstenbereiche des Mittelmeeres.

Flugzeit	J	F	M	A	M	J	J	A	S	O	N	D

Hesperia comma (Kommafalter)

Mit ausgebreiteten Flügeln erreicht der Falter eine Spannweite von 25 bis zu 30 mm. Die Unterseite der Hinterflügel ist olivgrün und zeigt silberweiße Flecken. Das namengebende „Komma“ hat nur das Männchen auf den Vorderflügel-Oberseiten. Vom Rostfarbigen Dickkopffalter unterscheiden ihn die weißen, scharf begrenzten Flecken auf der Unterseite der Hinterflügel. Raupen findet man von Mitte März bis Mitte Juni an ihren Futterpflanzen, zu denen verschiedene Grasarten wie der Schafschwingel (*Festuca ovina*), das Silbergras (*Corynephorus canescens*) und andere gehören. Die Art tritt in einer Generation von Anfang Juli bis Ende September auf. Die Biotope in denen er lebt, sind blütenreiche Trockenrasen, Kalkmagerrasen und mageres Grasland vom Flachland bis in Gebirgsregionen über 1800 m. Der Falter ist mit Ausnahme Großbritanniens, den westlichen Teilen Spaniens und Portugals sowie dem südlichen Italien über ganz Europa verbreitet.

RL 3/Naturschutzstatus: 2

Flugzeit	J	F	M	A	M	J	J	A	S	O	N	D
Raupen	J	F	M	A	M	J	J	A	S	O	N	D

Heteropterus morpheus (Spiegelfleck-Dickkopffalter)

Die Falter erreichen eine Flügelspannweite von 28 bis 31 mm. Die Flügel sind auf der Oberseite dunkelbraun gefärbt, die vorderen Ränder der Vorderflügel bedecken einige gelbe Flecke. Auf der Unterseite der Hinterflügel liegen – auf gelbem Grund – meist länglich ovale, schwarz umrandete, weiß glänzende Flecke, die dem Falter den Namen geben. Als Raupennahrungspflanzen werden Grasarten wie Blaues Pfeifengras (*Molinia caerulea*), Schilfrohr (*Phragmitesaustralis*), Wald-Zwenke (*Brachypodium sylvaticum*) und Sumpf-Reitgras (*Calamagrostis canescens*) genutzt. Die Raupen spinnen die Grasblätter zum Schutz zusammen, fressen und überwintern auch darin. Die Art bildet eine Generation pro Jahr, die von Ende Juni bis Juli fliegt. Die Falter leben an Waldrändern, auf Lichtungen, in feuchten Wäldern, aber auch an trockneren Standorten wie Glatthafer- und Pfeifengraswiesen. Sie kommen in Höhen zwischen 0 und 1000 m vor. Ihre Verbreitung haben die Falter im Osten Mitteleuropas, dem nordwestlichen Frankreich und dem nördlichen Rand von Spanien. Bei uns kommen sie nur sehr lokal in Nordwest- und Nordostdeutschland vor.

RL V/Naturschutzstatus: 1

Flugzeit	J	F	M	A	M	J	J	A	S	O	N	D

Muschampia cribrellum (Steppen-Dickkopffalter)

Die Vorderflügelspannweite beträgt 28 bis 33 mm. Eine Verwechslungsmöglichkeit besteht mit dem größeren *M. tessellum*, der mit weniger weißen Flecken versehen ist. Die Raupen ernähren sich vermutlich von Fingerkräutern (*Potentilla* sp.). Die Imagines fliegen in einer Generation von Mai bis Juni. Ihr Lebensraum sind trockene Steppen, oft mit Gebüschaufwuchs bis in Höhen von 800 m. Die Art ist in Nord-Ungarn, Rumänien, Mazedonien, der Ukraine und Südrussland verbreitet.

Flugzeit	J	F	M	A	M	J	J	A	S	O	N	D

Muschampia proteides

Der Artstatus ist umstritten, womöglich handelt es sich um eine Unterart von *M. proto*. Zur Biologie und Entwicklung ist wenig bekannt. Der Falter ist in der Türkei, Zentral-Anatolien, Ukraine und auf der Krim anzutreffen.

Muschampia proto

Die Vorderflügelspannweite beträgt 29 bis 32 mm. Die dunkelgrau bis in olivbräunlich gehende Oberseite trägt in der Regel gelbliche Haare. Auf der Oberseite befinden sich weiße bis gelbliche Flecken. Als Raupennahrung dienen Brandkräuter wie Wind-Brandkraut (*Phlomis herba-venti*), Filziges Brandkraut (*P. lychnitis*), Strauchiges Brandkraut (*P. fruticosa*) und *P. pungens*. Imagines fliegen in einer Generation je nach Höhenlage und Ort von April bis Oktober. Ihr Lebensraum sind trockene, heiße, spärlich bewachsene Felshänge in Gebirgstälern bis in Höhen von 1000 m und Trockenrasen im Flachland. Man findet sie in Teilen Südeuropas wie Portugal, Griechenland (Peloponnes), Südfrankreich und Süditalien.

Flugzeit	J	F	M	A	M	J	J	A	S	O	N	D

Muschampia tessellum

Die Vorderflügelspannweite beträgt 33 bis 36 mm. Die dunkelgraue Oberseite trägt große weiße Flecken auf den Vorder- und Hinterflügeln. Den Raupen dienen Brandkräuter wie z. B. Samos-Brandkraut (*Phlomis samia*) als Nahrung. Imagines fliegen in einer Generation zwischen Ende Mai und August. Sie bewohnen sonnige, nicht zu trockene, extensiv genutzte Wiesen und Weiden zwischen 400 und 1500 m über Meereshöhe. *M. tessellum* ist auf der südlichen Balkanhalbinsel (Mazedonien, Bulgarien, Griechenland und europäischer Teil der Türkei) bis in die Ukraine verbreitet.

Flugzeit	J	F	M	A	M	J	J	A	S	O	N	D

Ochlodes sylvanus (Rostfarbiger Dickkopffalter)

Seine Spannweite beträgt 25 bis zu 33 mm. Der Falter ist gelbbraun bis rostfarben, etwas heller als der Kommafalter. Die Flecken heben sich aber nicht so deutlich ab wie bei diesem und sind hell gelbbraun gefärbt. Die Raupe lebt von August bis Mai des Folgejahres an verschiedenen Grasarten wie Gewöhnlicher Fiederzwenke (*Brachypodium pinnatum*), Rohr-Glanzgras (*Phalaris arundinacea*), Kriech-Quecke (*Elymus repens*) und anderen. Die Imagines fliegen in einer Generation von Ende Mai bis Anfang August. Sowohl trockene Habitate wie die Randbereiche von Magerrasen, Halbtrockenrasen an Waldrändern und -lichtungen, Hecken, auf Grünland als auch feuchte Standorte wie Streuwiesen und Übergangsbereiche von Nieder- und Hochmooren vom Tiefland bis in Gebirgslagen um die 1600 m werden von den Faltern genutzt. Die Verbreitung erstreckt sich auf fast ganz Europa mit Ausnahme des hohen Nordens und Irlands.

Flugzeit	J	F	M	A	M	J	J	A	S	O	N	D
Raupen	J	F	M	A	M	J	J	A	S	O	N	D

Pelopidas thrax

Die Falter haben eine Flügelspannweite von 35 bis 42 mm. Die Falter ähneln denen der Gattung *Gegenes* und *Borbo*. Die Grundfarbe der Vorder- und Hinterflügel ist braun. Die Anordnung der unterschiedlich großen, weißen Flecken ähnelt der von *B. borbonica*. Es ist nicht bekannt, von welchen Pflanzen sich die Raupen in Europa ernähren. Die Falter fliegen in einer bis zwei Generationen je nach Ort des Vorkommens von Mai bis Juli und von Ende September bis Mitte Oktober. Sie bewohnen trocken-heiße und grasige Stellen in tief liegenden Gebieten der Küste, trocken-heiße Habitate, Trockenrasen in Meereshöhe. Man findet sie auf den griechischen Inseln Samos und Rhodos.

Flugzeit	J	F	M	A	M	J	J	A	S	O	N	D

Pyrgus alveus (Sonnenröschen-Würfel-Dickkopffalter)

Seine Spannweite erreicht 25 bis 30 mm. Der Falter ist ein weiteres Beispiel dafür, dass eine Art oft nicht sicher ohne Genitaluntersuchung von einigen weiteren, ähnlichen Arten zu unterscheiden ist. Auf den ersten Blick kommt eine Reihe von Vertretern aus der *Pyrgus*-Familie infrage, deren Artstatus bisher umstritten oder nicht geklärt ist. Man fasst daher *P. alveus*, *P. trebevicensis* und *P. accretus* unter dem Artenkomplex *Pyrgus alveus agg.* zusammen. Ähnlich sehen auch noch die beiden Arten *P. armoricanus* und *P. warrenensis* aus. Die Raupe lebt von September bis Juni des Folgejahres an Fingerkraut-Arten (*Potentilla* sp.) und Gewöhnlichem Sonnenröschen (*Helianthemum nummularium*). Die Sonnenröschen-Würfel-Dickkopffalter fliegen in einer Generation von Ende Mai bis Anfang September. Die Habitate der Falter sind warme, trockene Kalkmagerrasen, Sandrasen und auch alpine Rasen in Höhen bis ca. 2100 m. In Europa findet die Art Verbreitung von den Gebirgen der Iberischen Halbinsel über Südeuropa und den Balkan sowie West-, Mittel- und Osteuropa bis ins südliche Fennoskandinavien.

RL 2/Naturschutzstatus: 2.

Flugzeit	J	F	M	A	M	J	J	A	S	O	N	D
Raupen	J	F	M	A	M	J	J	A	S	O	N	D

Pyrgus andromedae (Graumelierter Alpen-Würfel-Dickkopffalter)

Die Vorderflügelspannweite beträgt 28 bis 30 mm. Die Oberseite ist der von *P. alveus* sehr ähnlich. Auffällig ist eine einem weißen Ausrufungszeichen ähnliche Zeichnung auf der Unterseite der Hinterflügel. Den Raupen dient die Weiße Silberwurz (*Dryas octopetala*) als Nahrung. Imagines leben in einer Generation nach Lage von Mitte Mai bis August. Die Art weist einen zweijährigen Entwicklungszyklus auf. Sie sind auf alpinen Rasen, Heiden und in Moorgebieten in Höhen von 1200 bis 3000 m verbreitet. Sie kommen in den spanischen und französischen Pyrenäen, den Alpen, in Norwegen, Schweden, Slowenien, Bosnien, Mazedonien und Montenegro vor.

Flugzeit	J	F	M	A	M	J	J	A	S	O	N	D

Pyrgus armoricanus (Zweibrütiger Würfel-Dickkopffalter)

Die Spannweite der Vorderflügel des Falters beträgt zwischen 24 und 27 mm. Die weißen Flecken auf den Oberseiten der Vorder- und Hinterflügel sind ausgeprägt. Besonders sticht der große, gut sichtbare Fleck in der Mitte auf dem Hinterflügel hervor. Eine Unterscheidung ist jedoch im Feld oft sehr schwierig und manchmal nur durch Genitaluntersuchung möglich. Die Raupen überwintern und fressen schon im zeitigen Frühjahr an ihren Nahrungspflanzen wie z. B. Hohem Fingerkraut (*Potentilla recta*), Frühlings-Fingerkraut (*P. tabernaemontani*), Kriechendem Fingerkraut (*P. reptans*) und anderen. Die Falter bilden pro Jahr zwei bis drei Generationen, die erste zwischen Mai und Juni, die zweite in sehr warmen Jahren zwischen Anfang Juli zusammen mit einer dritten Generation bis Ende September. Die Habitate zwischen 50 und 1750 Höhenmetern sind Halbtrocken- und Sandmagerrasen mit kurzrasiger und lückiger Vegetation, wie z. B. Truppenübungsplätze und trockene Bereiche in Niedermooren. Die Verbreitung erstreckt sich auf ganz Europa (Ausnahme der Bereich nördlich einer Linie durch Nordfrankreich und Nordostdeutschland).
RL 3/Naturschutzstatus: 4.

Flugzeit	J	F	M	A	M	J	J	A	S	O	N	D

Pyrgus bellieri

Die Vorderflügelspannweite des Falters beträgt 28 bis 30 mm. Es besteht eine Verwechslungsmöglichkeit mit dem Sonnenröschen-Würfel-Dickkopffalter (*P. alveus*). Die Raupen ernähren sich von Sonnenröschen (*Helianthemum* sp.). Die Imagines fliegen in einer Generation von Mitte Juli bis Anfang September. Ihr Lebensraum sind Gebirge in den Senken, der Rand lichter Wälder, alpine Matten und besonnte Hängen in etwa 2000 m Höhe. Die Art kommt in Nordost-Spanien, Süd-Frankreich und Mittel-Italien vor.

Flugzeit	J	F	M	A	M	J	J	A	S	O	N	D

Pyrgus cacaliae (Alpen-Würfel-Dickkopffalter)

Die Vorderflügelspannweite beträgt 29 bis 32 mm. Die Oberseite ist dunkelgraubraun und die Vorderflügel zeigen eine sehr reduzierte, scharf umgrenzte Fleckenzeichnung. Die olivgrünen Hinterflügel-Unterseiten tragen einen langgezogenen Fleck und einen kurzen Punkt. Dies erinnert entfernt an ein Ausrufungszeichen. Zur sicheren Bestimmung ist allerdings eine Genitaluntersuchung die mögliche Methode. Die Raupe scheint nach dem Schlupf sehr schnell in Winterruhe zu gehen und frisst im späten Frühjahr bis zur zweiten Überwinterung als Raupe an verschiedenen Fingerkräuterarten wie Gold-Fingerkraut (*Potentilla aurea*), Zottigem Fingerkraut (*P. crantzii*) oder Blutwurz (*P. erecta*). Abhängig von den Temperaturen kann die zweite Überwinterung als Puppe erfolgen. Die Falter fliegen temperaturabhängig in einer Generation von Juni bis Anfang August. Der

Lebensraum liegt sowohl in trockenen Almwiesen mit Gesteinsschutt und Hochstaudenfluren als auch in feuchten Bereichen an Quellbächen und in Flachmooren der betreffenden europäischen Gebirge. Der Falter kommt zwischen etwa 1000 bis 2500 m vor. Die Verbreitung des Alpen-Würfel-Dickkopffalters beschränkt sich auf die Hochalpen, die Südkarpaten und die Hochgebirge der Balkanhalbinsel.

RL R/Naturschutzstatus: 2.

Flugzeit	J	F	M	A	M	J	J	A	S	O	N	D

Pyrgus carlinae (Südwestalpen-Würfeldickkopf)

Die Vorderflügelspannweite beträgt 26 bis 28 mm. Ein geteilter, weißer Fleck auf der Vorderflügel-Oberseite ähnelt einem C . Die Raupennahrung besteht aus Sternhaarigem Frühlings-Fingerkraut (*Potentilla pusilla*), Großblütigem Fingerkraut (*P. grandiflora*), Frühlings-Fingerkraut (*P. tabernaemontani*), Kriechendem Fingerkraut (*P. reptans*), Rauhaarigem Fingerkraut (*P. hirta*) und anderen. Die Falter fliegen in einer Generation pro Jahr von Juni bis September je nach Höhenlage. Sie bewohnen nährstoffarme Alpenwiesen, alpine Matten und Waldlichtungen zwischen 1000 und 3000 m Höhe. Ihr Verbreitungsgebiet erstreckt sich über Spanien, Portugal, das südliche und mittlere Frankreich sowie über das nordwestliche Italien, die Schweiz/Tessin, Süddeutschland, Österreich und das westliche Ungarn sowie über die westlichen und südwestlichen Zentralalpen.

Flugzeit	J	F	M	A	M	J	J	A	S	O	N	D

Pyrgus carthami (Steppenheiden-Würfel-Dickkopffalter)

Die Spannweite der Vorderflügel misst zwischen 30 und 34 mm. Auf der Unterseite läuft am dunkelbraunen Hinterflügelaußenrand eine charakteristische weiße Binde, wellenförmig nach innen begrenzt. Die hellen Flecke sind ganz schmal dunkel umringt. Auf der Oberseite der Hinterflügel sind die länglichen weißen Flecke meist gut sichtbar. Die Raupe lebt nach dem Schlupf an verschiedenen Trockenheit vertragenden Fingerkrautarten wie dem Sand-Fingerkraut (*Potentilla arenaria*), Rötlichem Fingerkraut (*Potentilla heptaphylla*) und anderen. Im letzten Stadium überwintern die Raupen. Pro Jahr erscheint in Mitteleuropa eine Generation von Anfang Mai bis

Mitte Juli. Als Habitat nutzen die Falter Trocken- und Kalkmagerrasen mit den entsprechenden Nahrungspflanzen in bis zu 1600 m Höhe. Die europäische Verbreitung erstreckt sich über Süd-, Mittel- und Osteuropa, nach Norden bis ins Baltikum und nach Südosten bis in den Balkan. *P. carthami* fehlt aber in großen Teilen Italiens und auf den gesamten Britischen Inseln. **RL 2/Naturschutzstatus:** 2.

Flugzeit	J	F	M	A	M	J	J	A	S	O	N	D

Pyrgus centaureae

Die Spannweite liegt zwischen 22 und 32 mm. Die Oberseite ist dunkelgrau mit zahlreichen weißen Flecken. Auch auf den Hinterflügeln sind auffällig ausgeprägte weiße Flecken vorhanden. Als Raupennahrung dient die Moltebeere (*Rubus chamaemorus*). Die Imagines fliegen in einer Generation von Juni bis Juli. Als Lebensraum kommen Heideflächen, Moore und Tundren von Meereshöhe bis in 1000 m infrage. Die Art ist in Skandinavien und dem Nordteil des europäischen Russlands verbreitet.

Flugzeit	J	F	M	A	M	J	J	A	S	O	N	D

Pyrgus cinarae

Die Vorderflügelspannweite beträgt 33 bis 35 mm. Die Oberseite ist dunkelgrau bis braunschwarz mit relativ großen weißen Flecken, die auch leicht ins Gelbliche gehen. Den Raupen dient Hohes Fingerkraut (*Potentilla recta*) als Nahrung und sie sind auch an *P. hirta* zu finden. Die Imagines fliegen in einer Generation von Mitte Juni bis Anfang August. Als Lebensraum dienen grasbewachsene, felsige trockene Habitate in Höhen zwischen 750 bis 1600 m. Das Verbreitungsgebiet erstreckt sich über Spanien, den südlichen Balkan und Griechenland.

Flugzeit	J	F	M	A	M	J	J	A	S	O	N	D

Pyrgus malvae (Kleiner Würfel-Dickkopffalter)

Die Spannweite beträgt bei diesem Falter 18 bis 23 mm. Auf der dunkelbraunen Flügeloberseite erkennt man ein scharf abgegrenztes, weißes Fleckenmuster. An den Außenrändern der Flügeloberseiten ist eine Fleckenreihe gut erkennbar, die bei den anderen Vertretern der Familie nicht so klar oder überhaupt nicht zu sehen ist, außer beim äußerlich nicht unterscheidbaren Westlichen Würfel-Dickkopffalter (*P. malvoides*). Die Raupe lebt von Juni bis September an Kleinem Odermennig (*Agrimonia eupatoria*), Fingerkraut (*Potentilla* sp.), Erdbeer-Arten (*Fragaria* sp.), Kleinem Wiesenknopf (*Sanguisorba minor*), Echtem Mädesüß (*Filipendula ulmaria*) und anderen. Die Imagines fliegen in einer Generation von April bis August. Der Falter lebt auf Trockenrasen, Magerwiesen, extensiven Weiden, an Dämmen und Böschungen, aber auch in Feuchtwiesen vom Flachland bis in Gebirgslagen von über 1700 m. Die Verbreitung reicht in Europa vom Westen Frankreichs, dem Süden Englands, nach Norden bis ins mittlere Skandinavien, nach Süden bis zu den Alpen und auf den Balkan.

RL V/Naturschutzstatus: 2.

Flugzeit	J	F	M	A	M	J	J	A	S	O	N	D
Raupen	J	F	M	A	M	J	J	A	S	O	N	D

Pyrgus malvoides (Westlicher Würfel-Dickkopffalter)

Die Spannweite der Flügel liegt zwischen 24 und 26 mm. Der Artstatus war umstritten, ist aber anhand des Genitals nachzuweisen. Äußerlich ist die Art nicht von *P. malvae* zu unterscheiden. Raupennahrung ist Frühlings-Fingerkraut (*Potentilla verna*), Großblütiges Fingerkraut (*P. grandi-*

flora), Aufrechtes Fingerkraut (*P. recta*), Blutwurz (*P. erecta*), *P. hirta* und *P. pusilla*, auch an Himbeere (*Rubus idaeus*) zu finden. Die Falter fliegen in einer Generation, je nach Höhenlage von April bis Juni und eine zweiten, oft partiellen wiederum Ende Juli bis August. Als Lebensraum bevorzugen sie mediterrane Macchia, Magerrasen, Ruderalgelände, Flachmoore und alpine Matten bis in 2500 m Höhe. Ihr Verbreitungsgebiet ist die Iberische Halbinsel, Südfrankreich, Italien, nach Norden bis in die Schweiz, Süddeutschland, Österreich und Kroatien.

Flugzeit	J	F	M	A	M	J	J	A	S	O	N	D

Pyrgus onopordi (Ambossfleck-Würfel-Dickkopffalter)

Die Spannweite beträgt zwischen 22 bis 28 mm. Ein auffälliges Unterscheidungsmerkmal sind die ambossförmigen, weißen Flecken auf der Hinterflügel-Unterseite. Die Raupen ernähren sich von Rauhaarigem Fingerkraut (*Potentilla hirta*) und *P. pusilla*, Kriechendem Fingerkraut (*P. reptans)*, Gewöhnlichem Sonnenröschen (*Helianthemum nummularium*), Apenninen-Sonnenröschen (*Helianthemum apenninum*) und Weg-Malve (*Malva neglecta*). Imagines fliegen in einer bis drei Generationen pro Jahr von April bis Anfang Oktober. Als Lebensraum bevorzugen sie heiße Felshänge, Magerrasen und trockene Ruderalflächen am Rande trockener, teilweise aufgelockert bewaldeter Bachschluchten am Fuße trockener, buschbestandener Hänge. Sie sind in Italien, der Schweiz/Wallis und den Gebirgsregionen des südlichen Spaniens verbreitet.

Flugzeit	J	F	M	A	M	J	J	A	S	O	N	D

Pyrgus serratulae (Rundfleckiger Würfel-Dickkopffalter)

Die Spannweite der Vorderflügel erreicht 22 bis 25 mm. Der Falter hat eine mattgrüne Unterseite. Ein ovaler Basalfleck auf der Hinterflügel-Unterseite ist ein gutes Erkennungsmerkmal. Tiere in den Alpen zeigen eine oft stark bis fast vollständig reduzierte Zeichnung der hellen Flecke auf der Flügeloberseite. Die Verwechslungsmöglichkeit mit den Faltern aus der *Pyrgus alveus*-Gruppe ist groß. Sicher bestimmen lässt sich der Falter nur durch Genitaluntersuchung. Als Nahrung dienen für die Raupen verschiedene Pflanzen aus der Artengruppe des Fingerkrautes wie Frühlings-Fingerkraut (*Potentilla tabernaemontani*), Zottiges Fingerkraut *(P. crantzii*) und andere. Die Raupen überwintern und sind im April ausgewachsen. Die Falter fliegen in einer Generation von Mai bis Ende August. Besiedelt werden bei uns Kalkmager- und Felsrasen mit wenig Vegetation in den Alpen auf 200 bis zu 2200 m Höhe. Das Verbreitungsgebiet sind die Gebirge des südeuropäischen Raumes über West- und Mitteleuropa bis Osteuropa. Auch Kleinasien ist besiedelt. In Deutschland erstreckt sich das Vorkommen bis an Nord- und Ostsee, im Süden bis in den Alpenraum.

RL 2/Naturschutzstatus: 2.

Flugzeit	J	F	M	A	M	J	J	A	S	O	N	D

Pyrgus sidae (Graubrauner Dickkopffalter)

Die Vorderflügelspannweite beträgt 33 bis 38 mm. Die dunkelbraune Oberseite trägt weiße Flecken und eine graue Behaarung an den Flügelwurzeln. Das auffällige Unterscheidungsmerkmal sind die gelborangen Querbindenzeichnungen auf den Hinterflügel-Unterseiten. Den Raupen dienen Aufrechtes Fingerkraut (*Potentilla recta*) und Rauhaariges Fingerkraut (*Potentilla hirta*) als Nahrung. Die Imagines erscheinen je nach Vorkommen in einer Generation pro Jahr von Anfang April bis Ende Juni. Ihr Lebensraum sind Felshänge und Schluchten, Wiesen und Böschungen bis 1400 m Höhe. Das Verbreitungsgebiet erstreckt sich über die Iberische Halbinsel (Gredos-Gebirge), das südöstliche Frankreich, nordwestliche Küstengebiete von Italien, Mittelitalien, Istrien (Slowenien und Kroatien) und über die Balkanhalbinsel.

Flugzeit	J	F	M	A	M	J	J	A	S	O	N	D

Pyrgus warrenensis (Hochalpen-Würfel-Dickkopffalter)

Die Vorderflügelspannweite beträgt 23 bis 25 mm. Diese Art kann mit dem Sonnenröschen-Würfel-Dickkopffalter (*Pyrgus alveus*) verwechselt werden. Es sind bei ihm allerdings die Vorderflügel schmaler und mehr zugespitzt. Es befinden sich weniger weiße Flecken darauf. Die Unterseite der Hinterflügel ist verwaschen hellgrau und die Mittelbinde ist reduziert. Die Nahrungspflanze der Raupen ist das Alpen-Sonnenröschen (*Helianthemum alpestre*). Die Art benötigt zwei Jahre zur Entwicklung. Die erste Überwinterung findet im Raupenstadium statt, die zweite als ausgewach-

sene Raupe in einem aus Moos, Erde und Blättern der Nahrungspflanzen gebauten Kokon am Boden. Die Imagines leben in einer Generation im Juli, ihr Lebensraum sind besonnte, niedrigwüchsige, alpine Matten von 1700 bis 2700 m. Ihr Verbreitungsgebiet erstreckt sich über die zentralen und östlichen Alpen.

Flugzeit	J	F	M	A	M	J	J	A	S	O	N	D
Raupen	J	F	M	A	M	J	J	A	S	O	N	D

Spialia orbifer

Die Flügel erreichen 24 bis 28 mm Spannweite. Die Art sieht dem Roten Würfel-Dickkopffalter (*S. sertorius*) ähnlich und ersetzt die Art im Südosten. Er kann von ihm durch die olivgrüne Unterseite des Hinterflügels unterschieden werden. Die Raupen fressen von der Himbeere (*Rubus idaeus*), vom Großen Wiesenknopf (*Sanguisorba officinalis*), *Potentilla gelida* und vom Kleinen Wiesenknopf (*S. minor*). Die Falter kommen von April bis August je nach Vorkommen in ein bis zwei Generationen pro Jahr in Steppen sowie Grasebenen und Hängen in Berglagen von Meereshöhe bis zu 2000 m vor.

Flugzeit	J	F	M	A	M	J	J	A	S	O	N	D

Spialia phlomidis

Die Vorderflügelspannweite beträgt 28 bis 30 mm. Die schwarzbraune Flügeloberseite ist mit sehr großen ausgeprägten weißen Flecken versehen. Die Raupen ernähren sich von Winden-Arten wie der Gestrichelten Winde (*Convolvulus lineatus*). Die Falter leben in einer Generation von Ende Mai bis Juni an trockenen, warmen, felsigen mit Sträuchern bewachsenen Hängen und in Grasebenen von 500 bis maximal 1700 m. Sie bewohnen das südöstliche Europa mit einem Südrand von Albanien und Bulgarien, Mazedonien, Griechenland und der europäischen Türkei.

Flugzeit	J	F	M	A	M	J	J	A	S	O	N	D

Spialia sertorius (Roter Würfel-Dickkopffalter)

Etwa 22 bis 24 mm Flügelspannweite kann diese Art erreichen. Die Flügelunterseiten sind im Gegensatz zu den anderen *Pyrgus*-Arten rotbraun bis gelblich. Die Flecken auf den Flügeloberseiten haben eine charakteristische Anordnung. So ist im Flügelrandbereich eine linienartige Reihe kleiner Flecken zu sehen, die in einem Bogen bis zum Vorderrand verläuft. Auch sind die vier weiter zur Wurzel gelegenen Flecke an der Flügelspitze fast gerade nebeneinander, während der letzte Fleck bei allen ähnlichen *Pyrgus*-Arten auffällig nach außen gerückt ist. Die Raupen beider Generationen können überwintern und fressen an ihrer einzigen Nahrungspflanze, dem Kleinen Wiesenknopf (*Sanguisorba minor*), zuerst die Blüten und erst später die Blätter. Die Falter bilden in Europa eine, in wärmeren Jahren zwei nicht klar trennbare Generationen von Ende April bis Anfang September aus. Die Lebensräume sind trockene Kalkmagerrasen mit offenen Bodenstellen, Böschungen, Dämme und Steinbrüche bis in eine Höhe von maximal 1700 m. Die Verbreitung reicht von Süd- und Mitteleuropa bis in Teile Osteuropas.

Flugzeit	J	F	M	A	M	J	J	A	S	O	N	D

Spialia therapne

Die Spannweite der Flügel beträgt etwa 21 bis 23 mm. Die Art ähnelt *S. sertorius* und wird teilweise von einigen Autoren auch nur als Unterart von ihr betrachtet. Die Raupe lebt ebenfalls an Kleinem Wiesenknopf (*Sanguisorba minor*). Die Falter fliegen in mehreren Generationen zwischen April und September von Meeresniveau bis auf 1500 m. Als Lebensräume werden steinige Hänge, Weiden, magere Wiesen und mediterrane Machhia genannt. *S. therapne* kommt nur auf Sardinien und Korsika vor.

Flugzeit	J	F	M	A	M	J	J	A	S	O	N	D

Thymelicus acteon (Mattscheckiger Braun-Dickkopffalter)

Die Spannweite der Flügel erreicht 24 bis 28 mm. Der Falter unterscheidet sich von den beiden anderen verwandten Arten durch die dunklere braune Färbung und die beim Weibchen deutlicheren gelblichen Flecken auf der Flügeloberseite. Die Männchen besitzen schwarze, strichförmige Duftschuppenflecke. Die Raupen schlüpfen im Sommer nach der Eiablage und fressen an breitblättrigen Gräsern wie Fieder-Zwenke (*Brachypodium pinnatum*), Kriechender Quecke (*Elymus repens*), Land-Reitgras (*Calamagrostis epigejos*) und anderen. Im Jahr erscheint eine Generation von Mitte Juli

bis Anfang September. Als Habitate werden warme Kalkmager- und Halbtrockenrasen mit Vegetationslücken, in Sukzession befindliche Steinbrüche, bewachsene Flussschotterflächen und sogenannte Brennenstandorte vom Flachland bis in Höhen von 1600 m genutzt. Die Verbreitung erstreckt sich über ganz Europa mit Ausnahme der Mittelmeerinseln, der Alpen, Englands und des nördlichen Europas.

RL 3/Naturschutzstatus: 2.

Flugzeit	J	F	M	A	M	J	J	A	S	O	N	D

Thymelicus christi

Die Falter sind mit 22 bis 25 mm etwas kleiner als die vorangehende Art. Der Artstatus ist strittig. Es besteht eine Verwechslungsmöglichkeit mit dem Mattscheckigen Braun-Dickkopffalter (*Thymelicus acteon*). Die Raupen fressen Gräser wie *Brachypodium arbusculum*. Die Imagines fliegen von März bis Ende August je nach Höhenlage. Ihr Lebensraum sind meist felsige, sonnige, eher trockene und buschbestandene Hänge und Schluchten. Sie kommen auf den Kanarischen Inseln, z. B. auf Gran Canaria, vor.

Flugzeit	J	F	M	A	M	J	J	A	S	O	N	D

Thymelicus hyrax

Die Flügel erreichen eine Spannweite von 28 bis 33 mm. Die Art ähnelt dem Braunkolbigen Braun-Dickkopffalter (*T. sylvestris*), hat aber auf der Oberseite eine gänzlich dunkelbraune Färbung mit Ausnahme einer Zone im Vorderbereich der Vorderflügel, die gelblich braun ist. Den Raupen dienen Gräser als Nahrung. Die Falter fliegen in einer Generation von April bis Ende Juni. Als Lebensraum bevorzugen sie heiße, trockene Felshänge und Ebenen von Meereshöhe bis 800 m. Ihr Verbreitungsgebiet beschränkt sich auf Griechenland mit Rhodos, Chios und Samos.

Flugzeit	J	F	M	A	M	J	J	A	S	O	N	D

Thymelicus lineola (Schwarzkolbiger Braun-Dickkopffalter)

Die Flügelspannweite der Vorderflügel reicht von 22 bis 26 mm. Die orangebraunen Flügeloberseiten haben einen dunklen Außenrand mit hellem, weißem Saum. Die Unterseiten seiner Fühlerkolbenspitzen sind schwarz. Der Duftschuppenfleck ist sehr schmal und undeutlich und verläuft gerade. Es fliegt eine Generation im Jahr von Anfang Juni bis Ende August. Die Eiablage erfolgt an Gräsern wie Sand-Reitgras (*Calamagrostis epigejos*), Fieder-Zwenke (*Brachypodium pinnatum*), Kriechender Quecke (*Elymus repens*) und anderen. Die Eier überwintern und die Raupen fressen nach dem Schlupf im Frühjahr bis in den Juni an ihren Nahrungspflanzen. Die Habitate sind offene, warme und trockene Grasflächen an Wegrändern, Waldrändern und in Ruderalbereichen vom Flachland bis in Höhen von 1200 m. Mit Ausnahme von Mittel- und Nordskandinavien, Nordengland und Irland ist die Art in ganz Europa anzutreffen.

Flugzeit	J	F	M	A	M	J	J	A	S	O	N	D
Raupen	J	F	M	A	M	J	J	A	S	O	N	D

Thymelicus sylvestris (Braunkolbiger Braun-Dickkopffalter)

Die Spannweite, die der Falter erreicht, liegt zwischen 27 und 34 mm. Er ist eine von drei *Thymelicus*-Arten, die verwechselt werden können. Die Fühlerkolbenspitzen des Falters sind an der Unterseite orangebraun. Das Männchen hat einen gut sichtbaren, leicht abknickenden Duftschuppenfleck auf der Oberseite der Vorderflügel. Die Raupe lebt von Februar bis

Mai an verschiedenen Gräsern wie Wiesen-Knäuelgras (*Dactylis glomerata*), Aufrechter Trespe (*Bromus erectus*), Gewöhnlichem Glatthafer (*Arrhenatherum elatius*) und anderen. Während eines Jahres fliegt eine Generation von Ende Mai bis Anfang September. Der Falter ist sowohl in Grasflächen an Waldrändern und Hecken als auch in mageren extensiven oder besser ungenutzten Streuwiesen in Höhen zwischen 0 und 1900 m zu finden. Das Areal der europäischen Verbreitung reicht von der Iberischen Halbinsel, Frankreich, England, Dänemark bis ins Baltikum und nach Südeuropa mit Ausnahme der Inseln in den Mittelmeerraum.

Flugzeit	J	F	M	A	M	J	J	A	S	O	N	D
Raupen	J	F	M	A	M	J	J	A	S	O	N	D

Papilionidae Familie Ritterfalter

Die kleine Familie hat 14 Arten und zwei Unterfamilien *Parnassiinae* und *Papilioninae*.

Archon apollinus (Falscher Apollo, Griechischer Apollo)

Die Flügel der, wie der deutsche Name schon sagt, nicht zu den Apollofaltern zählenden Art erreichen Spannweiten zwischen 55 und 60 mm. Die weißlich grauen Vorderflügel haben auf der Oberseite zwei auffällige schwarze Flecke. Bei den Weibchen findet sich zusätzlich ein Querband aus roten Flecken. Der Saum ist schwarz gefärbt, ebenso wie ein daneben liegendes Querband. Am Hinterflügel befindet sich am Saum eine Kombination aus schwarzen, roten und blauen Punkten. Die Nahrung der Raupen besteht bis zur Verpuppung zum Ende des Sommers aus Pfeifenblumenarten wie *A. parviflora, A. bodamae, A. bottae, A. poecilantha, A. hirta, A. auricularia* und weiteren Vertretern. Nach der Überwinterung, die sich auch manchmal über zwei Jahre erstrecken kann, schlüpfen die Falter ab Ende Februar und fliegen in einer Generation bis Ende April, Anfang Mai. Im Verbreitungsgebiet bewohnen sie felsige Hänge und Böschungen, Wegränder, Weinberge, Olivenhaine und Waldränder. In Europa sind die Falter, allerdings in stark zurückgehenden Populationen, in Griechenland und Bulgarien beheimatet, während sie in Kleinasien noch weit verbreitet sind.

Flugzeit	J	F	M	A	M	J	J	A	S	O	N	D

Iphiclides feisthamelii (Iberischer Segelfalter)

Die Flügelspannweite reicht von 60 bis 75 mm. Ähnlich wie bei *I. podalirius* werden die blassgelben Flügel von schwarzen Streifen durchzogen, die sich bis in die Hinterflügel ausdehnen. Insgesamt ist der Falter jedoch intensiver und kontrastreicher, auch die blauen, sichelförmigen und die Augenzeichnungen auf den Hinterflügel-Oberseiten erscheinen etwas größer als bei *I. podalirius*. Die Art wird von einigen Autoren als Unterart des Segelfalters *I. podalirius* angesehen. Die Raupennahrung besteht aus Mandelbaum (*Prunus dulcis*), Birnen (*Pyrus* sp.), Äpfeln (*Malus* sp.), Weißdornen (*Crataegus* sp.) und Mehlbeeren (*Sorbus* sp.). Die Falter fliegen in ein bis vier oder mehr Generationen, je nach Lage, von März bis Oktober. Als Lebensraum bevorzugen sie warme und trockene Wiesen, Kulturland wie Mandelplantagen und Gärten zwischen 300 und 2500 m. Sie sind über die Iberische Halbinsel verbreitet und können in den Pyrenäen in Kontakt mit dem Segelfalter (*I. podalirius*) kommen und sind mit ihm verwechselbar.

Flugzeit	J	F	M	A	M	J	J	A	S	O	N	D

Iphiclides podalirius (Segelfalter)

Die Spannweite der Vorderflügel liegt zwischen 50 und 80 mm. Die Hinterflügel sind lang geschwänzt, noch länger als beim Schwalbenschwanz .Die Adern im Vorderflügel sind dunkel eingefasst. Die Flügel sind blassgelb in der Grundfarbe und haben eine schwarze Querbänderung. Die Raupe lebt von Juni bis Juli bei uns an Schlehe (*Prunus spinosa*), vereinzelt auch an Weißdorn (*Crataegus*sp.), Pflaume (*P. domestica*), Kirsche (*P. avium*), Eberesche (*Sorbus aucuparia*) und anderen. Sie verpuppt sich ab Mitte Juli und überwintert. Die Flugzeit umfasst ein bis zwei Generationen, in warmen Regionen Europas bis zu drei Generationen, in der Zeit von Mitte April bis Mitte August, in einer dritten bis Oktober. Segelfalter sind sehr wärmeliebend und leben bevorzugt an sonnigen, heißen, auch felsigen

Trockenrasenhängen mit niederem Schlehengebüsch, sogenannten Krüppelschlehen in Steinbrüchen, an Bahndämmen und warmen, gut besonnten Waldlichtungen. Die Falter können in Höhen zwischen Meereshöhe und 1500 m beobachtet werden. Die Verbreitung reicht in Europa von der Iberischen Halbinsel über Teile des südlichen Mitteleuropas bis Osteuropa. In Südeuropa sind Italien und der Balkan besiedelt.
RL 3/Naturschutzstatus: 2 & 6 & 12.

Flugzeit	J	F	M	A	M	J	J	A	S	O	N	D
Raupen	J	F	M	A	M	J	J	A	S	O	N	D

Papilio alexanor (Südlicher Schwalbenschwanz)

Die Falter erreichen eine Vorderflügelspannweite von 70 bis 80 mm. Die Vorderflügel sind hellgelb gefärbt und haben am Rand je eine schwarze Binde und eine zweite, sehr viel breitere etwas weiter innen. Weiter zur Basis folgen in regelmäßigen Abständen noch drei weitere unterschiedlich lange schwarze Binden. Am Hinterflügel setzt sich die Bänderzeichnung fort und das breite Band erweitert sich und mündet in einem blauschwarz-orangem Auge und einem Schwanzfortsatz. Die Raupennahrung besteht aus Kümmel (*Apium* sp.), Fenchel (*Foeniculum vulgare*), Dill (*Anethum graveolens*), Faltenohr (*Ptychotis saxifraga*), Riesenfenchel (*Ferula communis*) und anderen Doldenblütlern. Man findet die Raupe an ihrer Futterpflanze zwischen Mai und August. Die Falter fliegen von Ende April bis August. Die Habitate sind meist heiße, trockene Offenlandbiotope, magere Wiesen oder felsige Hänge von Meereshöhe bis in 1100 m. In Europa ist die Art in Südfrankreich, Süditalien, Sizilien, Griechenland und Albanien noch anzutreffen, aber stark bedroht und im Rückgang begriffen.

RL V/Naturschutzstatus: 8 & 12.

Flugzeit	J	F	M	A	M	J	J	A	S	O	N	D
Raupen	J	F	M	A	M	J	J	A	S	O	N	D

Papilio hospiton (Korsischer Schwalbenschwanz)

Die Falter erreichen eine Flügelspannweite von 60 bis 70 mm. Diese Art ähnelt dem Schwalbenschwanz (*Papilio machaon*), ist aber kontrastreicher und ausgedehnter dunkel gezeichnet und der Augenfleck auf der Hinterflügel-Oberseite ist stark reduziert. Die Raupen ernähren sich von Riesenfenchel (*Ferula communis*), *Ruta corsica* und *Peucedanum paniculatum*. Imagines kommen in mehreren Generationen, je nach Lage, von Mitte März bis Mitte August vor. Sie bewohnen offene, grasbewachsene und blütenreiche Berghänge und licht mit Sträuchern besetzte Ebenen zwischen 500 bis 1200 m. Man findet diese Art auf Korsika und Sardinien.

Flugzeit	J	F	M	A	M	J	J	A	S	O	N	D

Papilio machaon (Schwalbenschwanz)

Die Vorderflügel erreichen 50 bis 75 mm Spannweite. Die Hinterflügel tragen lange Schwänzchen. Die Zeichnung der Adern und breiten Bänder im Vorderflügel sind auf der schwefelgelben Grundfarbe der Flügel schwarz und machen ihn kaum verwechselbar. Die Raupen leben von Juni bis Juli und von Mitte August bis Oktober an Doldenblütlern wie z.B. Wilder Möhre (*Daucus carota*), Gartenmöhre (*D. c. sativa*), Gewöhnlicher Wiesensilge (*Silaum silaus*), Berg-Haarstrang (*Peucedanum oreoselinum*) und Sumpf-Haarstrang (*P. palustre*), Pastinak (*Pastinaca sativa*), Kleiner Bibernelle (*Pimpinella saxifraga*), Dill (*Anethum graveolens)* und Weinraute (*Ruta graveolens*). Das Überwinterungsstadium ist die Puppe. Die Flugzeit erstreckt sich auf zwei, in manchen warmen Jahren drei Generationen von April–Juni, Ende Juni–August und der dritten von Ende August bis Anfang Oktober. Die sehr mobilen Falter fliegen in sonnigen, offenen, blütenreichen Gebieten, Wiesen, Waldlichtungen, Magerrasen, Steinbrüchen, Brachflächen und naturnahen Gärten in Höhen zwischen 0 und über 2000 m. Schwalbenschwänze sind über fast ganz Europa verbreitet. In England kommen sie nur im Südosten vor. In Skandinavien fehlen sie im Norden.

Flugzeit	J	F	M	A	M	J	J	A	S	O	N	D
Raupen	J	F	M	A	M	J	J	A	S	O	N	D

Parnassius apollo (Apollo)

Apollofalter gehören mit 60 bis 80 mm Vorderflügelspannweite zu den größten Tagfaltern. Die Hinterflügel weisen markante rote Flecken auf. Die Vorderflügel zeigen auffällige schwarze Flecken. Die Grundfarbe ist beim Männchen weiß, während die des Weibchens leicht ins Gelbliche geht. Die Spitzen der Vorderflügel besitzen durchsichtige Ränder. Die Raupe lebt nach dem Schlupf an gut besonnten Stellen vom Vorfrühling bis Anfang

Juni an Weißer Fetthenne (*Sedum album*), vereinzelt auch an Großer Fetthenne (*S. maximum*) und einigen weiteren *Sedum*-Arten. Die selten gewordene Art fliegt in Europa von Anfang Mai bis September in einer Generation, abhängig von der Höhe zwischen 300 bis 2400 m. Die Habitate liegen in den Mittelgebirgen und den europäischen Gebirgsregionen wie den Alpen auf besonnten, felsigen Hängen und Magerrasen mit sehr niedriger Vegetation und Weiden, in Steinbrüchen, auf Abraumhalden, Bahn- und Straßendämmen und an Weinbergmauern. Durch Verschlechterung der Habitate ist die Art mittlerweile vielerorts verschwunden. Die Verbreitung reicht von den Bergregionen Spaniens bis in den Süden Fennoskandinaviens und den Gebirgen des Balkans und Griechenlands.

RL 2/Naturschutzstatus: 2 & 10.

Flugzeit	J	F	M	A	M	J	J	A	S	O	N	D
Raupen	J	F	M	A	M	J	J	A	S	O	N	D

Parnassius mnemosyne (Schwarzer Apollo)

Die Vorderflügel haben eine Spannweite von 40 bis 60 mm. Die Hinterflügel sind rund, ohne Schwänzchen. Die Flügel sind schwarz-weiß gefärbt, rote Flecken wie bei den anderen Apollo-Arten fehlen auf den Flügeln. Die Vorderflügelspitzen erscheinen durchsichtig. Durch die schwarzen Flecken ist der Falter gut vom Baumweißling (*Aporia crataegi*) unterscheidbar. Die Raupe lebt zwischen März und Mai an Beständen von Lerchenspornarten (*Corydalis cava* und *C. intermedia*), die ausreichend besonnt sind. Die Verpuppung findet ab Ende April statt. Die Flugzeit der einzigen Generation richtet sich nach der Höhenlage zwischen 100 und 1600 m und reicht von Mitte Mai bis Anfang August. Die Falter sind nur bei Sonnenschein aktiv. Bewohnt werden Saum- und Gebüschbereiche sowie Grünland an den Rändern lichter Laubmischwälder mit extensiv bewirtschafteten Wiesen,

Hochstaudenfluren und Waldlichtungen mit Lerchenspornbeständen. Die Art ist sehr verstreut über Fennoskandinavien, das Alpengebiet, Südfrankreich, Italien, den Balkan und Griechenland verbreitet.
RL 2/Naturschutzstatus: 2.

Flugzeit	J	F	M	A	M	J	J	A	S	O	N	D
Raupen	J	F	M	A	M	J	J	A	S	O	N	D

Parnassius phoebus (Hochalpen-Apollo)

Die Falter erreichen zwischen 60 und 70 mm Spannweite. Die Vorder- und Hinterflügel tragen rote Flecken und sind an den Rändern durchsichtig. Die schwarz-weiß geringelten Fühlerschäfte und die roten Flecken auf den Vorderflügeln sind ein gutes Unterscheidungsmerkmal gegenüber *P. apollo*. Seine Raupe ernährt sich von Ende April bis zur Verpuppung ab Mitte Juni von Fetthennen-Steinbrech (*Saxifraga aizoides*) oder Gewöhnlicher Rosenwurz (*Rhodiola rosea*). Die Überwinterung findet im Eistadium statt. Die Flugzeit erstreckt sich in einer Generation von Ende Juni bis Ende August. Die Falter leben an feuchten Standorten und entlang Bergbächen, Quellfluren, Flussufern, Schluchten, Senken und auf angrenzenden Bergwiesen. Der Hochalpen-Apollo kommt in Europa nur in den Alpen zwischen 1500 und 2500 m vor.
RL D/Naturschutzstatus: 5.

Flugzeit	J	F	M	A	M	J	J	A	S	O	N	D
Raupen	J	F	M	A	M	J	J	A	S	O	N	D

Zerynthia cerisy (Östlicher Osterluzeifalter, Balkan-Osterluzeifalter)

Die Flügelspannweite der Falter beträgt etwa 55 bis 60 mm. Die Flügel sind gelblich weiß gefärbt. Auf den Vorderflügeln besteht ein variables, auch vom Geschlecht abhängiges, mehr oder weniger dunkles Muster aus schwarzen Flecken und Streifen. Auf den Hinterflügeln erkennt man zu den Rändern hin noch eine Reihe mehr oder weniger ausgeprägter, roter und blaugrauer Flecken. Am Außenrand, in der Mitte des Flügels befindet sich ein kurzes Schwänzchen. Als Nahrungsgrundlage dienen den Raupen bis zur Verpuppung am Ende des Sommers Pfeifenblumenarten wie die Osterluzei (*Aristolochia clematitis* und *A. hirta*) und andere. Der Balkan-Osterluzeifalter fliegt pro Jahr in einer Generation von April bis Juni und lebt auf trockenen, sonnenbeschienenen, heißen Wiesen, Trockenrasen mit Sträuchern, oft dicht bewachsenen Stellen in Flusstälern oder auf Kulturland wie Olivenhainen. Der Falter fliegt im Süden Dalmatiens, in Albanien, dem südlichen Serbien, in Griechenland bis in die Ägäis, in der Türkei und Bulgarien. Auf Kreta existiert noch die Schwesterart *Zerynthia cretica*.

Flugzeit	J	F	M	A	M	J	J	A	S	O	N	D

Zerynthia cretica

Ähnlich ist *Z. cerisy*, der Artstatus ist umstritten. Häufig wird *Z. cretica* als Unterart von *Z. cerisy* angesehen. Die Raupen ernähren sich von *Aristolochia*-Arten wie Kretischer Osterluzei (*Aristolochia cretica*), Immergrüner Osterluzei (*A. sempervirens*), möglicherweise auch von *A. parviflora*. Die Imagines fliegen, je nach Lage, von März bis Anfang Juni. Ihr Lebensraum sind trockene, sonnenbeschienene, heiße Wiesen, Trockenrasen, mit Sträuchern bewachsene Flächen in Flusstälern und Kulturland in Höhenbereichen zwischen 100 und 1600 m. Die Art ist endemisch auf Kreta verbreitet.

Flugzeit	J	F	M	A	M	J	J	A	S	O	N	D

Zerynthia polyxena (Osterluzeifalter)

Diese Osterluzeifalter erreichen bei gestreckten Vorderflügeln eine Spannweite von 52 bis 56 mm. Die hellgelben Vorderflügel tragen eine kontrastreiche Musterung von schwarzen, am Flügelrand wellenförmigen Bändern und Flecken. Auf den Hinterflügeln kommen rote und blaugraue Flecken hinzu. Die Weibchen sind etwas größer und heller gefärbt. Die Raupen fressen nach dem Schlupf ab Mitte Mai bis zur Verpuppung Anfang Juli bevorzugt an der Gewöhnlichen Osterluzei (*Aristolochia clematitis*) und anderen Pfeifenblumenarten. Sie verpuppen sich im Sommer. Die Puppen überwintern. Die Imagines können in einer Generation von Ende März bis Anfang Juni in Höhen bis maximal 1700 m angetroffen werden. Die Habitate bestehen aus sonnigem, trockenem, warmem, lückig bewachsenem Brachland, Weinbergen oder Karstgebieten von Meereshöhe bis auf 900 bis 1500 m.

In Europa sind die Osterluzeifalter vom östlichen Mittelmeergebiet über die französischen Meeralpen, Italien bis nach Österreich, den Balkan und Griechenland verbreitet.

Flugzeit	J	F	M	A	M	J	J	A	S	O	N	D
Raupen	J	F	M	A	M	J	J	A	S	O	N	D

Zerynthia rumina (Spanischer Osterluzeifalter, Westlicher Osterluzeifalter)

Die Flügelspannweite der Falter beträgt etwa 46 bis 50 mm. Er trägt die farbenprächtigste und kontrastreichste Zeichnung aller Osterluzeifalterarten, die aus intensiv roten, schwarz eingefassten Flecken und Querbändern auf gelbem Grund besteht. In Nähe der Flügelspitzen finden sich ebenso wie auf der gesamten Hinterflügel-Unterseite weiße Flecken. Den Raupen dienen verschiedene Pfeifenblumenarten wie Pistolochia-Osterluzei (*Aristolochia pistolochia*), Rundknollige Osterluzei (*A. rotunda*), Andalusische Pfeifenblume (*A. baetica*) und Lange Osterluzei (*A. longa*) als Nahrung. Das Raupenstadium erstreckt sich von April bis Juni. Die Falter treten in einer Generation von Ende März bis Mai in warmen, trockenen, felsig-steinigen, blütenreichen Wiesenbereichen mit Gebüschen, ausgetrockneten Flussbetten und auch im Kulturland auf. Die Art ist über die Iberische Halbinsel und die französische Mittelmeerküste verbreitet.

Flugzeit	J	F	M	A	M	J	J	A	S	O	N	D
Raupen	J	F	M	A	M	J	J	A	S	O	N	D

Pieridae Familie Weißlinge und Gelblinge

Die Familie besteht europaweit aus 60 Arten in den Unterfamilien *Dismorphiinae*, *Pierinae* (Echte Weißlinge), *Coliadinae* (Gelblinge).

Anthocharis cardamines (Aurorafalter)

Er erreicht 35 bis zu 45 mm Vorderflügelspannweite. Dank der orangen Flecken an der Vorderflügelspitze und der grüngelb gesprenkelten Hinterflügel-Unterseite ist das Männchen unverwechselbar. Das Weibchen kann auf der Flügeloberseite aus der Entfernung mit anderen Weißlingen verwechselt werden. Die Raupe lebt nach dem Schlupf ab Mitte Mai bis Juli an Wiesenschaumkraut (*Cardamine pratensis*), Knoblauchsrauke (*Alliaria petio-*

lata), Behaarter Gänsekresse (*Arabis hirsuta*) und verschiedenen anderen Kreuzblütlern. Die Verpuppung findet ab Juni statt, die Puppe ist auch das Überwinterungsstadium. Die Falter der einzigen Generation sind frühestens Mitte März zu erwarten, die letzten Ende Juni. Die Art der Habitate, in denen der Falter anzutreffen ist, gestaltet sich vielfältig. Als Lebensräume werden Feuchtwiesen und lichte, blütenreiche Wälder und Waldränder sowie Wegränder, Trockenrasen, Parks, Böschungen und Dämme genutzt. *A. cardamines* kommt in weiten Bereichen Nord-, Mittel- und Westeuropas vor. Der Norden Europas und der Süden mit den Gebirgen Spaniens, Portugals, Italiens und des Balkans sind ebenso besiedelt.

Flugzeit	J	F	M	A	M	J	J	A	S	O	N	D
Raupen	J	F	M	A	M	J	J	A	S	O	N	D

Anthocharis damone

Die Spannweite erreicht zwischen 40 und 43 mm. Die Männchen sind von gelber Grundfarbe mit oranger Flügelspitze. Diese Art ähnelt bei den Weibchen dem Aurorafalter, allerdings zeigt sie auf der Unterseite gelbe Flügelspitzen und gelbliche Hinterflügel. Die Raupen fressen vom Färberwaid (*Isatis tinctoria*). Die Falter leben in einer Generation von Anfang April bis Ende Mai an felsigen, sonnenexponierten, heißen, trockenen Steilhängen Ihr Verbreitungsgebiet umfasst Sizilien, Süd-Italien, Griechenland und Mazedonien.

Flugzeit	J	F	M	A	M	J	J	A	S	O	N	D

Anthocharis euphenoides (Gelber Aurorafalter)

Die Spannweite liegt bei 38 bis 42 mm. Die Falter unterscheiden sich vom Aurorafalter (*A. cardamines*) durch die beim Männchen gänzlich, bei den Weibchen nur auf den Flügelunterseiten vorhandene Gelbfärbung. Die Weibchen sind aber mit den größeren *Zegris eupheme*, die gemeinsam mit ihnen in Spanien vorkommen, verwechselbar. Den Raupen dienen Brillenschötchen (*Biscutella* sp.) und Rauken (*Sisymbrium* sp.) als Nahrung. Die Imagines fliegen in einer Generation je nach Region von Anfang März bis Ende Juni. Sie bewohnen Halbtrockenrasen, Felsensteppen und ausgedehntere Lichtungen in trockenen Wäldern, an sonnigen Waldwegen und in offenen Olivenhainen. Ihr Verbreitungsgebiet erstreckt sich über die Iberische Halbinsel, das südliche Frankreich, von den Ostpyrenäen bis in die französischen Seealpen, über Italien/Abruzzen bis in die Schweiz/Tessin.

Flugzeit	J	F	M	A	M	J	J	A	S	O	N	D

Anthocharis gruneri

Die Flügelspannweite beträgt zwischen 32 und 34 mm. Diese Art ähnelt dem Aurorafalter (*A. cardamines*), ist aber wesentlich kleiner und die Männchen sind hellgelb gefärbt. Die Raupen fressen Alpen-Steintäschel (*Aethionema saxatile*) und *A. orbiculatum*. Die Falter fliegen in einer Generation, je nach Höhenlage, von März bis Mai. Ihr bevorzugter Lebensraum sind trockene, heiße, felsige Hänge mit vereinzeltem Baum- und Strauchbewuchs. Man findet diese Art in Albanien, Mazedonien, Griechenland, Bulgarien und der Türkei.

Flugzeit	J	F	M	A	M	J	J	A	S	O	N	D

Aporia crataegi (Baumweißling)

Dieser Falter erreicht 55 bis zu 68 mm Vorderflügelspannweite. Die weißen Flügelflächen sind mit auffälligen schwarzen Adern durchzogen. Beim Weibchen sind die Vorderflügel transparent. Die Raupe lebt ab Mitte Juli an verschiedenen Rosengewächsen (*Rosacea*) wie Vogelkirsche (*Prunus avium*), Pflaume (*P. domestica*), Weißdorn (*Crataegus* sp.), Schlehe (*P. spinosa*), Apfel (*Malus* sp.), Birne (*Pyrus communis*), Eberesche (*Sorbus aucuparia*) und anderen. Sie überwintert und verpuppt sich ab Anfang Mai. Die Flugzeit erstreckt sich auf eine Generation von Mitte Mai bis Mitte Juni. Eine Vielzahl von Lebensräumen, von sonnig warmem, gebüschreichem Kulturland, Waldrändern und Wiesen mit den Futterpflanzen, Halbtrockenrasen, Rändern von Moorwäldern werden genutzt. Die Höhenverbreitung

liegt zwischen 50 und 1800 m. In Europa ist der Baumweißling mit Ausnahme Englands von Südwest- über West- und Mitteleuropa bis in gemäßigte Breiten Osteuropas, nach Norden in das südliche Skandinavien und nach Süden bis Süditalien und den Balkan zu finden.

Flugzeit	J	F	M	A	M	J	J	A	S	O	N	D
Raupen	J	F	M	A	M	J	J	A	S	O	N	D

Catopsilia florella

Die Flügelspannweite liegt zwischen 54 bis 65 mm Die Männchen sind auf den Flügeloberseiten weiß mit einem grünlichen Einschlag. Die Unterseiten sind hellgelb. Das Weibchen ist gänzlich gelb gefärbt. Auffällig sind die geraden äußeren Vorderflügelkanten, die ihn unverwechselbar machen. Die Raupennahrung besteht aus *Cassia*-Arten Kaffee-Senna (*Senna occidentalis*), *Senna septentrionalis*, *Senna petersiana*, *Senna italica* und Röhren-Kassie (*Cassia fistula*). Die Falter erscheinen in mehreren, nicht klar zu trennenden Generationen pro Jahr. Sie besiedeln warme, im Winter frostfreie Habitate, auch in Gärten oder Parks. Die Art ist über die Kanarischen Inseln und Madeira verbreitet.

Colias alfacariensis (Hufeisenklee-Gelbling)

C. alfacariensis ist mit 46 bis 50 mm etwas größer als *C. hyale*. Die Unterscheidung von *C. hyale* ist nach äußerlichen Merkmalen nicht möglich und selbst die Untersuchung der Genitalien gibt keinen Aufschluss. Nur die ausgedehntere Bestäubung der Flügeloberseite bei *C. hyale* gibt einen Anhaltspunkt, ist aber im Freiland kaum zu sehen. Die beiden Falter Weißklee-Gelbling (*C. hyale*) und Hufeisenklee-Gelbling (*C. alfacariensis*) bilden zusammen einen Artkomplex. Die grüne Raupe hat vier gelbliche Streifen und zusätzlich eine schwarze Fleckenmusterung. Die Hauptnahrungspflanzen der überwinternden Raupen sind nach dem Schlupf ab Mitte Juni Gewöhnlicher Hufeisenklee (*Hippocrepis comosa*) und Bunte Kronwicke (*Securigera varia*). Im Jahr treten zwei bis drei Generationen zwischen April und Oktober auf, die sich überlappen und deren Abgrenzung nicht eindeutig möglich ist. Dieser Gelbling kann auf sonnigen, warmen, kalkreichen Mager- und Trockenrasen, Almweiden, alpinen Rasen, Schotterflächen, in Steinbrüchen, Lichtungen und an Waldrändern in Höhen zwischen 100 und 2300 m angetroffen werden. Nach Norden sind die deutschen Mittelgebirge die Grenze der Verbreitung und werden nur durch Wanderbewegungen der Falter manchmal überschritten. Die Art ist inselartig im Süden Mitteleuropas und Osteuropas anzutreffen.

Flugzeit	J	F	M	A	M	J	J	A	S	O	N	D

Colias aurorina

Die Flügel erreichen eine Spannweite von 43 bis 60 mm. Die Männchen haben auf der Oberseite eine orange Grundfarbe, einen breiten schwarzen Randsaum und rötliche Flecke auf den Hinterflügeln. Beim Weibchen befinden sich im schwarzen Saum zusätzlich gelbe Fleckenreihen und eine schwarze Überstäubung auf den Flügeloberseiten. Es treten auch hellgelbe Grundfärbungen auf. Die Raupen fressen Tragant-Arten wie *Astragalus creticus rumelicus* oder *A. cyllenea*. Die Imagines fliegen je nach Höhenlage von Mai bis Juli an Berghängen und auf Trockenrasen auf Kalk in Höhen zwischen 500 und 2000 m. Man findet sie im nordwestlichen Griechenland und in Südalbanien.

Flugzeit	J	F	M	A	M	J	J	A	S	O	N	D

Colias caucasica (Balkan-Gelbling)

Die Flügelspannweite erreicht 48 bis 54 mm. Es besteht eine Verwechslungsmöglichkeit mit dem Orangerotem Heufalter (*C. myrmidone*) und *C. aurorina*. Die Raupen ernähren sich von Zwergginster-Arten wie *Chamaecytisus hirsutus* und *C. eriocarpus*. Die Falter kommen in einer Generation, je nach Höhenlage, von Mitte Juni bis Mitte August vor. Sie bewohnen alpine Matten, felsige Hänge und Schluchten, Lichtungen mit Gebüsch in Buchen- und Kiefernwäldern. Ihr Verbreitungsgebiet erstreckt sich über den westlichen Kaukasus und die Türkei.

Flugzeit	J	F	M	A	M	J	J	A	S	O	N	D

Colias chrysotheme (Hellorangegrüner Heufalter)

Die Falter erreichen zwischen 38 und 42 mm Flügelspannweite. Die variable Färbung der Flügeloberseite ist gelb bis orangegelb. Der beim Männchen gänzlich schwarze Flügelrandsaum auf der Oberseite ist beim Weibchen mit einem gelben Fleckenband durchsetzt. Auf den Hinterflügel-Oberseiten befinden sich rötliche Flecken. Die Raupen fressen von Tragant-Arten, wie Österreich-Tragant (*Astragalus austriacus*), Wicken- und Kronwicken-Pflanzen (*Vicia* sp. und *Coronilla* sp.). Die Flugzeit der Falter erstreckt sich in zwei bis drei Generationen von April bis Mai, Juni bis Juli und von August bis September. Sie bewohnen Steppenlandschaften und karge Wiesen in hügeligem Gelände. Man findet diese Art in Österreich/Niederösterreich, im östlichen Oberösterreich, Burgenland, in Tschechien, Ungarn und Rumänien.

Flugzeit	J	F	M	A	M	J	J	A	S	O	N	D

Colias croceus (Postillon, Wandergelbling)

Der Gelbling erreicht 35 bis 40 mm Flügelspannweite. Die Flügeloberseiten sind beim Männchen und meist auch beim Weibchen orangerot gefärbt. Die schwarzen Säume auf den Flügeloberseiten sind beim Männchen von gelben Adern durchzogen, beim Weibchen gelb gefleckt. Die Raupe lebt von Juli mit Überwinterung bis zur Verpuppung ab April an Luzerne (*Medicago sativa*), Rot-Klee (*Trifolium pratense*), Weiß-Klee (*T. repens*) und anderen Schmetterlingsblütlern. Die lange Flugzeit der zwei bis drei Generationen erstreckt sich von Mai bis November. Der Wandergelbling kommt aus Südeuropa über die Alpen, kann sich aber auch bei uns in Deutsch-

land erfolgreich fortpflanzen. In wärmeren Gebieten kann die Raupe sogar überwintern. Der Wandergelbling fliegt in offenem, trockenem bis wechselnd feuchtem Gelände, auf Wiesen, Äckern und Brachland in Höhen von 50 bis maximal 1900 m. In Mitteleuropa kann man den Postillon nur als Zuwanderer aus Südeuropa oder Vermehrungsgast beobachten. In manchen Jahren schafft er es bis Südskandinavien und England.

Flugzeit	J	F	M	A	M	J	J	A	S	O	N	D
Raupen	J	F	M	A	M	J	J	A	S	O	N	D

Colias erate (Steppen-Gelbling)

Die Spannweite liegt zwischen 40 und 48 mm. Die Grundfarbe ist gelb. Männchen und Weibchen sind in der Zeichnung variabel und schwer von einigen ähnlichen Arten der Gattung zu unterscheiden. Der mehr oder weniger ausgeprägte breite, schwarze Randsaum ist beim Weibchen mit gelben Flecken durchsetzt. Das Weibchen ist auf der Oberseite mit einer schwarzen Überstäubung versehen, die auf den Vorderflügeln nur auf den Wurzelbereich beschränkt ist, die Hinterflügel aber gänzlich überzieht. Den Raupen dienen Luzerne (*Medicago sativa*), Schneckenklee (*Medicago* sp.), Klee (*Trifolium* sp.), Hornklee (*Lotus* sp.), Esparsetten (*Onobrychis* sp.) und Steinklee (*Melilotus* sp.) als Nahrung. Die Imagines erscheinen in zwei bis fünf Generationen von Mitte März bis Oktober. Diese Art ist in Südosteuropa, dem Nordwesten der Türkei, in Nieder- und Oberösterreich, Tschechien sowie selten in Niederbayern anzutreffen.

Flugzeit	J	F	M	A	M	J	J	A	S	O	N	D

Colias hyale (Weißklee-Gelbling)

Die Spannweite beträgt beim Männchen 35 bis 40 mm, beim Weibchen 38 bis 42 mm. Die Bestimmungsprobleme sind bei *C. alfacariensis* beschrieben. Im Freiland sind die beiden Arten kaum zu unterscheiden. Einzig die Raupe ist aufgrund der beiden gelbweißen Streifen gut erkennbar. Als Raupenfutterpflanzen sind Weiß-Klee (*Trifolium repens*), Rot-Klee (*T. pratense*), Gewöhnlicher Hornklee (*Lotus corniculatus*) und viele andere Arten nachgewiesen. Die Raupen sind von September überwinternd bis zur Verpuppung im April und von Juni bis Juli zu finden. Die Falter fliegen in zwei Generationen von Ende April bis Juni und August bis September oder in warmen Jahren in drei Generationen von Mai bis Oktober. Hauptlebensräume sind feuchtes und trockenes, mageres Grünland und Wiesen, Trockenrasen, Streuobstwiesen, Brachen, Klee- und Luzernefelder. Sichtungen der Imagines sind von 0 bis fast 2000 m Höhe belegt. In Europa reicht die Verbreitung von Nordost-Spanien bis Russland, im Süden im Mittelmeerraum fehlt die Art. Bei Wanderungen kommen die Falter manchmal bis Nordeuropa und auf die Britischen Inseln.

Flugzeit	J	F	M	A	M	J	J	A	S	O	N	D
Raupen	J	F	M	A	M	J	J	A	S	O	N	D

Colias myrmidone (Regensburger Gelbling, Orangeroter Heufalter)

Die Flügelspannweite beträgt zwischen 44 bis 50 mm. Die Flügeloberseite ist beim Männchen intensiv orangegelb gefärbt und trägt einen schwarzen Randsaum. Die Art ist leicht mit *C. croceus* zu verwechseln. Das Weibchen ist auf der Flügeloberseite orangegelb bis grünlich weiß mit einem dunkel bestäubten Rand, der mit einem gelben Fleckenband durchzogen ist. Auf der Oberseite der Hinterflügel befindet sich je ein rötlicher Fleck. Die Raupen fressen Regensburger Zwergginster (*Chamaecytisus ratisbonensis*), Kopf-Zwergginster (*Chamaecytisus supinus*). Die Flugzeit der Falter ist in zwei Generationen im Mai und von Juli bis August. Diese Art ist in Rumänien, Ungarn, Österreich/oberösterreichisches Alpenvorland, Tirol und Kärnten anzutreffen. Der frühere Fundort im Jura bei Regensburg in Deutschland ist erloschen.

RL 0/Naturschutzstatus: 2 & 9.

Flugzeit	J	F	M	A	M	J	J	A	S	O	N	D

Colias palaeno (Hochmoorgelbling)

Seine Vorderflügel erreichen 50 bis zu 55 mm Spannweite. Weiße, nicht umrandete Flecken auf der Unterseite der Vorderflügel und eine durchgehende schwärzlich-braune Binde am Rand der Flügeloberseiten machen ihn gut von den anderen *Colias*-Arten unterscheidbar. Die Färbung ist beim Männchen schwefelgelb, beim Weibchen blasser gelb. Die Raupe lebt ab Anfang August mit Überwinterung bis zur Verpuppung ab Mai ausschließlich an besonnten Standorten der einzigen Nahrungspflanze, der Rauschbeere (*Vaccinium uliginosum*). Die Flugzeit geht bei einer Generation von Ende Mai bis Anfang August. Die Habitate sind ausschließlich Hoch- und Übergangsmoore und alpine Zwergstrauchheiden in Höhen zwischen 50 und maximal 2200 m. Der Falter ist auf Nektar angewiesen und braucht blütenreiche Streuwiesen oder Hochstaudenfluren in der Umgebung des Moores. Die Vorkommen der Hochmoorgelblinge konzentrieren sich auf Nord- und Mitteleuropa. Die Habitate verschwinden durch menschliche Einflüsse zunehmend und führen zu massiven Rückgängen.

RL 2/Naturschutzstatus: 1

Flugzeit	J	F	M	A	M	J	J	A	S	O	N	D
Raupen	J	F	M	A	M	J	J	A	S	O	N	D

Colias phicomone (Alpengelbling)

Die Spannweite der Vorderflügel des Alpengelblings ist sehr variabel und erreicht 43 bis zu 50 mm. Der Falter ist mit keiner anderen Gelblingsart verwechselbar. Die Oberseite ist grau bestäubt. Die Grundfarbe ist beim Männchen gelbgrün, beim Weibchen hell-gelbgrün in weiß überlaufend. Die Raupe lebt ab Ende Juli mit Überwinterung bis zur Verpuppung Ende Mai an Bunter Kronwicke (*Securigera varia*), Gewöhnlichem Hufeisenklee (*Hippocrepis comosa*), Gewöhnlichem Hornklee (*Lotus corniculatus*) und anderen Schmetterlingsblütlern. Im Allgemeinen fliegen die Imagines in einer, gelegentlich zwei Generationen von Ende Mai bis Ende August. Spätfliegende Falter, die noch bis Oktober zu finden sind, gehören einer zweiten Generation an. Die Habitate wie blütenreiche Alpenwiesen, alpine Magerrasen und Bergmatten können sich bis in 2300 m Höhe befinden. Die Falter sind in Europa in den Pyrenäen, Alpen und Karpaten vertreten.

Flugzeit	J	F	M	A	M	J	J	A	S	O	N	D
Raupen	J	F	M	A	M	J	J	A	S	O	N	D

Colias sulitelma

Die Flügel erreichen zwischen 38 und 42 mm Spannweite. Die oberseits orange gefärbten Falter sehen *C. tyche* und dem Hochmoorgelbling *(C. palaeno)* ähnlich. Als Raupennahrung dienen Gletscher-Tragant (*Astragalus frigidus*), Alpen-Tragant (*Astragalus alpinus*) und Weiß-Klee (*Trifolium repens*). Die Falter leben in einer Generation von Juni bis August, je nach Standort. Sie besiedeln Grashänge mit niederwüchsigen Sträuchern bis in Höhen von 900 m. Anzutreffen ist diese Art im nördlichen Norwegen, in Schweden und Finnland.

Flugzeit	J	F	M	A	M	J	J	A	S	O	N	D

Colias tyche

Die Spannweite liegt zwischen 28 und bis zu 43 mm. Die Art ist in seinem Verbreitungsgebiet leicht mit *C. sulitelma* und dem Hochmoorgelbling *(C. palaeno)* zu verwechseln. Die Weibchen sind weiß gefärbt. Die Raupen leben an Alpen-Tragant (*Astragalus alpinus*), Spitzkiel (*Oxytropis* sp.) und am Erbsenstrauch (*Caragana* sp.). Die Flugzeit der Falter erstreckt sich in einer Generation von Juni bis August, je nach Standort. Sie bewohnen feuchte Auenbereiche und grasbewachsene Berghänge in Höhen bis 2600 m. Ihr Vorkommen beschränkt sich auf die buschbestandenen Tundren Nord-Europas.

Flugzeit	J	F	M	A	M	J	J	A	S	O	N	D

Colotis evagore

Die Flügelspannweite liegt zwischen 28 und 35 mm. Die weißen Falter mit der zacken- und fleckenförmigen schwarzen Randbestäubung und den orangen Vorderflügelspitzen sind unverwechselbar. Die Raupen leben an Kapernstrauch-Arten wie dem Echten Kapernstrauch (*Capparis spinosa*) und *C. droserifolia*. Die Falter erscheinen in mehreren Generationen von April bis Oktober, je nach Höhenlage. Sie bewohnen heiße und trockene Schluchten und Felshänge. Ihr Verbreitungsgebiet beschränkt sich auf Süd-Spanien.

Flugzeit	J	F	M	A	M	J	J	A	S	O	N	D

Euchloe ausonia (Östlicher Gesprenkelter Weißling)

Die Spannweite der Vorderflügel erreicht 37 bis 48 mm. Die Oberseite der Vorderflügel ist weiß mit schwarzen Spitzen und einem länglichen schwarzen Fleck. Die Unterseite der Flügel zeigt eine grünlich graue Marmorierung mit weißen Sprenkeln. Verwechslungen können mit einigen sehr nahe verwandten Arten vorkommen, deren Verbreitungsgebiet sich aber kaum überschneidet. Zur Eiablage werden verschieden Kreuzblütler wie Färberwaid (*Isatis tinctoria*), Immergrüne Schleifenblume (*Iberis sempervirens*), Gewöhnliche Brillenschote (*Biscutella laevigata*), Echtes Zackenschötchen

(*Bunias erucago*) oder Acker-Senf (*Sinapis arvensis*) und eine Reihe weiterer Arten genutzt. Die Raupe verpuppt sich bis zum Herbst. Die Art fliegt in zwei Generationen, abhängig von der Höhenlage bis in 2000 m zwischen Anfang März und Anfang Juli. Als Habitate nutzen sie felsige Hänge und Bergwiesen, Olivenhaine, Brachflächen, Weg- und Waldränder. Die Verbreitung reicht in Europa im Norden von Österreich, Ungarn bis in die südliche Ukraine, im Süden nach Mittel- und Süditalien und den Balkan und Griechenland.

Flugzeit	J	F	M	A	M	J	J	A	S	O	N	D

Euchloe bazae

Die Raupen fressen Garten-Senfrauke (*Eruca vesicaria*) und *Boleum asperum*. Die Falter erscheinen je nach Lage in ein bis zwei Generationen im März bis Anfang April und wieder in der zweiten Maihälfte. Ihr Lebensraum sind trockene, spärlich bewachsene Hügel und Senken. Diese Art lebt in Spanien in zwei inselartigen Vorkommen im Süden.

Flugzeit	J	F	M	A	M	J	J	A	S	O	N	D

Euchloe belemia (Grüngestreifter Weißling)

Die Spannweite erreicht 38 bis 43 mm. Verwechslungsmöglichkeiten bestehen mit den verwandten Arten *E. tagis*, *E. crameri* und auch auch dem Resedafalter (*Pontia daplidice*). Als Unterscheidungsmerkmal ist die weiße Querstreifung der Hinterflügel-Unterseite am auffälligsten. Die Raupen ernähren sich von Gewöhnlichem Bastardsenf (*Hirschfeldia incana*), Rauke-Arten (*Sisymbrium* sp.), Doppelsame (*Diplotaxis* sp.), Glatt-Brillenschötchen (*Biscutella laevigata*). Raupen findet man im April; die Falter fliegen in zwei bis drei Generationen von November bis Mai. Ihr bevorzugter Lebensraum sind trockene, felsige Bereiche mit Baum- oder Gebüschbestand, steinige Hänge, Brachland und ungenutzte Kulturflächen, Olivenhaine und Obstgärten. Die Verbreitung beschränkt sich auf Südwesteuropa und die Kanarischen Inseln.

Flugzeit	J	F	M	A	M	J	J	A	S	O	N	D
Raupen	J	F	M	A	M	J	J	A	S	O	N	D

Euchloe charlonia

Die gelben Falter erreichen Spannweiten um die 28 bis 31 mm. Die Vorderflügelspitzen sind schwarz überstäubt mit darin befindlichen gelben Flecken. Die Hinterflügel sind an der Unterseite ebenfalls dunkel überstäubt. Ein feines rosarotes Saumband umschließt die Vorderflügel. Die Falter sehen *E. penia* ähnlich, kommen aber nicht im selben Verbreitungsgebiet vor. Die Raupen findet man an Kreuzblütler und Resedagewächse wie *Carrichtera annua* und *Reseda lancerotae* sowie anderen. Die Flugzeit

der Falter umfasst je nach Region zwei oder mehr Generationen pro Jahr von Dezember bis Mai und von September bis Oktober. Sie bewohnen heiße, trockene, felsige Hänge und Täler. In ihrer Verbreitung sind sie auf die Kanarischen Inseln Lanzarote, Fuerteventura und La Graciosa sowie inselartig auf einige Vorkommen in Spanien beschränkt.

Flugzeit	J	F	M	A	M	J	J	A	S	O	N	D

Euchloe crameri (Westlicher Gesprenkelter Weißling)

Die Flügelspannweite liegt zwischen 40 und 48 mm. Er ähnelt sehr *E. simplonia*, *E. ausonia* und kann vor allem mit dem kleineren *E. tagis*

verwechselt werden. Auch *Pontia daplidice* oder *E. belemia* sind im Freiland leicht verwechselbar. Die Raupen leben an Acker-Senf (*Sinapis arvensis*), Färberwaid (*Isatis tinctoria*), Waid (*Isatis glauca*), Felsen-Steintäschel (*Aethionema saxatile*), Immergrüne Schleifenblume (*Iberis sempervirens*), Glatt-Brillenschötchen (*Biscutella laevigata*), Echtes Zackenschötchen (*Bunias erucago*) und anderen. Die Falter treten in ein bis zwei nicht klar zu trennenden Generationen je nach Höhenlage von Anfang März bis Anfang Juli auf. Sie leben an felsigen Hängen und auf Wiesen, auf brachfallendem Kulturland, in Olivenhainen, auf Bergwiesen und an Waldrändern bis in Höhe von 2000 m. Ihr Verbreitungsgebiet ist Mittel- und Süditalien, die Balkanhalbinsel und die größeren, griechischen Inseln. Im Norden kommen sie bis ins südliche Österreich, Ungarn und die südliche Ukraine vor.

Flugzeit	J	F	M	A	M	J	J	A	S	O	N	D

Euchloe eversi

Die Falter sind auf Teneriffa die einzige Weißlings-Art mit gestreifter Hinterflügel-Unterseite und kaum zu verwechseln. Der Artstatus ist nicht eindeutig geklärt. Die Raupen ernähren sich von Teiderauke (*Descurainia bourgeana*). Die Falter erscheinen je nach Höhenlage in einer bis drei Generationen zwischen Dezember und Juni. Ihr Lebensraum sind Halbwüsten, aufgelassenes Kulturland und trockene, lichte Kiefernwälder im Landesinneren bis 2300 m Höhe. Die Art ist endemisch nur auf Teneriffa vertreten.

Flugzeit	J	F	M	A	M	J	J	A	S	O	N	D

Euchloe grancanariensis

Die Falter sind auf Gran Canaria die einzige Weißlings-Art mit gestreifter Hinterflügel-Unterseite und kaum zu verwechseln. Die Raupen findet man an *Descurainia preauxiana* und weiteren Kreuzblütengewächsen. Die Flugzeit der Falter erstreckt sich in einer Generation von Februar bis Juni. Sie bewohnen lichte Kiefernwälder, endemisch auf Gran Canaria.

Flugzeit	J	F	M	A	M	J	J	A	S	O	N	D

Euchloe hesperidum

Die Falter sind auf Fuerteventura die einzige Weißlings-Art mit gestreifter Hinterflügel-Unterseite und kaum zu verwechseln. Der Artstatus ist umstritten. Die Raupen fressen an Kanaren-Hundsrauke (*Erucastrum canariense*), Gewöhnlichem Bastardsenf (*Hirschfeldia incana*) und *Carrichtera annua*. Die Falter fliegen in einer Generation von Januar bis Mai. Als Lebensraum bevorzugen sie trockene, warme, steinig bis felsige Hänge mit spärlicher Vegetation. Sie sind nur auf den Kanarischen Inseln verbreitet.

Flugzeit	J	F	M	A	M	J	J	A	S	O	N	D

Euchloe insularis

Die Spannweite beträgt 35 bis 38 mm. Verwechslungen können im Freiland nur mit dem Resedafalter (*Pontia daplidice*) und dem Weibchen des Aurorafalters (*Anthocharis cardamines*) auftreten. Die schwarze Zeichnung auf den Flügeloberseiten und die Struktur der Zeichnung der Hinterflügel-Unterseiten lassen allerdings eine gute Unterscheidung zu. Die Raupen sind an Kreuzblütler-Arten wie Senf (*Sinapis* sp.), Hundsrauke (*Erucastrum* sp.), Schleifenblume (*Iberis* sp.), Bastardsenf (*Hirschfeldia* sp.), Rauke (*Sisymbrium* sp.) und Waid (*Isatis* sp.) zu finden. Die Flugzeit der Falter erstreckt sich von März bis Juni in zwei nicht klar zu trennenden Generationen, deren zweite meist nur partiell ist. Sie bewohnen felsige, trockene Hänge, Dünen und Schluchten bis etwa 1300 m Höhe. Die Art kommt auf Korsika und Sardinien vor.

Flugzeit	J	F	M	A	M	J	J	A	S	O	N	D

Euchloe penia

Die Flügel erreichen Spannweiten zwischen 30 und 33 mm. In Europa ist er mit keiner anderen Art im Verbreitungsgebiet verwechselbar. Eine Ähnlichkeit besteht mit *E. charlonia*. Die Raupen fressen von der Levkoje *Matthiola tessala*. Die Falter fliegen in einer Generation Mitte April bis Juli. Der bevorzugte Lebensraum sind trockene Kalkfelsen und Flächen mit spärlichem Grasbewuchs, Trockenrasen und Halbwüsten. Das Verbreitungsgebiet ist inselartig im nördlichen und südlichen Griechenland und Mazedonien.

Flugzeit	J	F	M	A	M	J	J	A	S	O	N	D

Euchloe simplonia (Mattscheckiger Weißling, Gesprenkelter Gebirgs-Weißling)

Die Spannweite beträgt 40 bis 44 mm. Die Falter können in Europa an manchen Stellen, wo sich ihre Verbreitung überschneidet, mit einigen Arten wie z. B. *Euchloe crameri*, *Pontia daplidice* und *P. edusa*, dem Alpenweißling (*Pontia callidice*) oder dem Weibchen des Aurorafalters (*Anthocharis cardamines*) verwechselt werden. Die Raupen fressen zwischen Juni und Ende Juli an Glattem Brillenschötchen (*Biscutella laevigata*), Stumpfkantiger Hundsrauke (*Erucastrum nasturtiifolium*) und weiteren Kreuzblütlern. Die Puppe kann ein bis mehrere Jahre überwintern. Die Falter bilden eine Generation im Mai in tieferen Lagen bis Anfang Juli. Sie leben auf alpinen Bergmatten, Schuttfluren, felsigen Hängen und Weiden in Höhenlagen zwischen 600 und 2500 m. Die Verbreitung erstreckt sich auf den südwestlichen Alpenbereich von Italien über Frankreich bis in Teile der angrenzenden Schweizer Alpen.

Flugzeit	J	F	M	A	M	J	J	A	S	O	N	D
Raupen	J	F	M	A	M	J	J	A	S	O	N	D

Euchloe tagis

Die Falter erreichen Spannweiten zwischen 28 und 34 mm. Sie ähneln sehr *E. simplonia*, *E. ausonia* und können vor allem mit dem größeren *E. crameri* verwechselt werden. Auch *Pontia daplidice* oder *E. belemia* sind im Freiland leicht verwechselbar. Die Raupen leben an Felsen-Schleifenblume (*Iberis saxatilis*), Immergrüner Schleifenblume (*I. sempervirens*) und Bitterer Schleifenblume (*I. amara*) sowie an weiteren Schleifenblumen-Arten. Die Falter erscheinen in einer Generation von Mai bis Juni. Sie bewohnen trockene, felsige Hänge und Schluchten mit mediterranem Buschland auf Kalkuntergrund im nordwestlichen Portugal, Italien, Frankreich und Spanien.

Flugzeit	J	F	M	A	M	J	J	A	S	O	N	D

Gonepteryx cleopatra (Kleopatra-Falter, Mittelmeer-Zitronenfalter)

Der Kleopatra-Falter erreicht etwa die Größe des Zitronenfalters mit einer Vorderflügelspannweite von bis zu 60 mm. Im Gegensatz zu *G. rhamni* sind bei ihm die Vorderflügel orangerot gefärbt und die Kontur der Flügel erscheint etwas gebogener. Die Raupe nutzt verschiedene Kreuzdornarten (*Rhamnus* sp.). Der Falter fliegt in einer Generation zwischen Mitte Mai bis November, wobei eine angebliche zweite Generation nicht sicher nachgewiesen werden kann. Die Falter überwintern und erscheinen im nächsten Jahr ab Februar bis April. Sie leben in Europa in offenen, felsigen, mit Gebüsch bestandenen Bereichen und der mediterranen Macchia zwischen 0 und 1500 m. *G. cleopatra* ist in Europa hauptsächlich mediterran

verbreitet und kommt von der Iberischen Halbinsel über Südfrankreich, die Kanarischen Inseln, Italien, einen Teil der Schweiz und dem Balkan, in Griechenland und der Türkei vor.

Flugzeit	J	F	M	A	M	J	J	A	S	O	N	D

Gonepteryx cleobule (Teneriffa-Zitronenfalter)

Die Art erreicht etwa die Spannweite von *G. cleopatra* und sieht auch genauso aus, ist aber auf Teneriffa nahezu unverwechselbar. Als Raupennahrung dienen Kreuzdorn-Arten wie *Rhamnus crenulata* und Drüsiger

Kreuzdorn (*R. glandulosa*). Die Imagines kommen in tiefen, warmen Lagen wahrscheinlich in zwei Generationen ganzjährig vor. Sie bewohnen Lorbeerwälder und Wacholderheiden in trockeneren Gebieten. Die Art ist endemisch auf den Kanarischen Inseln, La Palma, Teneriffa und La Gomera verbreitet.

Flugzeit	J	F	M	A	M	J	J	A	S	O	N	D

Gonepteryx eversi (La-Gomera-Zitronenfalter)

Die *G. cleobule* ähnliche Art kommt nur auf La Gomera (Spanien: Kanarische Inseln) vor. Die Raupen ernähren sich von Drüsigem Kreuzdorn (*Rhamnus glandulosa*) und *R. crenulata*. Die Falter erscheinen in mehreren Generationen von März bis Mai, Juli bis September und im Dezember in lichten Lorbeerwäldern.

Flugzeit	J	F	M	A	M	J	J	A	S	O	N	D

Gonepteryx farinosa

Die 58 bis 62 mm Spannweite messenden Falter sind nur schwer vom Zitronenfalter (*G. rhamni*) und dem Weibchen von *G. cleopatra*, die ebenfalls im Verbreitungsgebiet auftreten können, zu unterscheiden. Die Raupen ernähren sich von Christusdorn (*Paliurus spina-christi*) und Kreuzdorn (*Rhamnus* sp.). Die Falter fliegen in einer Generation von Juni bis Oktober und nach der Überwinterung im März und April. Sie bevorzugen heiße, felsige Abhänge mit Gebüschen und sind über südliche Balkanhalbinsel und in Bulgarien verbreitet.

Flugzeit	J	F	M	A	M	J	J	A	S	O	N	D

Gonepteryx maderensis

Die Größe und das Aussehen macht eine Unterscheidung zu *G. cleopatra* kaum möglich. Die Raupen leben an Drüsigem Kreuzdorn (*Rhamnus glandulosa*). Die Flugzeit der Falter erstreckt sich in mehreren Generationen über das ganze Jahr, hauptsächlich zwischen April und September. Als Lebensraum dienen Lorbeerwälder mit eingemischten weiteren Baum- und Straucharten auf Madeira.

Flugzeit	J	F	M	A	M	J	J	A	S	O	N	D

Gonepteryx palmae (La-Palma-Zitronenfalter)

Die Art ist von Größe und Aussehen mit *G. cleopatra* zu verwechseln, hat aber einen annähernd geraden Vorderflügel-Außenrand. Nahrungspflanzen der Raupen sind Kreuzdornarten wie *Rhamnus crenulata* und der Drüsige Kreuzdorn (*Rhamnus glandulosa*). Die Falter sind in mehreren Generationen fast ganzjährig in lichten Lorbeerwäldern anzutreffen. Die Art kommt endemisch auf La Palma vor.

Flugzeit	J	F	M	A	M	J	J	A	S	O	N	D

Gonepteryx rhamni (Zitronenfalter)

Seine Vorderflügel haben eine Spannweite von 50 bis zu 58 mm. Die Flügelkontur ist unverwechselbar mit dem charakteristischen, hervortretenden Flügelgeäder. Seine Flügel bleiben fast immer geschlossen. Der Falter gehört zu den häufigsten heimischen Arten. Die Raupe lebt nach dem Schlupf Mitte Mai bis Juli an Faulbaum (*Frangula alnus*) und verschiedenen Kreuzdornarten (*Rhamnus* sp.). Die langlebigste aller europäischen Falterarten wird als Imago fast ein ganzes Jahr alt. Die Flugzeit zeigt die beiden Aktivitätsphasen der einen Generation. Ab Ende Februar bis Juni fliegen die überwinterten Tiere vom Vorjahr, von Juli bis Oktober die neue Generation. In Südbayern zeigt sich im Herbst mitunter eine partielle zweite Generation. Die Zitronenfalter finden sich in allen möglichen Lebensräumen an Waldrändern und auf Waldlichtungen, in Gärten, auf verbuschtem Grünland, Magerrasen und an Hecken. In Europa fehlt er nur in Nordskandinavien und Schottland und in einigen Bereichen Südeuropas.

Flugzeit	J	F	M	A	M	J	J	A	S	O	N	D
Raupen	J	F	M	A	M	J	J	A	S	O	N	D

Leptidea duponcheli

Die Flügel erreichen 36 bis 39 mm Spannweite. Bestimmungsschwierigkeiten ergeben sich bei der zweiten Generation, die weniger oder kaum an den Flügelspitzen und den Hinterflügel-Unterseiten bestäubt ist. Den Raupen dienen Hornklee (*Lotus* sp.), Platterbse (*Lathyrus* sp), Backenklee (*Dorycnium* sp.) und Bunte Kronwicke (*Securigera varia*) als Nahrung. Die Imagines erscheinen in bis zu drei Generationen pro Jahr, die erste von

April bis Juni, die zweite Generation in der zweiten Julihälfte, die dritte Generation Ende August und September. Sie sind auf trockenem, warmem buschbestandenem Magerrasen, in felsigen Schluchten und lichten Wäldern anzutreffen. Ihr Vorkommen erstreckt sich auf die Provence, den Balkan und Griechenland.

Flugzeit	J	F	M	A	M	J	J	A	S	O	N	D

Leptidea juvernica

Die Art kann leicht mit den eng verwandten *L. reali* und *L. sinapis* verwechselt werden, eine sichere Unterscheidung ist nur anhand der Genitalien möglich. Die Raupen sind an der Wiesenplatterbse (*Lathyrus pratensis*), Bergplatterbse (*Lathyrus linifolius*), Frühlingsplatterbse (*Lathyrus vernus*), Ranken-Platterbse (*Lathyrus aphaca*), an Sumpfhornklee (*Lotus uliginosus*) und Gewöhnlichem Hornklee (*Lotus corniculatus*) zu finden. Die Falter fliegen meist in zwei Generationen von Mitte April bis Mitte Juni und Mitte Juli bis August. Sie leben auf sonnig-warmen Waldwiesen und an Waldrändern, auf warmem Magerrasen und in Zwergstrauchheiden. Diese Art ist über ganz Europa verbreitet.

Flugzeit	J	F	M	A	M	J	J	A	S	O	N	D

Leptidea morsei (Östlicher Tintenfleck-Weißling, Östlicher Senfweißling)

Die Falter erreichen Spannweiten zwischen 40 und 44 mm. Verwechslungsmöglichkeiten bestehen mit *L. sinapis*, *L. reali* und *L. juvernica*. Ein Merkmal ist bei *L. morsei* ein angedeutetes „Eck“ an der Spitze der Vorderflügel, das bei den anderen Arten fehlt, und gleichmäßig rund ausgebildet ist. Die Raupen fressen an Platterbsenarten wie der Schwärzenden Platterbse, (*Lathyrus hallersteinii*), Frühlingsplatterbse (*Lathyrus vernus*) und an Vogel-Wicke (*Vicia cracca*), Japanischer Wicke (*Vicia japonica*) und *Vicia amoena*. Die Imagines erscheinen in zwei Generationen pro Jahr von April bis Mai und von Juni bis Juli. Ihre bevorzugten Lebensräume sind feuchte, grasbewachsene, sonnige Ränder und Lichtungen von hauptsächlich Eichen- und Laubmischwäldern in ganz Zentral-Europa.

Flugzeit	J	F	M	A	M	J	J	A	S	O	N	D

Leptidea reali

Diese Art ist *L. sinapis* sehr ähnlich. Die Raupen fressen Wiesen-Platterbse (*Lathyrus pratensis*). Die Falter erscheinen in zwei Generationen von April bis Juni und Mitte Juni bis August auf sonnig-warmen Waldwiesen und an Waldrändern, warmen Magerrasen und in Zwergstrauchheiden. Das Verbreitungsgebiet erstreckt sich über Spanien, Frankreich, Belgien, die nördliche Schweiz, Österreich, Slowenien, Kroatien, Südwest-Serbien, das südliche Polen und Südost-Schweden.

Flugzeit	J	F	M	A	M	J	J	A	S	O	N	D

Leptidea sinapis (Senfweißling, Linnés Leguminosenweißling, Tintenfleck-Weißling)

Die Spannweite der Vorderflügel beträgt 30 bis 40 mm. *L. sinapis* und die Arten *L. juvernica* sowie *L. reali* sind äußerlich beinahe identisch. Der Falter ist nur vom Spezialisten sicher durch Genitaluntersuchung unterscheidbar. Die Raupe lebt von Mitte Mai bis Juli und von August bis September an verschiedenen Platterbsenarten wie der Wiesen-Platterbse (*Lathyrus pratensis*) und Hornklee (*Lotus corniculatus*) und anderen. Die Puppe überwintert. Die Flugzeit erstreckt sich auf zwei Generationen von April bis Juni und Mitte Juni bis August, in warmen Jahren kann noch eine partielle dritte Generation bis Anfang September auftreten. Die Falterart lebt in verschiedenen Lebensräumen wie von niederen Lagen bis in Gebirgsregionen um 1700 m. Verbreitet ist *L. sinapis* über das westliche Europa, Irland, den Süden Englands bis Skandinavien im Norden, Mittel-, Süd- und Osteuropa.

Flugzeit	J	F	M	A	M	J	J	A	S	O	N	D
Raupen	J	F	M	A	M	J	J	A	S	O	N	D

Pieris balcana (Balkanweißling)

Die Spannweite der Flügel erreicht 34 bis 42 mm. Es besteht eine Verwechslungsmöglichkeit mit dem Grünader-Weißling (*P. napi*), allerdings ist die grüne Randbeschuppung der Hinterflügel-Unterseite von *P. balcana* sichtbar weniger deutlich begrenzt. Die Falter treten je nach Höhe und Ort in zwei bis drei Generationen von Anfang April bis Oktober auf. Sie bewohnen Waldränder, Kulturlandschaften wie beim Grünader-Weißling. Sie kommen in Bulgarien, Bosnien-Herzegowina, Mazedonien und Nord-Griechenland vor.

Flugzeit	J	F	M	A	M	J	J	A	S	O	N	D

Pieris brassicae (Großer Kohlweißling)

Die Spannweite der Vorderflügel beträgt 50 bis 65 mm. Die dunkle Randzeichnung, der sogenannte Apikalfleck an der Spitze zieht sich bis zur Mitte der Vorderflügel-Oberseite. Das Weibchen besitzt zusätzlich zwei schwarze Flecken auf der Vorderflügel-Unterseite, die beim Männchen fehlen. Die Raupengenerationen leben zwischen Juni und Oktober an Kohlsorten (*Brassica oleracea*) und verschiedenen Kreuzblütlern wie Raps (*Brassica napus*), Barbarakraut (*Barbarea vulgaris*), Gewöhnlicher Knoblauchs-

rauke (*Alliaria petiolata*) und anderen. Die Puppe überwintert. Die Flugzeit erstreckt sich auf zwei bis drei Generationen von Ende April bis Anfang Oktober in nicht klar differenzierbarer Abfolge. Die Falter haben wenige Ansprüche an ihr Habitat und leben an verschiedenen Stellen mit Blüten- und Futterpflanzen in Gärten, Ruderalflächen, Kohlfeldern, in fast allen Biotopen außer geschlossenen Wäldern. Gesichtet werden die Falter in Höhen zwischen 0 und als umherziehend bis über 2000 m. *P. brassicae* fehlt in Europa nur im hohen Norden.

Flugzeit	J	F	M	A	M	J	J	A	S	O	N	D
Raupen	J	F	M	A	M	J	J	A	S	O	N	D

Pieris bryoniae (Bergweißling)

Die Vorderflügelspannweite erreicht 40 bis zu 50 mm. Er sieht dem Grünader-Weißling (*P. napi*) sehr ähnlich. Die Adern der Unterseite sind deutlich grau bestäubt. Beim Weibchen ist die graubraune Bestäubung auf der Flügeloberseite sehr dunkel. Die grünlich-gelben Flügelunterseiten sind blasser als bei *P. napi* und die Adernzeichnung ist kräftiger und breiter. Als Hauptnahrungspflanzen der Raupe zwischen Ende Juli und August werden das Glatt-Brillenschötchen (*Biscutella laevigata*) und daneben noch Alpen-Schaumkraut (*Cardamine alpina*), Alpen-Täschelkraut (*Thlaspi alpinum*) und andere genannt. Die Puppe überwintert. Die Flugzeit erstreckt sich auf ein bis zwei Generationen von Anfang Mai bis Anfang September. Die Habitate sind Bergwiesen und feuchte alpine Matten, Magerrasen, Schotterflächen, Schuttfluren und Wiesen an Bergbächen, in den höheren Lagen zwischen 500 und über 2000 m. Die Gebirgsart ist in Europa in den Alpen der Hohen Tatra und den Karpaten beheimatet.

Flugzeit	J	F	M	A	M	J	J	A	S	O	N	D
Raupen	J	F	M	A	M	J	J	A	S	O	N	D

Pieris cheiranthi (Kanaren-Weißling)

Er erreicht eine Spannweite von 57 bis 66 mm. Der Falter ist dem Großen Kohlweißling (*P. brassicae*) sehr ähnlich, jedoch sind die Flecke auf der Vorderflügel-Oberseite größer und miteinander verschmolzen. Der Artstatus ist strittig. Nahrungspflanzen der Raupen sind Kapuzinerkresse (*Tropaeolum majus*) und Meerkohl (*Crambe strigosa*). Die Falter treten je nach Lage in sieben bis acht Generationen im Jahresverlauf auf. Sie bewohnen

steile, teilweise beschattete Felsgebiete sowie Felsschluchten in den eher feuchteren Bereichen und Lorbeerwälder sowie Gärten zwischen 500 und 1400 m Höhe. Diese Art kommt auf La Palma und Teneriffa vor.

Flugzeit	J	F	M	A	M	J	J	A	S	O	N	D

Pieris ergane

Die Spannweite erreicht 34 bis 39 mm. Verwechslungen können mit *P. rapae* und *P. mannii* auftreten. Die Flecken und die schwarze Bestäubung der Vorderflügelspitzen sehen bei *P. ergane* unschärfer und verwaschener als bei diesen Arten aus. Nahrungspflanzen der Raupen sind Kreuzblütler-Arten wie Alpen-Steintäschel (*Aethionema saxatile*). Die Imagines erscheinen in zwei bis drei Generationen, je nach Höhenlage von April bis September. Sie bewohnen warme, steppenartige, felsige, buschbestandene Hänge oder felsige Böschungen. Das Verbreitungsgebiet erstreckt sich über Nord- und Ostspanien, Südfrankreich, Mittelitalien und die Balkan-Halbinsel.

Flugzeit	J	F	M	A	M	J	J	A	S	O	N	D

Pieris krueperi (Krüpers Weißling)

Die Flügelspannweite liegt zwischen 44 und 54 mm. *Pieris krueperi* kann mit anderen auf dem südlichen Balkan vorkommenden Weißlingen, wie dem Östlichen Resedafalter (*Pontia edusa*) oder *P. chloridice*, verwechselt werden, ist jedoch durch die intensive dunkle, grüne Bestäubung auf der Hinterflügel-Unterseite meist gut zu unterscheiden. Die Raupen fressen an Felsen-Steinkraut (*Alyssum saxatile*), Berg-Steinkraut (*A. montanum*) oder *A. corymbosum*. Die Falter fliegen in zwei bis vier Generationen je nach Höhenlage von Ende Februar bis Anfang Oktober. Ihr Lebensraum umfasst steinige, trockene Felshänge, alte Steinbrüche mit spärlicher Vegetation und weitere Habitate von 300 bis zu 2500 m Höhe. Sie kommen auf der südlichen Balkanhalbinsel, Griechenland, Bulgarien, Albanien und dem Süden Mazedoniens vor.

Flugzeit	J	F	M	A	M	J	J	A	S	O	N	D

Pieris mannii (Karstweißling)

Die Falter haben eine Flügelspannweite von 40 bis 46 mm. Die Verwechslungsmöglichkeit besteht mit dem Kleinen Kohlweißling (*P. rapae*). An den Spitzen der Vorderflügel-Oberseite sind jedoch die schwarzen Flecke größer und erscheinen eckig. Bei *P. rapae* sind diese in meisten Fällen rund und klein. Beim derzeit festzustellenden Vordringen nach Mitteleuropa werden die Tiere im Siedlungsbereich vermehrt in Steingärten oder auch auf Friedhöfen mit dem Vorkommen der Raupennahrungspflanze Immergrüne Schleifenblume (*Iberis sempervirens*) gefunden. In Südeuropa werden Pflanzen wie das Blasenschötchen (*Alyssoides utriculata*), die Felsen-Schleifenblume (*Iberis saxatilis*), das Strand-Silberkraut (*Lobularia maritima*), die Grasblättrige Kresse (*Lepidium graminifolium*) und andere

genutzt. Je nach Höhenlage von 0 bis 2000 m fliegen drei bis fünf Generationen von maximal Ende Februar bis November. Die Lebensräume sind in der Mittelmeerregion felsige, trockene Hänge und Karstflächen mit Busch- und Waldbeständen, Ränder von Wegen, Weinberge und Olivenhaine. Verbreitungsschwerpunkt ist das Mittelmeergebiet vom östlichen Spanien, Südfrankreich bis ins Schweizer Wallis und Italien. Nach Norden lebt der Falter mit Ausbreitungstendenzen nach Deutschland, Niederösterreich und Ungarn, nach Südosten bis in den Westen und Süden der Balkanhalbinsel.

Flugzeit	J	F	M	A	M	J	J	A	S	O	N	D

Pieris napi (Grünader-Weißling)

Die Vorderflügel erreichen Spannweiten zwischen 35 bis 45 mm. Die Vorderflügel-Oberseite ist dem Kleinen Kohlweißling (*P. rapae*) in der Flügelzeichnung sehr ähnlich. Die Aderung der Flügelunterseite ist grünlichgrau gesäumt. Die Unterscheidung zum Bergweißling (*P. bryoniae*) ist im Flug nicht einfach. Die Raupengenerationen leben von Mai bis Oktober an Schaumkraut (*Cardamine* sp.), Knoblauchsrauke (*Alliaria petiolata*), Ackersenf (*Sinapis arvensis*), Behaarter Gänsekresse (*Arabis hirsuta*), Raps (*Brassica napus*), Kohlarten (*Brassica oleracea*) und anderen. Das Überwinterungsstadium ist die Puppe. Die Flugzeit der zwei bis drei Generationen reicht von Anfang April bis Anfang Oktober. Die häufige Art nutzt verschiedenste Lebensräume wie Waldränder und Wiesen, Gärten, Gewässerränder, Ruderalflächen, Ackerbrachen in Höhenlagen zwischen 0 und 1200 m. In Europa fehlt *P. napi* nur im Norden Skandinaviens, Richtung Süden auf einigen Mittelmeerinseln und ab dem südlichen Griechenland.

Flugzeit	J	F	M	A	M	J	J	A	S	O	N	D
Raupen	J	F	M	A	M	J	J	A	S	O	N	D

Pieris rapae (Kleiner Kohlweißling)

Der Falter ist mit 40 bis zu 50 mm Spannweite etwas kleiner als *P. brassicae*. Die dunkle Randzeichnung (Apikalfleck) auf der Vorderflügel-Oberseite ist kleiner als beim Großen Kohlweißling (*P. brassicae*). Die Raupen der einzelnen Generationen ernähren sich zwischen Mitte Mai und November von verschiedenen Kreuzblütlern wie z. B. Raps (*Brassica napus*), Bitterem Schaumkraut (*Cardamine amara*), Kohlsorten (*Brassica oleracea*), Kapuzinerkresse (*Tropaeolum majus*) und anderen. Die Puppe überwintert. Die lange Flugzeit der bis zu drei Generationen im Jahr von März bis November lässt sich nicht klar trennen. Der Kleine Kohlweißling ist in allen Lebensräumen, wo die Futterpflanzen wachsen, außer in geschlossenen Wäldern, Gärten, Raps- oder Kohlfeldern weit verbreitet. *P. rapae* fehlt in Europa nur im arktischen Bereich.

Flugzeit	J	F	M	A	M	J	J	A	S	O	N	D
Raupen	J	F	M	A	M	J	J	A	S	O	N	D

Pontia callidice (Alpen-Weißling)

Die Vorderflügel erreichen eine Spannweite von 42 bis 52 mm. Die Grundfärbung ist weiß. Aufgrund seiner schwarzen Zeichnung mit einem dreieckigen Randmuster auf den Vorderflügel-Oberseiten und seiner graugrünen und hellen Musterung auf den Hinterflügel-Unterseiten ist er in Europa in seinem Lebensraum, den Hochalpen, bei näherem Hinsehen kaum zu verwechseln. Die Raupen nutzen zwischen August und September als Nahrungsgrundlage Kreuzblütler wie das Alpenschaumkraut (*Cardamine alpina*), den Schweizer Schöterich (*Erysimum rhaeticum*) oder die Alpen-

Gämskresse (*Hutchinsia alpina*). Die Puppe überwintert. In der Regel leben die Imagines in einer Generation von Ende Juni bis August. In warmen Jahren und tiefen Lagen kann es vereinzelt zu einer zweiten Generation im August kommen. Die Lebensräume der Art sind felsige, kurzrasige, blütenreiche alpine Matten in Höhen zwischen 1800 und 3500 m Höhe. Die europäische Verbreitung reicht von den Pyrenäen zu den Hochlagen der Alpen. **RL: R.**

Flugzeit	J	F	M	A	M	J	J	A	S	O	N	D
Raupen	J	F	M	A	M	J	J	A	S	O	N	D

Pontia chloridice

Die Spannweite der Flügel erreicht zwischen 35 und 40 mm. Verwechslungsmöglichkeiten bestehen zu einer Reihe verwandter Arten. Ein Merkmal zur Unterscheidung ist die Zeichnungsstruktur der Hinterflügel-Unterseite. Die Raupen ernähren sich von *Cleome ornithopodioides* und evtl. *Sisymbrium polymorphum*. Die Falter fliegen in zwei Generationen Anfang Mai und Mitte Juni. Sie bewohnen Flussufer und ausgetrocknete Flussläufe mit Kies und Gebüsch sowie steinige Bereiche. Das Verbreitungsgebiet erstreckt sich von Nordost-Griechenland über Mazedonien und Bulgarien, zudem gibt es einzelne Nachweise in Finnland.

Flugzeit	J	F	M	A	M	J	J	A	S	O	N	D

Pontia daplidice (Resedafalter)

Die Spannweite der Vorderflügel beträgt zwischen 36 bis 42 mm. Die Unterseite der Hinterflügel sind grüngrau marmoriert, deren Muster und Anordnung eine Unterscheidung zu einigen anderen Weißlingsarten ermöglicht. Die Unterscheidung zum Östlichen Reseda-Weißling ist anhand von äußeren Merkmalen nicht eindeutig. Eine Genitaluntersuchung ist hier nötig. Allerdings gibt der Fundort oft einen guten Hinweis. Als Futterpflanze für die Raupengenerationen werden zwischen Mai und Oktober verschiedene Reseda-Arten wie Färber-Wau (*Reseda luteola*), Weiße Resede (*R. alba*), Gelbe Resede (*R. lutea*) und Kreuzblütlerarten (*Brassica* sp.) genutzt. Die Puppe überwintert. Die Falter fliegen in drei bis vier Generationen je nach

Ort zwischen März und Oktober, und sind während der ausgedehnten Wanderungen in Höhen zwischen 0 und 2700 m anzutreffen. Als Habitate werden heiße, offene, steinige, felsige Bereiche auf Brachflächen, in Steinbrüchen und an Wegrändern bewohnt. Die Verbreitung erstreckt sich auf Südwesteuropa mit Frankreich bis etwa zum westlichen Rheintal in Deutschland und kann sich im Westen Österreichs mit dem Verbreitungsgebiet von *P. edusa* überschneiden.

Flugzeit	J	F	M	A	M	J	J	A	S	O	N	D
Raupen	J	F	M	A	M	J	J	A	S	O	N	D

Pontia edusa (Östlicher Resedafalter)

Die Größe des Resedafalters ist identisch mit *P. daplidice*. Sein Erscheinungsbild unterscheidet sich äußerlich nicht von diesem. Beim Artkomplex *Pontia edusa*/*P. daplidice* gibt nur eine Genitaluntersuchung letztendlich Aufschluss. Die Raupen nutzen Reseda-Arten wie Weiße Resede (*Reseda alba*), Färber-Wau (*R. luteola*), Gelbe Resede (*R. lutea*) und andere Arten. Die Flugzeiten der drei bis vier Generationen erstrecken sich je nach Höhenlage zwischen 0 und 2400 m auf März bis Oktober. Habitate sind Magerrasen, Waldschneisen, trockene Brachflächen, Kies und Sandgruben. Im Gegensatz zu *P. daplidice* ist der Östliche Resedafalter in Mitteleuropa, Italien und Südosteuropa verbreitet und hat keine sehr ausgeprägten Wanderungstendenzen.

Flugzeit	J	F	M	A	M	J	J	A	S	O	N	D

Zegris eupheme

Die Flügelspannweite liegt zwischen 46 und 50 mm. Eine Verwechslungsmöglichkeit besteht zur folgenden, nahe verwandten *Z. pyrothoe*. Die Falter sind auf den Vorderflügeln weiß und tragen schwarze Flügelspitzen mit einem darin befindlichen länglichen orangen Fleck. Die Hinterflügel-Unterseiten sind gelb marmoriert. Die Raupen leben an Bastardsenf (*Hirschfeldia incana*), Rauken (*Sisymbrium polymorphum*), Rettich (*Raphanus* sp.) und Färberwaid (*Isatis tinctoria*). Die Imagines erscheinen in einer Generation pro Jahr von Mitte März bis Mitte Juni. Sie bewohnen trockene felsige Bereiche, Ackerränder, nicht mehr genutzte Olivenhaine und Obstkulturen. Die Art kommt in Süd-Europa mit Ausbreitungstendenzen nach Norden und in der Ukraine und dem Kaukasus vor.

Flugzeit	J	F	M	A	M	J	J	A	S	O	N	D

Zegris pyrothoe

Die Art ähnelt *E. eupheme* in Größe und Aussehen, kann aber gut an der weiß-grünlichen Marmorierung der Unterseite der Hinterflügel unterschieden werden. Über Lebensweise und Biologie ist wenig bekannt. Die Raupen leben vermutlich an Kreuzblütlergewächsen. Die Falter treten in einer Generation zwischen April und Mai auf. Sie leben in kargen, wüstenartigen Landschaften mit wenig Vegetation, von der Ebene bis in Höhen von knapp 1000 m. Die Verbreitung beschränkt sich auf die Ukraine und die südlichen Bereiche des europäischen Teils Russlands.

Flugzeit	J	F	M	A	M	J	J	A	S	O	N	D

Lycaenidae Familie Bläulinge

In Europa werden derzeit 144 Arten verzeichnet. Dazu zählen die Unterfamilie der *Aphnaeinae*, die Unterfamilie der *Lycaeninae* (Feuerfalter und Zipfelfalter) und die Unterfamilie der *Riodininae*.

Apharitis acamas

Der auf der Oberseite leuchtend orange Falter lebt auf Zypern und ist dort selten aufzufinden. Die schwarze Zeichnung der Vorderflügel-Oberseite ist variabel von intensiv kontrastreich bis gänzlich fehlend. Die Raupe lebt vermutlich an *Calligonum* sp. Es treten zwischen April und Juli wahrscheinlich mehrere Generationen auf. Die Lebensräume sind karge, vegetationsarme, heiße Bereiche.

Flugzeit	J	F	M	A	M	J	J	A	S	O	N	D

Aricia anteros

Die Spannweite beträgt zwischen 25 und 29 mm. Die hellblaue glänzende bis matte Oberseite der Vorderflügel der Männchen trägt einen kleinen schwarzen Fleck. Der Artstatus ist umstritten. Die Raupen fressen Storchschnabelgewächse wie Blutroten Storchschnabel (*Geranium sanguineum*), *G. asphodeloides* und *G. cinereum* ssp. *subcaulescens* und weitere. Die

Falter erscheinen in einer bis drei Generationen, je nach Höhenlage, zwischen Mai und September. Ihr bevorzugter Lebensraum sind warme Trockenrasen, Wiesen und Waldlichtungen zwischen 500 und über 2000 m. Sie sind über Südosteuropa, Bulgarien und Griechenland verbreitet.

Flugzeit	J	F	M	A	M	J	J	A	S	O	N	D

Aricia artaxerxes

Die Flügelspannweite liegt zwischen 20 bis 25 mm. Die Oberseite ist bei männlichen und weiblichen Faltern dunkelbraun mit orangen Saumfleckenbändern, die beim Männchen auf der Vorderflügel-Oberseite fehlen. Auffällig sind die weißen Flecken auf den Unterseiten, die nur von sehr kleinen schwarzen Flecken oder gar nicht gekernt sind. Die Raupen bevorzugen als Nahrung Gewöhnliches Sonnenröschen (*Helianthemum nummularium*), Kleinen Storchschnabel (*Geranium pusillum*) und Gewöhnlichen Reiherschnabel (*Erodium cicutarium*). Die Flugzeit der Falter erstreckt sich in einer Generation von Mitte Juni bis Ende Juli. Als Lebensraum dienen sonnige Hänge mit Grasbewuchs im Bergland und auch an Steilhängen der Küsten. Die Art ist in Süd- und Mitteleuropa verbreitet.

Flugzeit	J	F	M	A	M	J	J	A	S	O	N	D

Aricia montensis

Der Falter erreicht Spannweiten zwischen 27 und 32 mm. Die Art wurde früher als Subspezies von *Aricia artaxerxes* gesehen, ist aber mittlerweile als eigene Art anerkannt. Die Oberseite ist dunkelbraun mit orangen Fleckensaum. Die Raupen leben von Sonnenröschen *(Helianthemum* sp.*)* und Reiherschnabel *(Erodium* sp.). Die Falter fliegen in einer Generation von Juni bis September. Die Habitate sind felsige Trockenrasen, Hänge und Bergmatten zwischen 1000 und 2300 m Höhe. Vorkommen sind auf der Iberischen Halbinsel (Portugal und Spanien) sowie in Frankreich (Zentralmassiv, Vogesen, Jura), Italien, dem Balkan und dem Süden Griechenlands nachgewiesen.

Flugzeit	J	F	M	A	M	J	J	A	S	O	N	D

Aricia morronensis

Die Flügelspannweite liegt zwischen 25 bis 29 mm. Die Oberseite ist schwärzlich-braun gefärbt. Die orange Flügelsaumbinde der Unterseiten ist nur sehr schwach ausgebildet. Auf den Vorderflügel-Oberseiten findet sich jeweils in der Mitte ein schwarzer, weiß umringter Fleck. Nahrung der Raupen sind Reiherschnabel-Arten (*Erodium* sp.). Die Imagines fliegen von Juni bis September je nach Lage in einer bis zu zwei Generationen pro Jahr. Sie bewohnen felsige, trockene, wenig bewachsene Hänge zwischen 1000 und 2200 m Höhe. *A. morronensis* kommt in den östlichen Pyrenäen vor.

Flugzeit	J	F	M	A	M	J	J	A	S	O	N	D

Aricia nicias

Die Flügelspannweite liegt zwischen 25 bis 28 mm. Die Männchen sind oberseits grünlich-blau gefärbt und tragen einen breiten, dunklen Randsaum. Die Weibchen sind auf der Oberseite dunkelbraun. Auffällig ist der lange weiße Keilfleck auf der Hinterflügel-Unterseite. Die Raupen fressen Wald-Storchschnabel (*Geranium sylvaticum*) und Wiesen-Storchschnabel (*G. pratense*). Die Flugzeit der Imagines erstreckt sich in einer Generation von Mai bis August, je nach Standort. Ihr Lebensraum sind alpine Matten und Bergwiesen von 1500 bis 2500 m Höhe. Die Art kommt in den französischen Alpen, der Schweiz, in Italien/Südtirol, in Spanien/Pyrenäen und in Skandinavien vor.

Flugzeit	J	F	M	A	M	J	J	A	S	O	N	D

Azanus jesous

Die Flügelspannweite beträgt zwischen 23 und 24 mm. Die Art sieht *A. ubaldus* ähnlich. Die Oberseite ist dunkelbraun, beim Männchen zusätzlich mit blauviolettem Schimmer. Den Raupen dienen Akazien wie *Acacia gummifera*, Schneckenklee (*Medicago* sp.) und Meerbohne (*Entada* sp.) als Nahrungsgrundlage. Die Falter fliegen in drei sich überschneidenden Generationen von Februar bis Ende August. Sie bewohnen Halbwüsten und sehr trockene, savannenartige Habitate zwischen 200 und 1000 m. *A. jesous* kommt auf Zypern und in Südspanien vor.

Flugzeit	J	F	M	A	M	J	J	A	S	O	N	D

Azanus ubaldus

Die Falter erreichen Spannweiten um die 18 mm. Die Falter ähneln *A. jesous*, sind aber kleiner. Die Raupen findet man an der Antillen-Akazie (*Acacia farnesiana*), am Mesquite-Baum (*Prosopis juliflora*) und an der Dünnblättrigen Drüsenpflanze (*Myoporum tenuifolium*). Die Imagines leben in mehreren Generationen während des ganzen Jahres. Ihr Lebensraum sind Halbwüsten und sehr trockene, savannenartige Habitate zwischen 400 und 1000 m. Das Vorkommen der Art erstreckt sich auf Gran Canaria und Fuerteventura.

Flugzeit	J	F	M	A	M	J	J	A	S	O	N	D

Cacyreus marshalli (Pelargonien-Bläuling)

Die Männchen dieser Art erreichen bis zu 23 mm, die Weibchen bis zu 27 mm Flügelspannweite. An den Flügeloberseiten zeigen sich helle Flecken am Fransensaum auf dunkelbrauner Grundfärbung. An den Unterseiten der Flügel treten verschiedene Musterungen in grauen und braunen Farbtönen und eine etwas auffälligere, dunkelbraune Binde auf. An den Hinterflügeln zeigt sich ein kurzes, dünnes Schwänzchen. Die Raupen finden sich sowohl in Gärten und auf Balkonen an angepflanzten Pelargonien (Geranien) als auch dem Pyrenäen-Storchschnabel (*Geranium pyrenaicum*). Die Verpuppung findet an der Blattunterseite oder am Boden statt.

Der Falter wurde bei uns eingeschleppt. Sein ursprüngliches Verbreitungsgebiet liegt in Süd- und Südostafrika, von wo aus er mit Pelargonien Ende der 1970er-Jahre nach England kam. Ende der 1980er-Jahre begann seine Ausbreitung fast im gesamten Mittelmeerraum. Dort können sich in den klimatisch begünstigten Lagen auch fünf bis sechs Generationen über das ganze Jahr verteilt ausbilden.

Callophrys avis

Die Spannweite erreicht 25 bis 28 mm. Die Art sieht dem Grünen Zipfelfalter (*C. rubi)* sehr ähnlich, hat jedoch eine schmale weiße Binde auch auf der Unterseite der Vorderflügel. Als Raupennahrung dienen der Westliche Erdbeerbaum (*Arbutus unedo*), Immergrüner Schneeball (*Viburnum tinus*), *Cytisus grandiflorus*, Eisenkraut-Salbei (*Salvia verbenaca*) und andere. Die Imagines erscheinen in einer Generation Anfang April bis Mitte Juni. Sie bewohnen trockene, strauchbestandene Habitate von etwa 100 bis 1000 m Höhe. Verbreitet ist die Art in Portugal, dem südwestlichen Spanien/Pyrenäen und in Südfrankreich.

Flugzeit	J	F	M	A	M	J	J	A	S	O	N	D

Callophrys butlerovi

Die Falter erreichen etwa die Größe von *C. rubi* und sind auch mit den aus Zentralasien stammenden *C. suaveola* verwechselbar. Der Artstatus ist nicht ganz eindeutig geklärt. Einige Autoren stellen ihn als Unterart zu *C. suaveola*. Die Falter sind nur ganz am Rande Europas im Südural und dessen Vorbergen in Russland und Kasachstan verbreitet.

Callophrys rubi (Grüner Zipfelfalter)

Die Spannweite beträgt bis 30 mm. Eine schillernde, smaragdgrüne Färbung auf der Flügelunterseite macht den Falter leicht erkennbar. Die Oberseite der Flügel ist unauffällig braun. Die Raupe ernährt sich je nach Vorkommensgebiet von Ende April bis Mitte August von einer ganzen Palette verschiedener Nahrungspflanzen wie Rauschbeere (*Vaccinium uliginosum*), Heidekraut (*Calluna vulgaris*), Ginsterarten (*Genista* sp.), Hartriegel (*Cornus* sp.) und vielen weiteren Pflanzenarten. Die Falter fliegen in einer

Generation von Ende März bis Ende Juli. Die Art lebt auf mageren Waldlichtungen, in trockenem, buschreichem Gelände, Heiden und Moorrändern in Höhen bis zu 2000 m. Grüne Zipfelfalter sind über ganz Europa mit Ausnahme der arktischen Regionen verbreitet.
RL V/Naturschutzstatus: 3.

Flugzeit	J	F	M	A	M	J	J	A	S	O	N	D
Raupen	J	F	M	A	M	J	J	A	S	O	N	D

Celastrina argiolus (Faulbaum-Bläuling)

Die Art erreicht eine Spannweite bis 30 mm. Die hellblauen Flügeloberseiten sind beim Männchen mit einem schwarzen, breiten Flügelrand versehen. Die Flügelunterseite ist unscheinbar hellgraublau mit kleinen schwarzen Punkten und stark reduzierten Flügelbinden gezeichnet. Die Raupen leben von Mai bis Anfang Oktober an einem sehr breiten Spektrum von Pflanzen wie Gewöhnlichem Faulbaum (*Frangula alnus*), Blutweiderich (*Lythrum salicaria*), Echter Brombeere (*Rubus* sect. *Rubus*), Echtem Mädesüß (*Filipendula ulmaria*) und anderen. Das Überwinterungsstadium ist die Puppe. Die beiden Generationen, die von Ende März bis Anfang September fliegen, sind nicht klar voneinander zu trennen. Auch in der Wahl der Lebensräume sind sie nicht wählerisch und leben auf Waldlichtungen, in Heidegebieten und auch in Gärten von der Ebene bis in Höhen von 1000 m. Die Art ist in den gemäßigten Zonen Europas bis Nordafrika verbreitet.

Flugzeit	J	F	M	A	M	J	J	A	S	O	N	D
Raupen	J	F	M	A	M	J	J	A	S	O	N	D

Chilades galba

Die Spannweite liegt bei 16 bis 19 mm. Die Falter sind *C. trochylus* sehr ähnlich. Die Raupen leben an *Prosopis stephaniana*, *Lagonychium farctum*, *Acacia leucophloa*, *A. campbeli* und *Lagonichium farctum*. Die Art ist mit Ameisen der Art *Monomorium gracillium* vergesellschaftet. *C. galba* ist nur auf Zypern verbreitet.

Chilades trochylus

Die Flügel erreichen Spannweiten zwischen 16 und 19 mm. Der Falter ist unterseits grau und trägt auf der dunkelbraunen Oberseite auf den Hinter-

flügeln orangene Saumflecke. Die Futterpflanze der Raupen ist Myrtenkraut (*Andrachne telephioides*). Die Imagines fliegen von Ende März bis Oktober in mehreren Generationen. Sie bewohnen heiße, steinige und nur lückig bewachsene Magerrasengebiete mit größeren offenen Bodenbereichen. Dieser Falter kommt in Griechenland auf Samos, Rhodos und Kreta sowie auf Zypern und in Südostbulgarien vor.

Flugzeit	J	F	M	A	M	J	J	A	S	O	N	D

Cupido alcetas (Südlicher Kurzgeschwänzter Bläuling)

Die Spannweite der Vorderflügel erreicht 24 bis 28 mm. Die Männchen sind oberseits blau, die Weibchen dunkelbraun. Die Unterseite ist braun und sieht der von *C. decoloratus* ähnlich. Die Raupen fressen Kronwicken (*Coronilla* sp.), Geißraute (*Galega* sp.), Klee (*Trifolium* sp.) und Wicken (*Vicia* sp.). Die Falter erscheinen je nach Standort in zwei bis drei Generationen pro Jahr von Mai bis Juni und Juli bis August sowie in wärmeren Lagen in einer dritten ab Ende September. Die Art ist in Österreich und Süd-Europa verbreitet.

Flugzeit	J	F	M	A	M	J	J	A	S	O	N	D

Cupido argiades (Kurzschwänziger Bläuling)

Ein Bläuling mit einer Spannweite von bis zu 25 bis 30 mm. Männchen und Weibchen unterscheiden sich in der Färbung der Flügeloberseiten. Beim Männchen ist sie dunkelblau, beim Weibchen dunkelbraun mit unterschiedlich ausgedehnter, blauer Bestäubung. Auf der Unterseite der Hinterflügel finden sich außerdem je zwei orangefarbige Randflecken und am äußeren Ende dünne, spitze fadenförmige Schwänzchen. Die Raupe lebt an Schmetterlingsblütlern wie Gewöhnlichem Hornklee (*Lotus corniculatus*), Bunter Kronwicke (*Securigera varia*), Wiesenklee (*Trifolium pratense*) oder Luzerne (*Medicago sativa*) und überwintert als Raupe im letzten Stadium in Laubstreu und Moos am Boden. Im Laufe des Jahres wechseln sich drei Generationen von April bis Ende September ab. Den Lebensraum bilden Trockenstandorte und warmfeuchte, extensiv genutzte Wiesen und Ruderalflächen im Flachland bis auf über 700 m Höhe. Die Ausbreitung und Wiederbesiedelung verwaister Gebiete durch die Art steht vermutlich im Zusammenhang mit der Klimaerwärmung. Die Verbreitung dieses Falters in Europa reicht vom Norden Spaniens über Mittel- und Südeuropa und seltener zuwandernd bis ins nördliche Mitteleuropa und Südskandinavien. **RL V/Naturschutzstatus:** 2.

Flugzeit	J	F	M	A	M	J	J	A	S	O	N	D

Cupido carswelli

Die Falter erreichen 20 bis 22 mm Spannweite. Die Oberseite ist schwarzbraun, die Unterseite hellgrau mit einem beim Männchen purpurfarbigen Fleck an der Flügelbasis. *C. carswelli* ähnelt *C. minimus*. Der Artstatus ist teilweise umstritten und manche Autoren stellen ihn als Unterart zu *C. minimus*. Die Raupen leben an Gewöhnlichem Wundklee *(Anthyllis vulneraria)*. Falter fliegen in einer Generation von April bis Anfang Juni auf Trockenrasen und an grasigen, locker mit Gebüsch bewachsenen Hängen von 800 bis 1800 m. Die Art ist im Südosten Spaniens zu finden.

Flugzeit	J	F	M	A	M	J	J	A	S	O	N	D

Cupido decolorata (Östlicher Kurzschwänziger Bläuling)

Die Falter erreichen eine Flügelspannweite von 25 bis 35 mm. Die Oberseiten der Flügel sind beim Männchen bläulich violett mit einem breiten dunklen Saum, beim Weibchen bräunlich-grau. An den Hinterflügeln befindet sich ein kurzes Schwänzchen. Die Unterseiten der Flügel sind hellgrau gefärbt und tragen an der Basis eine bläuliche Überstäubung. Eine Ver-

wechslungsmöglichkeit besteht mit *C. alcetas*. Futterpflanzen der Raupen sind Luzerne (*Medicago sativa*) und Hopfenklee (*M. lupulina*). Die Imagines erscheinen in drei Generationen von Mai bis Juni, Juli bis August und bis Ende September. Sie bevorzugen sonnige Lichtungen in Laubwäldern, gebüschbestandene Flächen zwischen 200 und 1000 m Höhe. Ihr Verbreitungsgebiet erstreckt sich über das südliche Österreich, Slowenien, Ungarn, Rumänien, Mazedonien, Albanien, Bulgarien und das nördliche Griechenland.

Flugzeit	J	F	M	A	M	J	J	A	S	O	N	D

Cupido lorquinii

Die Spannweite erreicht 20 bis 23 mm. Männchen sind oberseits bläulichviolett mit dunkler Saumbinde, die Weibchen schwärzlich-braun. Die Raupen ernähren sich von Gewöhnlichem Wundklee (*Anthyllis vulneraria*). Die Falter fliegen in einer Generation von Ende März bis Juni auf felsigem Untergrund und buschbestandenem Trockenrasen. Die Art kommt in Südspanien und Portugal vor.

Flugzeit	J	F	M	A	M	J	J	A	S	O	N	D

Cupido minimus (Zwerg-Bläuling)

Der kleinste unserer Bläulinge erreicht nur 18 bis 25 mm Spannweite. Die Weibchen sind an den Flügeloberseiten dunkelbraun, die Männchen tragen zusätzlich eine mehr oder weniger intensive, blaue Beschuppung. Die Unterseite der Flügel ist hellgraublau gefärbt und trägt kleine, weiß umrandete, schwarze Punkte. Als Nahrungspflanze nutzt die Raupe den Gewöhnlichen Wundklee (*Anthyllis vulneraria*). Sie überwintert als ausgewachsene Raupe in der Bodenstreu. Pro Jahr entwickeln sich je nach klimatischen Bedingungen eine bis zwei Generationen mit meist fließendem Übergang zwischen April und August. Sie nutzen als Lebensraum Grasland, Magerrasen, Felshänge und Waldlichtungen vom Flachland bis in 2100 m Höhe. *C. minimus* findet sich in Europa von Nordspanien bis ins südliche Norwegen.

Flugzeit	J	F	M	A	M	J	J	A	S	O	N	D

Cupido osiris (Kleiner Alpenbläuling)

Durchschnittlich wird eine Spannweite bis zu 25 mm erreicht. Die Männchen zeigen ein intensives blauviolett auf der Oberseite der Flügel und einen schwarzen Saum am Außenrand. Beim Weibchen ist diese dunkelbraun, manchmal mit bläulicher Bestäubung an den Flügelwurzeln. Die Raupe ernährt sich von verschiedenen Esparsettenarten (*Onobrychis* sp.) und lebt in Symbiose mit ihrer Wirtsameise, der Fremden Wegameise (*Lasius alienus*). Die Raupen der ersten Generation gehen manchmal schon vor der Überwinterung in eine Ruhephase bis zum Frühjahr. Die Falter bilden je nach Standort eine, bei günstigen klimatischen Bedingungen zwei Generationen von Ende April bis Ende Juni und Ende Juli bis Anfang September. Sie leben auf trockenen, sonnigen Magerrasen zwischen 500 und 1800 m Höhe. Die Art ist verbreitet im Süden Frankreichs, Teilen Spaniens, Teilen Italiens und auf dem Balkan.

Flugzeit	J	F	M	A	M	J	J	A	S	O	N	D

Cyclyrius webbianus

Die Flügelspannweite liegt zwischen 28 und 34 mm. Die Männchen sind auf der Oberseite violettblau, die Weibchen orangebraun mit dunkler Saumbinde. Die Falter haben für Bläulinge ein untypisches Erscheinungsbild und sind auch kaum zu verwechseln. Die Raupen ernähren sich von Hornklee-Arten wie *Lotus sessilifolius*, *L. glaucus* und *L. hillebrandii* und Drüsenginster wie *Adenocarpus viscosus* sowie von Ginster-Arten wie *Genista stenopetala* und *G. canariensis*. Die Falter fliegen in zwei Generationen von Mai bis Juni und Juli bis August in tiefen Lagen der Küste auch ganzjährig. Sie bevorzugen steinige, offene Flächen zwischen lichtem Kanarischen Kiefernwald, spärlich bewachsene Küstenbereiche und Ruderalgelände und auch Siedlungs- und Kulturflächen von Meereshöhe von 500 bis in über 2000 m Höhe. Die Falter kommen auf den Kanarischen Inseln Teneriffa, Gran Canaria, La Palma und La Gomera vor.

Flugzeit	J	F	M	A	M	J	J	A	S	O	N	D

Deudorix livia

Die Spannweite beträgt zwischen 30 und 40 mm. Auffällig sind die langen Schwänzchen. Die Männchen sind oberseits kupferfarben, während die Weibchen braun gefärbt sind. Die Raupen fressen Granatapfel (*Punica granatum*), Japanische Wollmispel (*Eriobotrya japonica*), Akazien (*Acacia* sp.), Lauch (*Allium* sp.), Guajave (*Psidium* sp.), Gardenie (*Gardenia* sp.) und Tomate (*Lycopersicon esculentum*). Bevorzugter Lebensraum sind Trockenrasen, Grasland mit verstreutem Baum- und Strauchbestand sowie extensives Kulturland. Pro Jahr treten mehrere Generationen von April bis September auf. Es handelt sich um einen Wanderfalter im östlichen Mittelmeerbereich.

Flugzeit	J	F	M	A	M	J	J	A	S	O	N	D

Favonius quercus (Blauer Eichen-Zipfelfalter)

Dieser Falter erreicht bis zu 35 mm Spannweite. Männchen sind auf der Oberseite der Flügel gänzlich violettblau gefärbt, während die Weibchen nur mit zwei violettblauen Flecken versehen sind. Eine weiße Querlinie auf grauer Grundfärbung zeigt die Flügelunterseite. Die Raupe ernährt sich ab April bis Juni von den Blättern verschiedener Eichenarten (*Quercus* sp.). Von Ende Juni bis Anfang September leben die Falter in einer Generation. Lebensräume sind Mischwälder mit Eichenanteilen und einzeln stehende Eichen, wo sich der Falter meist im Kronenbereich der Bäume aufhält. Der Falter lässt sich bis in Höhen von 2000 m beobachten. Der Blaue Eichen-Zipfelfalter lebt in ganz Europa mit Ausnahme des Nordens Irlands und Englands und der Mitte und des Nordens Skandinaviens.

Flugzeit	J	F	M	A	M	J	J	A	S	O	N	D
Raupen	J	F	M	A	M	J	J	A	S	O	N	D

Glaucopsyche alexis (Alexis-Bläuling)

Der Bläuling erreicht eine Spannweite von bis zu 35 mm. Die Oberseiten der Flügel sind beim Männchen hellblau und zeigen einen dunklen Außenrand. Das Weibchen ist nur dunkelbraun mit einem leichten, blauvioletten Schimmer gefärbt. Die Unterseite der Hinterflügel ist von smaragdgrüner Grundfärbung. Die Unterseite der Vorderflügel hat an der Basis ausgeprägt große, dunkle Flecken. Nahrungspflanzen der Raupe sind von Anfang Juni bis September eine Reihe verschiedener Schmetterlingsblütler wie Esparsette (*Onobrychis* sp.), Luzerne (*Medicago sativa*), einige Wickenarten (*Vicia* sp.), Färberginster (*Genista tinctoria*), Bunte Kronwicke (*Securigera varia*) und einige weitere Arten. Das Überwinterungsstadium ist vermut-

lich die Puppe, was noch nicht eindeutig abgeklärt ist. Pro Jahr fliegt eine Generation von April bis Anfang Juli. Möglicherweise kann aber noch eine zweite Generation auftreten. Die Falter brauchen trockene, warme Lebensräume wie Trockenrasen, Waldlichtungen, Waldränder, Steinbrüche und mit lockeren Gebüschen bewachsene Hänge von der Ebene bis in 2000 m Höhe. Ihr Verbreitungsgebiet finden die Falter von Spanien über Süd- und Mitteleuropa bis Osteuropa, nach Norden bis ins südliche Skandinavien. **RL 3/Naturschutzstatus:** 2.

Flugzeit	J	F	M	A	M	J	J	A	S	O	N	D
Raupen	J	F	M	A	M	J	J	A	S	O	N	D

Glaucopsyche melanops

Die Spannweite der Vorderflügel erreicht 25 bis 28 mm. Die Oberseite ist beim Männchen blau mit einem dunklen Saumrand, das Weibchen ist dunkel mit mehr oder minder ausgedehnter oder auch fehlender blauer Bestäubung vom Wurzelbereich ausgehend. Die Unterseite ist blass bräunlich-grau. Den Raupen dienen Fünfblättriger Backenklee (*Dorycnium pentaphyllum*), Hornklee-Arten (*Lotus* sp.) und andere als Nahrung. Die Falter erscheinen in einer Generation von Mai bis Juli, je nach Standort. Sie bewohnen Magerrasen, lichte Strauchgesellschaften, Macchien und trockene, gehölzreiche Magerrasen in Frankreich (Provence), Italien (Ligurien), Portugal und Spanien.

Flugzeit	J	F	M	A	M	J	J	A	S	O	N	D

Glaucopsyche paphos

Die Flügel erreichen Spannweiten von 24 bis 30 mm. Die Oberseite ist blau mit einem dunklen Randsaum. Die Unterseite ist grau und *G. alexis* ähnlich, jedoch ohne den blau-grünlichen Schimmer an den Hinterflügeln. Die Raupen ernähren sich von Ginster (*Genista sphacelata*). Die Flugzeit der Falter erstreckt sich in einer Generation von März bis Anfang Mai. Als Lebensraum werden Macchia sowie felsige, mit niedrigem Gebüsch und vereinzelten Bäumen bestandene Ebenen und Lichtungen von Kiefernwäldern von Meeresniveau bis in Bergregionen über 1200 m bevorzugt. Die Art kommt auf Zypern vor.

Flugzeit	J	F	M	A	M	J	J	A	S	O	N	D

Hamearis lucina (Schlüsselblumen-Würfelfalter)

Die Oberseite der 28 bis 34 mm Spannweite messenden Vorderflügel ist dunkelbraun mit einem orangen bis gelblichen Fleckenmuster. Die Hinterflügel sind bis auf die rundliche Saumreihe und weitere im Innenbereich liegende Flecke dunkelbraun. Die Unterseiten der Hinterflügel zeigen ein gelbbraunes Muster mit zwei auffälligen Querbändern aus weißen Flecken. Die Raupen erscheinen zwischen Mitte Mai und Anfang Juli und bei zwei Generationen ab Ende Juli. Sie ernähren sich von Schlüsselblumenarten wie der Hohen Schlüsselblume (*Primula elatior*), der Wiesen-Schlüsselblume (*P. veris*) und der Stängellosen Schlüsselblume (*P. vulgaris*). Die Imagines fliegen in einer, bei günstigen klimatischen Bedingungen

einer partiellen zweiten Generationen von April bis Ende Juli. Die Falter bevorzugen Trocken- und Kalkmagerrasen, Wald- und Feldgehölzränder, Brachflächen mit Strauch- und Gehölzsäumen sowie Waldlichtungen vom Flachland bis in Höhen von über 900 m. Die Falter zählen bei uns zu den einzigen Vertretern der Unterfamilie der *Riodininae*. Die Verbreitung reicht über Teile Spaniens, Englands, Frankreichs bis Norddeutschland und das Baltikum, den Süden Schwedens, den Balkan und Süditalien.

RL 3/Naturschutzstatus: 2.

Flugzeit	J	F	M	A	M	J	J	A	S	O	N	D
Raupen	J	F	M	A	M	J	J	A	S	O	N	D

Iolana iolas (Großer Blasenstrauch-Bläuling)

Die Flügelspannweite der Männchen beträgt zwischen 18 bis 21 mm. Sie glänzen auf den Flügeloberseiten blau, während bei den Weibchen die Ausdehnung des Blauanteils unterschiedlich ist. Die Unterseite ist hellgrau mit einer Reihe schwarzer Flecken, parallel zur Flügelaußenkante. Es kommen ähnliche Arten im Verbreitungsgebiet vor, die zu einer Verwechslung führen können. Die Raupen leben in den Früchten (Schoten) des Gewöhnlichen Blasenstrauchs (*Colutea arborescens*). Die Überwinterung findet im Puppenstadium am Boden statt. Die Imagines leben in einer Generation von Mai bis Juni und vermutlich in einer zweiten, partiellen von August bis September. Habitate sind trockene, warme, oft felsige Biotope mit Beständen der Raupennahrungspflanze von der Ebene bis über 1700 m Höhe. Der

Falter ist vor allem in Süd- und Südosteuropa, auf der Balkanhalbinsel und auch weiter westlich in Südtirol und Südfrankreich zu finden.

Flugzeit	J	F	M	A	M	J	J	A	S	O	N	D

Laeosopis roboris (Eschen-Zipfelfalter)

Die Spannweite der Flügel liegt zwischen 34 und 36 mm. Auffällig ist das Fehlen des namengebenden Zipfels bei dieser Art. Auch die Zeichnung der Flügelunterseiten ist charakteristisch. So fehlt die weiße Querlinie auf den

Flügelunterseiten. Die Eier werden an Knospen der Eschen (*Fraxinus* sp.) abgelegt. Die Raupen ernähren sich nach dem Schlupf im Frühjahr von den Blättern. Die Art fliegt in einer Generation von Ende Mai bis Ende Juli. Offene Auwaldbereiche und Bachtäler mit Strauchaufwuchs und Eschen sind ihr Lebensraum. Die Falter sind nur in Südwesteuropa (Südfrankreich und Spanien) beheimatet und lassen sich in Höhen zwischen 100 und 1600 m beobachten.

Flugzeit	J	F	M	A	M	J	J	A	S	O	N	D

Lampides boeticus (Großer Wanderbläuling oder Langschwänziger Bläuling)

Die Falter erreichen eine Flügelspannweite von etwa 28 bis 35 mm. Verwechslungsmöglichkeit besteht nur mit dem Kleinen Wanderbläuling (*Leptotes pirthous*). Dieser ist jedoch deutlich kleiner und das Muster der weißen Zeichnung auf den braunen Unterseiten der Flügel ist eher gröber als das feiner strukturierte des Großen Wanderbläulings. Außerdem hat *L. boeticus* eine breite weiße Linie am Außenrand der Flügelunterseiten. Auffällig sind auch die langen schlanken Schwanzfortsätze am hinteren Winkel der Hinterflügel. Als Hauptnahrungspflanze dienen die Blüten und Fruchtkapseln verschiedener Hülsenfrüchtler wie des Gewöhnlichen Blasenstrauchs (*Colutea arborescens*), aber auch des Besenginsters (*Cytisus scoparius*), Erbsen (*Pisum sativum*) und Bohnen (*Phaseolus vulgaris*). Sie fliegen in Südeuropa in durchgehender Generationenfolge vom Frühjahr bis in den Herbst in tieferen Lagen. Die Falter bewohnen dort heiße, trockene, blütenreichere, steppenartige Bereiche. Die Art ist weltweit in den Tropen verbreitet und kommt in Europa nur im Mittelmeerraum vor. Selten werden einzelne Einflüge dieses Wanderfalters nach Mitteleuropa und auch Deutschland beobachtet.

Flugzeit	J	F	M	A	M	J	J	A	S	O	N	D

Leptotes pirithous (Kleiner Wanderbläuling)

Mit bis zu 25 mm Spannweite ist er die kleinere der beiden Wanderbläulings-Arten, die eher selten nach Mitteleuropa und dann auch meist nur in den Süden einwandern. Die Musterung seiner Flügelunterseiten ist im Gegensatz zu *L. boeticus* gröber weiß und eher fleckenartig auf braunem

Untergrund verteilt. Die Raupen fressen an Schmetterlingsblütlern, aber auch an verschiedenen anderen Pflanzen wie Blutweiderich (*Lythrum salicaria*), Heidekraut (*Calluna vulgaris*) und anderen. Der Kleine Wanderbläuling fliegt in Südeuropa in mehreren Generationen durch das gesamte Jahr hindurch mit Schwerpunkt von Februar bis Oktober. Es sind warme, trockene Lebensräume mit Schmetterlingsblütlern, die bewohnt werden.

Flugzeit	J	F	M	A	M	J	J	A	S	O	N	D

Lycaena alciphron (Violetter Feuerfalter)

Die Flügel erreichen Spannweiten zwischen 30 bis 38 mm. Die Färbung von Männchen und Weibchen unterscheidet sich. Die rötlich goldenen Flügeloberseiten haben beim Männchen einen violetten Schimmer und ebenso wie die braun gefärbten Weibchen schwarze Flecken. Die Raupen schlüpfen ab Juli, überwintern im Jugendstadium und fressen im Frühjahr bis Mai an Großem Sauerampfer (*Rumex acetosa*), Kleinem Sauerampfer (*R. acetosella*) oder Rispen-Sauerampfer (*R. thyrsiflorus*). Imagines fliegen in einer Generation, je nach Höhenlage und Region ab Ende April bis Juli. Die Falter leben auf Magerrasen, Bergwiesen und mäßig feuchten Weiden, Sandmagerrasen, Ruderalflächen vom Tiefland bis in 1300 m Höhe. Violette Feuerfalter sind lokal von der Iberischen Halbinsel bis Südwestfrankreich, in Mitteleuropa bis Vorderasien, nach Norden bis ins Baltikum, nach Süden bis Sizilien und den Balkan verbreitet.
RL 2/Naturschutzstatus: 2.

Flugzeit	J	F	M	A	M	J	J	A	S	O	N	D
Raupen	J	F	M	A	M	J	J	A	S	O	N	D

Lycaena bleusei

Die Spannweite der Falter erreicht 28 bis 32 mm. Die Vorderflügel-Oberseite ist beim Männchen im Gegensatz zu *L. tityrus* orange. Auch sind die Flecken auf Ober- und Unterseite größer. Von manchen Autoren wird die Art nach wie vor als Unterart *L. tityrus* betrachtet. Die Raupen ernähren sich von Sauerampfer *(Rumex* sp.*)*. Je nach Lage treten mehrere Generationen pro Jahr auf. Die Lebensräume sind trockene, steinige und felsige Flächen und Hänge mit Gras- und Strauchbeständen von 800 bis etwa 1000 m Höhe. Die Verbreitung beschränkt sich auf Zentralspanien (Sierra de Guardarrama, Sierra de Guadalupe und Sierra de Gredos).

Lycaena candens

Die Falter erreichen etwa 26 bis 30 mm Spannweite. Die Tiere sind etwas größer als *L. hippothoe,* ähneln diesen aber. Der Artstatus ist nicht ganz unumstritten. Die Raupen leben an *Rumex*-Arten wie z. B. am Großen Sauerampfer (*Rumex acetosa*). Die Falter fliegen in einer Generation von Ende Juni bis Anfang August. Sie bewohnen Waldwiesen, Laub- und Nadelwaldlichtungen, Moore, alpine Matten mit Bergbächen und sonnige Hänge von 900 bis 2400 m. Ihr Verbreitungsgebiet erstreckt sich über die südliche Balkanhalbinsel, Serbien, Albanien, Mazedonien, Bulgarien bis zum mittleren Griechenland.

Flugzeit	J	F	M	A	M	J	J	A	S	O	N	D

Lycaena dispar rutilus (Großer Feuerfalter)

Die Spannweite der Vorderflügel reicht von 27 bis 40 mm. Die Flügeloberseiten sind beim Männchen intensiv orangerot mit einem schmalen, schwarzen Rand, weißen Fransen und einem länglich Fleck in der Mitte eines jeden Flügels. Beim Weibchen sind die Flügeloberseiten mit einer breiten braunen Saumbinde und einer Fleckenreihe auf den Vorderflügeln. Die Hinterflügel besitzen einen schmaleren, braunen Saumrand mit einer angelagerten Fleckenreihe und zwei weitere Fleckenbänder im mittleren Bereich.

Das Raupenstadium reicht von September mit Überwinterung bis Mitte Mai und in der nächsten Generation von Juni bis Juli. Die Nahrungsgrundlage bilden verschiedene Ampferarten wie der Stumpfblättrige Ampfer (*Rumex obtusifolius*), Wasser-Ampfer (*R. aquaticus*), Krause Ampfer (*R. crispus*), Fluss-Ampfer (*R. hydrolapathum*) oder Großer Sauerampfer (*R. acetosa*). Die Imagines treten je nach Höhenlage und klimatischen Bedingungen in ein bis zwei Generationen von Mitte Mai bis Juni und die zweite, individuenreichere, von Ende Juli bis Ende August auf. Der Falter bewohnt Feuchtwiesen, Niedermoore und Flusstäler von Meeresniveau bis in 600 bis 700 m Höhe. *L. dispar rutilus* hat in Mitteleuropa seine Hauptverbreitung.

RL 2/Naturschutzstatus: 2, FFH-II Anhangart.

Flugzeit	J	F	M	A	M	J	J	A	S	O	N	D
Raupen	J	F	M	A	M	J	J	A	S	O	N	D

Lycaena helle (Blauschillernder Feuerfalter)

Der kleinste Vertreter des Tribus der Feuerfalter erreicht eine Spannweite von 24 bis 28 mm. Die Männchen zeigen auf der gesamten Flügeloberseite einen blauvioletten Schiller und eine orangefarbene Binde am Saum der Hinterflügel. Die Weibchen haben nur einzelne schillernde Flecken. Bis auf den Blauschiller sieht er dem Kleinen Feuerfalter (*L. phlaeas*) recht ähnlich. Die Nahrungspflanze der Raupen ist zwischen Ende Mai bis spätestens Anfang August der Schlangen-Wiesenknöterich (*Bistorta officinalis*). Das Überwinterungsstadium ist bei dieser Art die Puppe. Imagines fliegen in Westeuropa in einer Generation von Ende April bis Ende Juni. In Mittel-

und Osteuropa kann in warmen Jahren eine zweite partielle Generation ab Mitte Juli bis August auftreten. Die Lebensräume, in denen man die Falter findet, sind oft aufgelassene Torfstiche, Niedermoorwiesen, Randzonen von Hochmooren, Streuwiesen und Randbereiche von Moor- und Bruchwäldern zwischen 300 und 1600 m Höhe. *L. helle* ist in Teilen West-, Nord- und Mittel- und Osteuropa verbreitet. Die Falter sind sehr selten und haben einen hohen Schutzstatus in Europa als FFH-Art und sind in der Roten Liste Deutschlands als vom Aussterben bedroht aufgeführt.
RL 1/Naturschutzstatus: 2.

Flugzeit	J	F	M	A	M	J	J	A	S	O	N	D
Raupen	J	F	M	A	M	J	J	A	S	O	N	D

Lycaena hippothoe (Lilagold-Feuerfalter)

Die Spannweite der Vorderflügel beträgt zwischen 24 bis 30 mm. Die Männchen sind intensiv rotorange glänzend gefärbt, mit schwarzen Säumen und blauviolettem Schimmer an den Flügelrändern. Die Weibchen sind oberseits braun. Die Falter ähneln sehr dem Violetten Feuerfalter (*L. alciphron*), wobei die Stellung der Punktreihe auf der Unterseite bei *L. hippothoe* sehr verschoben ist und nicht mehr wie bei *L. alciphron* eine einheitliche Bogenreihe ergibt. Es werden mehrere Unterarten in Europa beschrieben. Als Futterpflanze dienen zwischen Juli bis zur Überwinterung und vom Frühjahr bis zur Verpuppung Mitte Mai Großer Sauerampfer (*Rumex acetosa*), Kleiner Sauerampfer (*R. acetosella*) und Schlangen-Wiesenknöterich (*Bistorta offcinalis*). Die Falter fliegen in einer, in klimatisch günstigen

Jahren einer zweiten unvollständigen Generation von Anfang Mai bis Ende August. Die Lebensräume bestehen aus feuchtem bis trockenem Grünland, Niedermooren, Feuchtwiesen, Wiesen in Waldlichtungen und an Waldrändern, Magerrasen, trockenwarmen Hang- und Bergwiesen zwischen 200 und 1600 m Höhe. *L. hippothoe* kommt in West- und Südeuropa nur vereinzelt in den Gebirgen vor, fehlt auf den Britischen Inseln und hat in Mittel- und Nordeuropa seine Hauptverbreitung.

RL 2/Naturschutzstatus: 1 & 2.

Flugzeit	J	F	M	A	M	J	J	A	S	O	N	D
Raupen	J	F	M	A	M	J	J	A	S	O	N	D

Lycaena ottomanus

Die Flügelspannweite liegt zwischen 28 und 32 mm. Die Oberseite ist beim Männchen orangerot mit dunklen Säumen, beim Weibchen etwas dunkler mit schwarzbraunen Flecken. Im Unterschied zum ähnlichen *L. virgaurea* fehlen die weißen Flecken auf der Hinterflügel-Unterseite. Als Raupennahrung dienen Großer Sauerampfer (*Rumex acetosa*), Kleiner Sauerampfer (*R. acetosella*) und möglicherweise andere Sauerampferarten. Die Imagines erscheinen in zwei Generationen von Mitte April bis Mai und Juli bis Anfang August. Sie bewohnen Wälder und Buschland, heiße, strauchreiche Magerrasen an Waldrändern und auf Waldlichtungen in Höhen zwischen 50 und 1200 m. Diese Art kommt auf dem südlichen Balkan/Albanien, in Bosnien-Herzegowina, Bulgarien, Griechenland, Ungarn, Mazedonien, Serbien und Montenegro vor.

Flugzeit	J	F	M	A	M	J	J	A	S	O	N	D

Lycaena phlaeas (Kleiner Feuerfalter)

Die Spannweite der Vorderflügel erreicht 22 bis 30 mm. Die Vorderflügel zeigen auf der Oberseite eine orangerote Färbung mit einem dunkelbraunen Saum am Außenrand und schwarzen Flecken. Die Hinterflügel sind oberseits braun und tragen einen orangeroten Saum. Beide Geschlechter sind gleich gefärbt. Raupen der verschiedenen Generationen sind fast durch das ganze Jahr zu finden und überwintern. Sie fressen bevorzugt an verschiedenen Ampferarten wie Kleinem Sauerampfer (*Rumex acetosella*),

Großem Sauerampfer (*R. acetosa*), Stumpfblättrigem Ampfer (*R. obtusifolius*) oder auch Schlangen-Wiesenknöterich (*Bistorta officinalis*). Die Falter können in klimatisch günstigen Jahren je nach Höhenlage drei bis vier nicht klar zu trennende Generationen von April bis Oktober bilden. Die Lebensräume sind vielfältig und reichen von Magerrasen, offenen Stellen und Wegrändern über Ruderal- und Brachflächen bis zu Sandgebieten und Binnendünen von der Ebene bis in über 1500 m Höhe. *L. phlaeas* ist in ganz Europa verbreitet.

Flugzeit	J	F	M	A	M	J	J	A	S	O	N	D

Lycaena thersamon (Südöstlicher Feuerfalter)

Die Spannweite der Vorderflügel beträgt zwischen 28 und 32 mm. Der kleine Falter ist in Südeuropa verbreitet und kann in Europa nur mit dem gemeinsam fliegenden *L. thetis* auf den ersten Blick verwechselt werden, der aber auf der Unterseite der Hinterflügel nur eine undeutliche Zeichnung aufweist. Vermutlich überwintert die junge Raupe und frisst Acker-Vogelknöterich (*Polygonum aviculare*), Schlangen-Wiesenknöterich (*Bistorta officinalis*) und Sauerampfer (*Rumex* sp.). Die Imagines fliegen in Südeuropa in einer bis drei Generationen, je nach Höhenlage frühestens von Anfang April bis Ende November. Die Habitate, in denen sich die Falter aufhalten, sind sehr trockene, wüstenartige Bereiche, ausgetrocknete Bäche und Geröllhalden von Meereshöhe bis in 2000 m Höhe. *L. thersa-*

mon ist über das östliche Mitteleuropa, Südosteuropa, Italien und den Balkan verbreitet.

Flugzeit	J	F	M	A	M	J	J	A	S	O	N	D

Lycaena thetis

Die Flügelspannweiten liegen zwischen 27 und 30 mm. Die Männchen sind oberseits orange mit schwarzbraunem Saum, die Weibchen orangerot mit dunklen Flecken. An der Flügelspitze ist der dunkle Saum im Gegensatz zu den anderen Arten auffällig verbreitert. Die Raupen ernähren sich von Bleiwurzgewächsen wie *Acantholimon ulicinum*. Die Falter fliegen in einer Generation von Anfang Juli bis Anfang August. Lebensräume sind offene, steile, strauchbewachsene, trockene felsige Hänge zwischen 1500 und 2300 m Höhe. Die Art kommt im mittleren und südlichen Griechenland vor.

Flugzeit	J	F	M	A	M	J	J	A	S	O	N	D

Lycaena tityrus (Brauner Feuerfalter, Schwefelvögelchen)

Die Falter erreichen Spannweiten zwischen 23 und 30 mm. Das Erscheinungsbild der Art ist sehr variabel. Die Männchen sind auf der Oberseite braun mit orangeroten Halbmöndchen am Saum. Die Weibchen sind hauptsächlich auf den Vorderflügeln orangefarben mit dunkelbraunen Fleckenreihen. Die Unterseite der Hinterflügel zeigt bei beiden Geschlechtern, vor allem in der zweiten Generation schwefelgelbe Färbung mit schwarzen Flecken und einer orangen Fleckenreihe am Saum. Die Raupe lebt nach

dem Schlupf in der ersten Generation Anfang Juni bis Juli und in der zweiten von Mitte August mit Überwinterung bis April an Ampfer-Arten wie dem Großen Sauerampfer (*Rumex acetosa*) und Kleinen Sauerampfer (*R. acetosella*). Die beiden Generationen erscheinen von Ende April bis Juni und von Juli bis September. Im Süden können in warmen Regionen mehrere Generationen auftreten. Die Falter bewohnen etwas feuchte, magere Wiesen, Streuwiesen, bisweilen auch trockenere Wiesen, Dämme, Waldränder und Sandmagerrasen vom Tiefland bis in Gebirgsregionen über 2000 m Höhe. *L. tityrus* fehlt bis auf Vorkommen südlich des Kantabrischen Gebirges auf der Iberischen Halbinsel, in Großbritannien, Skandinavien und den meisten Mittelmeerinseln.

Flugzeit	J	F	M	A	M	J	J	A	S	O	N	D
Raupen	J	F	M	A	M	J	J	A	S	O	N	D

Lycaena virgaureae (Dukaten-Feuerfalter)

Die Vorderflügel erreichen eine Spannweite zwischen 27 bis 35 mm. Das Männchen ähnelt mit seiner leuchtend rotgoldenen Oberseite dem Großen Feuerfalter (*L. dispar*). Es fehlen jedoch die strichförmigen schwarzen Flecken. Die Hinterflügel-Unterseite trägt bei beiden Geschlechtern an den schwarzen Fleckenreihen angelagerte weiße Male. Die wesentlich dunk-

leren Weibchen tragen oberseits braune Flecke und auf der Hinterflügel-Oberseite einige weiße Flecke. Die Raupen überwintern im Ei und leben nach dem Schlupf im Frühjahr an ihren Nahrungspflanzen wie dem Großen Sauerampfer (*Rumex acetosa*) und Kleinen Sauerampfer (*R. acetosella*). Es tritt eine Generation von Mitte Juli bis Mitte September auf, in warmen Lagen auch schon im Juni. Als Habitate werden blumenreiche Wiesen und Magerrasen, Waldlichtungen, -ränder, Waldwege und auch Feuchtwiesen sowie Moorränder in Höhen zwischen 100 und 1700 m genutzt. *L. virgaureae* ist in Europa im nördlichen Bereich der Iberischen Halbinsel über den Süden Frankreichs, Mitteleuropa bis in das mittlere Skandinavien und Russland verbreitet.
RL 3/Naturschutzstatus: 2.

Flugzeit	J	F	M	A	M	J	J	A	S	O	N	D

Neolycaena rhymnus

Die 20 bis 25 mm Spannweite messende Art ist in Europa kaum zu verwechseln, da ihre weiße Unterseitenzeichnung aus Flecken sehr charakteristisch ist. Nahrungspflanze der Raupen ist der Busch-Erbsenstrauch (*Caragana frutex*). Die Imagines erscheinen in einer Generation von Mitte Mai bis Ende Juni. Die Art kommt im Flachland und im niederen Bergland bis auf 1200 m Höhe vor sowie in Steppen niederer Lagen. Sie ist über das südöstliche Europa verbreitet.

Flugzeit	J	F	M	A	M	J	J	A	S	O	N	D

Phengaris (Maculinea) arion (Thymian-Ameisenbläuling, Schwarzgefleckter Ameisenbläuling)

Mit einer Spannweite von mehr als 40 mm ist sie die größte der europäischen Bläulingsarten. Die Oberseite der Flügel ist hellblau mit ausgeprägt großen, länglichen, schwarzen Flecken. Auch die schwarzen Punkte der Flügelunterseite sind sehr groß und auffällig. An der Unterseite ist die Art als einziger Vertreter der Ameisenbläulinge an der Flügelwurzel blau bestäubt. Die Eiablage erfolgt im Juli und August an verschiedenen Thymianarten wie Arznei-Thymian (*Thymus pulegioides*) und Gewöhnlichem Dost (*Origanum vulgare*), woran die Raupe nach dem Schlupf einige Zeit frisst. Sie lässt sich dann wenig später nach einigen Häutungen von der Knotenameisenart *Myrmica sabuleti* in ihr Nest eintragen. Für deren Anlocken nutzt sie wohl Pheromone. Zusätzlich sondert sie am Hinterende

ein spezielles, süßes Sekret ab. Im Ameisenbau ernährt sie sich ein bis manchmal fast zwei Jahre lang bis zur Verpuppung von deren Brut. Eine Generation fliegt zwischen Juni und August. Es sind warmtrockene, locker bewachsene Kalkmagerrasen, Trockenrasen und alpine Rasen von der Ebene bis in über 1600 m Höhe, die die Lebensraumansprüche des Falters erfüllen. Die Falter sind in Europa in Teilen Westspaniens und Südskandinaviens bis in den Mittelmeerraum verbreitet.
RL 3/Naturschutzstatus: 2.

Flugzeit	J	F	M	A	M	J	J	A	S	O	N	D

Phengaris (Maculinea) alcon (Enzian-Ameisenbläuling)

Die Spannweite beträgt bis zu 35 mm. Im Gegensatz zum Weibchen besitzen die Männchen blaue Flügeloberseiten mit schwarzbraunem, schmalem Rand. Beim Weibchen ist die Flügelunterseite dunkelbraun mit zwei Reihen schwarzer Punkte, von denen die äußeren unscharf erscheinen. Die früher als eigene Arten unterschiedenen Lungen- (*Phengaris alcon*) und Kreuzenzian-Ameisenbläulinge (*Phengaris rebeli*) sind genetisch nicht eindeutig auseinanderzuhalten. Sie werden als eine Art zusammengefasst. Die Raupe lebt an Lungen- (*Gentiana pneumonanthe*), Schwalbenwurz- (*G. asclepiadea*) und Kreuzenzian (*G. cruciata*). Etwa von Juli bis zum vierten Raupenstadium fressen sie an den Pflanzen und lassen sich dann zu Boden fallen. Die Wirtsameisen (*Myrmica* sp.) tragen sie ins Nest ein und füttern sie. In ihrer bis zu zweijährigen Entwicklungszeit im Nest verzehren sie zum Teil auch die Ameisenbrut. Die Falter fliegen in einer Generation von Juli bis August. Sie bewohnen zwei unterschiedliche Biotoptypen, in feuchter Ausprägung Feuchtgebiete, Niedermoor und feuchte Streu- und Pfeifengraswiesen, in der trockenen Ausprägung Kalkmagerrasen von der Ebene bis auf über 1300 m Höhe. Verbreitungsgebiet der Falter sind Nord-Spanien, Mittel- und Osteuropa, Dänemark und der Süden Schwedens.
RL 2/Naturschutzstatus: 2.

Flugzeit	J	F	M	A	M	J	J	A	S	O	N	D

Phengaris (Maculinea) nausithous (Dunkler Wiesenknopf-Ameisenbläuling)

Seine Spannweite erreicht bis zu 34 mm. Aufgrund seiner kräftig braunen, mit einer schwarzen Fleckenreihe versehenen Flügelunterseite kann er gut bestimmt werden. Die Oberseite der Flügel ist beim Männchen dunkelblau mit schwarzen Strichen und breitem dunklem Saum. Beim Weibchen ist sie dunkelbraun mit wenig bläulicher Bestäubung an der Flügelbasis. Die Raupen leben anfangs am Großen Wiesenknopf (*Sanguisorba officinalis*) und fressen an Blüten und Samen. Später lassen sie sich zu Boden fallen und werden meist von Roten Knotenameisen (*Myrmica rubra*) in ihr Nest

eingetragen, wo sie die Brut fressen und wohl auch von den Wirtsameisen gefüttert werden. Die Falter erscheinen in einer Generation von Juni bis August. Geeignete Lebensräume sind Feuchtwiesen, Pfeifengraswiesen, Glatthaferwiesen und Hochstaudenfluren vom Flachland bis in Höhen von 900 m. Schon kleine Bereiche mit Wiesenknopf genügen. Verbreitet ist der Falter in Teilen Nord-Spaniens, Ost-Frankreichs über den mittleren Teil von Mittel- und Osteuropa.
RL V/Naturschutzstatus: 6.

Flugzeit	J	F	M	A	M	J	J	A	S	O	N	D

Phengaris (Maculinea) teleius (Heller Wiesenknopf-Ameisenbläuling)

Er zählt mit einer Spannweite von bis 37 mm zu den größten europäischen Bläulingen. Die Unterseite der Flügel ist graubraun gefärbt und zeigt zwei Reihen schwarzer, hellumrandeter Punkte. Die Oberseite trägt eine blaue Bestäubung und mehr oder weniger ausgeprägte dunkle Striche. Außerdem fällt noch ein dunkler Flügelsaum auf, der beim Weibchen breiter ist. Eine Verwechslungsmöglichkeit besteht auf der Unterseite mit *P. nausithous* und *P. alcon*. Die Eiablage erfolgt an Großem Wiesenknopf (*Sanguisorba officinalis*), wovon sich die junge Raupe nach dem Schlupf ernährt. Sie lässt sich später zu Boden fallen und wird im Herbst in die Nester von Knotenameisenarten eingetragen. Als Hauptwirt wird *Myrmica scabrinodis* betrachtet. *P. teleius* ist in einer Generation pro Jahr von Juni bis August zu finden. Das Biotop, in dem die Art lebt, sind flächenhafte Feuchtwiesen,

Niedermoor- und Pfeifengraswiesen mit größeren Beständen des Wiesenknopfes von der Ebene bis in etwa 900 m Höhe. Die Verbreitung beschränkt sich auf Teile Mitteleuropas mit Ausnahme des Nordens von Deutschland und Polen. Der Flächenbedarf ist größer als bei *P. nausithous* und *P. alcon*. **RL 2/Naturschutzstatus:** 2.

Flugzeit	J	F	M	A	M	J	J	A	S	O	N	D

Plebejus aquilo

Die Falter bleiben mit 24 bis 27 mm Spannweite kleiner als die sehr ähnlichen *P. glandon*. Von manchen Autoren wird er als Unterart von *P. glandon* angesehen. Die weißen Flecken der Hinterflügel-Unterseite sind in der Regel nicht schwarz gekernt. Die Raupe lebt an Fetthennen-Steinbrech (*Saxifraga aizoides*) und Gegenblättriger Steinbrech (*S. oppositifolia*). Es tritt pro Jahr eine Generation je nach Lage zwischen Ende Juni und Anfang August auf. Die Habitate sind meist spärlich mit Gräsern bewachsene oder fast kahle Hänge, Geröllhalden und Felskanten. Die Verbreitung beschränkt sich auf den äußersten Norden von Norwegen, Schweden und Finnland.

Flugzeit	J	F	M	A	M	J	J	A	S	O	N	D

Plebejus argus (Argus-Bläuling)

Der etwas kleinere Bläuling erreicht eine Spannweite bis 25 mm. Die Flügeloberseite ist beim Männchen blauviolett mit dunklem Flügelrand, beim Weibchen braun mit Binde. Am Rand der Hinterflügel tragen beide Geschlechter orangefarbige Halbmöndchen. Die Unterseite der Flügel ist beim Männchen graublau, an den Unterseiten der Hinterflügel liegt zusätzlich eine metallisch blaue Fleckenreihe. Beim Weibchen ist die Flügelunterseite braun. Die Art ähnelt den beiden folgenden *Plebejus*-Arten *P. idas* und *P. argyrognomon*, daher ist eine sichere Bestimmung nur durch Genitaluntersuchung zweifelsfrei möglich. Die Raupe lebt an verschiedenen Schmetterlingsblütlern wie Bunter Kronwicke (*Securigera varia*),

Gewöhnlichem Hufeisenklee (*Hippocrepis comosa*), Gewöhnlichem Hornklee (*Lotus corniculatus*) und Heidekrautgewächsen (*Calluna* sp.). Im Raupenstadium ist *P. argus* mit verschiedenen Arten von Wegameisen an ihrer Futterpflanze vergesellschaftet und wird von diesen umsorgt oder lebt sogar in deren Nestern symbiotisch. In der Regel treten die Falter in einer langgestreckten Generation von Mai bis September auf. Selten erscheint bei uns eine zweite. Im Süden Europas können auch bis zu drei Generationen überlappend bis Oktober fliegen. Als Habitate werden Ruderalflächen, Magerrasen und Moorheiden in feuchten und trockenen Bereichen genutzt, auf Höhen von 300 bis über 1500 m. Die Art ist über einen Großteil Europas von Portugal, den Süden Englands und Skandinaviens bis in den Süden Griechenlands und Italiens verbreitet.

Flugzeit	J	F	M	A	M	J	J	A	S	O	N	D

Plebejus argyrognomon (Kronwicken-Bläuling)

Die Flügelspannweite der Falter erreicht 25 bis 30 mm. Sie haben Ähnlichkeit mit dem Argus-Bläuling (*P. argus*), sind aber größer. Die Männchen lassen sich von *P. argus* und *P. idas* nur schwierig unterscheiden. Die Weibchen von *P. argyrognomon* können am besten durch den hohen Blauanteil auf den Flügeloberseiten von den anderen unterschieden werden. Bei den Männchen kann die Ausprägung der orangeroten Binde auf der Vorderflügel-Unterseite ein Merkmal sein. Die Genitaluntersuchung ist auch bei dieser Art die sichere Methode. Die Eiablage erfolgt an Bunter Kronwicke (*Securigera varia*), vereinzelt auch am Süßen Tragant (*Astragalus*

glycyphyllos). Bei der zweiten Generation überwintert das Ei. Die Raupen leben in Symbiose mit Ameisen der Gattung *Lasius* und anderen. Pro Jahr treten eine Generation von Mitte Mai bis Juni und eine zweite von Ende Juni bis Juli auf. In kälteren Regionen kann nur eine Generation von Ende Juni bis Ende August erscheinen. Es sind Mager- und Halbtrockenrasen mit Hecken und Gebüschen an den Säumen, sonnige Waldränder und Lichtungen in Höhenlagen zwischen 100 bis 1500 m, die Schwerpunkte für die Verbreitung bilden. Nachgewiesen in Europa sind die Tiere in Teilen Frankreichs, in Mittel- und Südeuropa, hauptsächlich in größeren Beständen aber in Südosteuropa. Bei uns in Deutschland und in Mitteleuropa sind sie als selten einzustufen, aber aktuell nicht in der Roten Liste aufgeführt.

Flugzeit	J	F	M	A	M	J	J	A	S	O	N	D

Plebejus bellieri

Die Falter erreichen Spannweiten zwischen 30 und 33 mm. Die Art wird von manchen Autoren als Unterart von *P. idas* angesehen. Die Falter erscheinen in einer Generation von Ende Juni bis Juli. Der Lebensraum sind Lichtungen und freie Flächen zwischen Gebüschen von Meeresniveau bis in 1400 m Höhe. *P. bellieri* ist Endemit auf Korsika und Sardinien.

Flugzeit	J	F	M	A	M	J	J	A	S	O	N	D

Plebejus brethertoni

Der Artstatus ist umstritten. Die Raupen leben an Tragant-Arten (*Astragalus* sp.). Die Falter fliegen in einer Generation von Mai bis August. Sie bewohnen steinige, felsige, spärlich bewachsene Ebenen und Lichtungen in Kiefernwäldern sowie Ruderalflächen zwischen 600 und 1800 m Höhe. Die Art kommt in Griechenland auf der Peloponnes vor.

Flugzeit	J	F	M	A	M	J	J	A	S	O	N	D

Plebejus eurypilus

Die Flügel erreichen 27 bis 32 mm Spannweite. Männchen und Weibchen sind oberseits dunkelbraun, dem Männchen fehlt aber der orange Fleckensaum auf den Vorderflügeln. Die Unterseite ist hellgrau mit durchgehendem orangenen Saumfleckenband. Raupennahrung ist Tragant (*Astragalus creticus rumelicus*). Die Imagines erscheinen in einer Generation von Ende Mai, je nach Höhenlage bis Ende Juli. Ihr Lebensraum sind karg bewachsene, felsige Schluchten und Ebenen in Höhen zwischen 1200 und 2200 m. Verbreitet ist die Art in Griechenland auf der Peloponnes und Samos.

Flugzeit	J	F	M	A	M	J	J	A	S	O	N	D

Plebejus hesperica

Die Falter erreichen etwa 27 bis 30 mm Flügelspannweite. Die Männchen sind auf der Flügeloberseite türkisblau mit einem dunklen Saumrand. Die Weibchen sind dunkelbraun gefärbt. Die Raupen ernähren sich von Tragant-Arten wie *Astragalus centralpinus*, *A. turolensis* und Dorniger Tragant (*A. sempervirens*) sowie anderen. Die Flugzeit der Falter erstreckt sich in einer Generation je nach Höhenlage von Mai bis Ende Juni. Als Lebensraum dienen karg mit Gras bewachsene, trockene Waldlichtungen und Felsschluchten mit Sträuchern zwischen 700 und 1500 m. Die Art ist in Spanien in lokalen Populationen in den Gebirgsregionen zu finden.

Flugzeit	J	F	M	A	M	J	J	A	S	O	N	D

Plebejus idas (Idas-Bläuling)

Seine Spannweite liegt bei bis zu 35 mm. Die Flügeloberseiten sind bei den Männchen bläulich violett und mit einem schmalen, dunklen Rand versehen, bei den Weibchen dunkelbraun mit orangen Halbmondbinden, manchmal blauviolett gefärbt. Verwechslungsmöglichkeiten bestehen mit *P. argyrognomon* und *P. argus*. Die Männchen von *P. idas* haben aber an der Flügeloberseite einen sehr schmalen, dunklen Rand. Die orangefarbene Binde an der Vorderflügel-Unterseite ist gegenüber *P. argyrognomon* schwächer ausgebildet. Eine sichere Bestimmung ist nur durch Genitaluntersuchung möglich. Die Raupe lebt an Schmetterlingsblütlern wie Gewöhnlichem Hornklee (*Lotus corniculatus*), Sonnenröschen (*Helianthemum* sp.), Gewöhnlichem Sanddorn (*Hippophae rhamnoides*), Besenginster (*Cytisus scoparius*), Weißem Steinklee (*Melilotus albus*) und Heidekrautgewächsen (*Calluna* sp.). Sie lebt in Symbiose mit Ameisen aus der Gattung *Formica*. In der Regel fliegen zwei Generationen sich überlappend von Mai bis September. Manchmal kann es in günstigen Jahren auch noch zu einer partiellen, dritten Generation kommen. Der Idas-Bläuling lebt auf Magerrasen, in Sand- und Kiesgruben, Brachen und Böschungen in Eichen-Hainbuchenwäldern, in Wildflussauen mit Schutt bzw. Kiesflächen in Höhen zwischen 300 und 1300 m. Die Verbreitung erstreckt sich auf ganz Europa mit Ausnahme des Südens, wo *P. idas* nur in den Gebirgen Italiens, Spaniens und Griechenlands vorkommt.

RL 3/Naturschutzstatus: 8.

Flugzeit	J	F	M	A	M	J	J	A	S	O	N	D

Plebejus loewii

Die Spannweite der Vorderflügel erreicht zwischen 27 und 30 mm. Die Männchen sind oberseits blau mit dunklem Saumrand. Die Weibchen sind dunkelbraun und tragen unvollständig erscheinende orange Saumfleckenbänder. Die Unterseite der Vorderflügel zeigt ein verwaschen erscheinendes dunkles Fleckenband, das beim Weibchen zusätzlich orange gesäumt wird. Die Raupen leben an verschiedenen Tragant-Arten (*Astragalus* sp.). Die Falter fliegen in einer bis zwei Generationen zwischen Mai bis Anfang August. Sie bewohnen felsige, spärlich bewachsene, trockene, warme Ebenen, Hänge und Schluchten von Meeresniveau bis in 1000 m Höhe. Diese Art kommt in Griechenland auf Samos, Leros, Kalymnos, Rhodos und einigen weiteren Inseln vor.

Flugzeit	J	F	M	A	M	J	J	A	S	O	N	D

Plebejus optilete (Hochmoor-Bläuling)

Die Spannweite reicht von etwa 24 bis 28 mm. Das Männchen ist gekennzeichnet durch die violettblau schimmernde Flügeloberseite, die beim Weibchen braun gefärbt ist. Die Unterseite der Hinterflügel weist eine Reihe sich kontrastreich abhebender schwarzer Punkte auf und trägt einen auffälligen blauen, nach innen orange gefärbten Augenfleck im unteren Bereich der Hinterflügel. Die Hauptnahrungspflanze der ab Mitte Juni schlüpfenden Raupen ist neben Heidelbeere (*Vaccinium myrtillus*), Preiselbeere (*Vaccinium vitis-idaea*) und Gewöhnlicher Moosbeere (*Vaccinium*

oxycoccos) Glockenheide (*Erica tetralix*) und die Rauschbeere (*Vaccinium uliginosum*). Sie fressen an den Blüten und Blättern und überwintern. Imagines erscheinen ab Mitte Juni und fliegen in einer Generation bis in den August, je nach Witterungsverlauf und Höhenlage. Die Falter sind Bewohner der Hochmoore und Moorheiden sowie von Fichten-Moorwäldern und können in den Alpen noch in Höhen von über 2300 m vorkommen. Der Hochmoor-Bläuling ist über Mitteleuropa bis ins nördliche Fennoskandinavien, nach Osteuropa und nach Süden bis in die westlichen Alpen verbreitet.

RL 2/Naturschutzstatus: 1.

Flugzeit	J	F	M	A	M	J	J	A	S	O	N	D
Raupen	J	F	M	A	M	J	J	A	S	O	N	D

Plebejus orbitulus (Heller Alpenbläuling)

Die Spannweite beträgt bis zu 27 mm. Das Männchen ist auf den Flügeloberseiten leuchtend hellblau mit schmalem, dunklem Rand, das Weibchen dunkelbraun. Die größeren weißen Flecke auf der Hinterflügel-Unterseite bestehen bei beiden Geschlechtern und sind ein sicheres Bestimmungsmerkmal. Die Raupe lebt an Schmetterlingsblütlern wie Alpen-Süßklee (*Hedysarum hedysaroides*) oder Alpen-Tragant (*Astragalus alpinus*) und überwintert. Die Falter fliegen in einer Generation von Ende Juni bis August. Lebensraum bieten trockene, kurzrasige, oft steile Alpenwiesen mit offenen felsbesetzten Stellen bis in eine Höhe von 800 bis 2600 m. Die Verbreitung beschränkt sich in Europa auf die Alpen und die Hochgebirge Skandinaviens.

RL R/Naturschutzstatus: 12.

Flugzeit	J	F	M	A	M	J	J	A	S	O	N	D

Plebejus psylorita

Die Spannweite erreicht zwischen 24 und 27 mm. Die Oberseite ist dunkelbraun mit orangenen Saumflecken auf den Hinterflügeln beim Männchen. Beim Weibchen ist das orangene Saumband durchgehend auf allen Flügeln. Die Unterseite ist hellgrau und trägt nur sehr kleine und undeutliche

Punkte. Als Raupenfutter dienen Tragant-Arten (*Astragalus* sp.) und *Astracantha* sp. Die Imagines erscheinen in einer Generation von Juni bis Juli. Sie bewohnen Felsheiden, felsige, trockene, warme Hänge mit dornigen Polsterpflanzen zwischen 1000 und 2000 m. Ihr Vorkommen ist auf Kreta beschränkt.

Flugzeit	J	F	M	A	M	J	J	A	S	O	N	D

Plebejus pylaon

Die Flügelspannweite liegt zwischen 28 und 34 mm. Die Männchen sind auf der Oberseite violettblau, die Weibchen braun gefärbt mit unterschiedlich ausgedehnten orangen Saumflecken. Die Art wird in eine Reihe von Subspezies unterteilt, die auch mittlerweile teilweise als eigene Arten gewertet werden. Artstatus und Verbreitung sind umstritten. Die Raupen ernähren sich von Tragant-Arten (*Astragalus* sp.) und leben in Symbiose mit einer Reihe von Ameisenarten aus den Gattungen *Lasius, Camponotus, Formica* und anderen. Die Flugzeit der Falter erstreckt sich in einer Generation von Mitte Mai bis Juli. Als Lebensraum werden trockene, oft felsdurchsetzte oder steinige, grasbewachsene Ebenen und Hänge von 500 bis über 2000 m bevorzugt. Das Verbreitungsgebiet zieht sich über Spanien, Italien, Schweiz, Ungarn, Albanien, Mazedonien, Rumänien und Bulgarien bis nach Griechenland.

Flugzeit	J	F	M	A	M	J	J	A	S	O	N	D

Plebejus pyrenaica

Die Spannweite beträgt 22 bis 25 mm. Die Männchen sind auf der Oberseite hellgrau mit einem bläulichen Anflug, je einem schwarzen Fleck und einem dunklen Saumband. Die Weibchen sind braungrau gefärbt. Die Vorderflügel-Unterseite trägt große, schwarze Flecken. Diese Art wird in vier Unterarten aufgeteilt. Den Raupen dient Zottiger Mannsschild (*Androsace villosa*) als Nahrung. Die Falter fliegen in einer Generation von Juni bis Juli. Ihr Lebensraum sind sowohl kurzrasige Matten und Berghänge als auch steinige oder sandige, spärlich bewachsene Habitate zwischen 1500 und über 2000 m. Das Verbreitungsgebiet erstreckt sich über das nördliche Spanien, Frankreich/Pyrenäen, den Balkan und Griechenland.

Flugzeit	J	F	M	A	M	J	J	A	S	O	N	D

Plebejus sephirus

Die Falter erreichen 27 bis 32 mm Flügelspannweite. Die Art gehört zum umstrittenen *P. pylaon*-Komplex, dessen Artstatus nicht eindeutig abgeklärt ist. Die Raupen fressen an Tragant-Arten (*Astragalus* sp.). Die Flugzeit der Imagines erstreckt sich in einer Generation von Mai bis Mitte Juli. Der bevorzugte Lebensraum sind Sandbänke an Flüssen, trockene warme Felshänge, Schluchten und Täler von 500 bis 2000 m. Die Art ist in Ungarn, Rumänien, Bulgarien, Serbien, Albanien und Griechenland, jedoch nicht auf der Peloponnes und den Inseln verbreitet.

Flugzeit	J	F	M	A	M	J	J	A	S	O	N	D

Plebejus trappi (Kleiner Tragant-Bläuling)

Die Spannweite beträgt zwischen 27 und 32 mm. Die Männchen sind oberseits im Gegensatz zu den übrigen Arten aus dem umstrittenen *P. pylaon*-Komplex dunkler violettblau. Die Weibchen sind dunkelbraun und tragen eine wenig ausgedehnte blaue Bestäubung an der Wurzel. Nahrung der Raupen ist der Stängellose Tragant (*Astragalus exscapus*). Die Falter erscheinen in einer Generation von Ende Mai bis Ende Juni. Sie bewohnen Lichtungen und Ränder von Kiefernwäldern mit Grasbewuchs. Die Art ist in Frankreich/Savoyen, Norditalien, südliche Schweiz/Wallis verbreitet.

Flugzeit	J	F	M	A	M	J	J	A	S	O	N	D

Plebejus villai

Die Art ist vom Idas-Bläuling *(P. idas)* nicht zu unterscheiden. Der Artstatus ist sehr umstritten. Die Art lebt von Juni bis Anfang Juli in einer Generation. Die Falter leben an Hängen zwischen 700 und 1100 m Höhe in mediterraner Macchia. *P. villai* kommt endemisch auf Elba (Italien) vor.

Flugzeit	J	F	M	A	M	J	J	A	S	O	N	D

Plebejus zullichi

Die um die 24 mm Spannweite messende Art wird von manchen Autoren als Subspezies von *P. glandon* gewertet. Die Raupen leben an der Mannsschild-Art *Androsace vitaliana*. Die Falter bewohnen offene Habitate in geschützten, trockenen, felsigen Senken und auf vegetationsarmen Bergrücken mit spärlichen Schwingelgrasbewuchs in Hochlagen zwischen 2500 bis 3000 m. *P. zullichi* ist endemisch in Spanien und dort auf die Hochlagen der Sierra Nevada beschränkt.

Polyommatus abdon

Die Spannweite des *P. icarus* ähnelnden Falters liegt zwischen 26 bis 30 mm. Die Wertung als Art ist derzeit unklar. Im Vorkommensgebiet berühren sich die Verbreitungsgebiete von *P. icarus* und *P. celina,* deren Kreuzungsprodukt *P. abdon* sein könnte. Die Nachweise stammen aus den höheren Lagen im nordöstlichen Andalusien und südlichen Kastilien in Spanien.

Polyommatus admetus (Östlicher Esparsetten-Bläuling)

Die Flügelspannweite liegt zwischen 30 und 40 mm. Beide Geschlechter sind oberseits dunkelbraun gefärbt. Das Weibchen zeigt auf der hellbraunen Hinterflügel-Unterseite einen weißen Mittelstreifen Die Raupen fressen an Esparsetten-Arten (*Onobrychis* sp.) und Platterbsen (*Lathyrus* sp.). Die Imagines fliegen in einer Generation von Juni bis August. Sie bewohnen Steppenhänge, extensives Weideland und andere Magerrasen. Verbreitet sind sie auf der Balkanhalbinsel von Ungarn und Kroatien bis Griechenland, in Südosteuropa und der Türkei.

Flugzeit	J	F	M	A	M	J	J	A	S	O	N	D

Polyommatus albicans

Die Flügelspannweite liegt zwischen 33 und 39 mm. Die Männchen sind auf der Oberseite sehr hell silbergrau mit einer dezenten blauen Bestäubung im Wurzelbereich gefärbt. Die Weibchen sind oberseits dunkelbraun und tragen einen teilweise orangen Fleckensaum. Den Raupen dient der Gewöhnliche Hufeisenklee (*Hippocrepis comosa*) als Nahrung. Sie leben in Symbiose mit verschiedenen Ameisenarten. Die Falter fliegen in einer

Generation von Juni bis August. Ihr Lebensraum sind trockene, felsige Stellen mit oft nur geringem Bewuchs. Das Vorkommen beschränkt sich auf Spanien.

Flugzeit	J	F	M	A	M	J	J	A	S	O	N	D

Polyommatus amandus (Vogelwicken-Bläuling, Prächtiger Bläuling)

Einer der größten europäischen Bläulinge erreicht 34 bis 36 mm Flügelspannweite. Die Oberseiten der Flügel zeigen eine metallisch blaue Farbe und tragen einen breiten, schwarzen, unscharf abgegrenzten Rand. Die Weibchen unterscheiden sich durch die braune Färbung der Flügeloberseiten und orangene Flecken auf den Hinterflügeln. Zu den Nahrungspflanzen der Raupen gehören verschiedene Wicken-Arten wie die Vogelwicke (*Vicia cracca*) und die Wiesen-Platterbse (*Lathyrus pratensis*). Sie überwintern bei den Nahrungspflanzen am Boden und leben in Symbiose mit verschiedenen Ameisenarten. Pro Jahr erscheint eine Generation von Ende Mai bis Ende Juli. Der Lebensraum besteht aus warmen, blütenreichen, trockenen Wiesen und Weiden und oft auch feuchten Standorten an Waldsäumen von der Ebene bis auf über 1500 m Höhe. In Europa findet man die Falter hauptsächlich in Mitteleuropa, Nord- und Westspanien, Südfrankreich und Italien, mit Ausnahme der Küsten sowie im Süden Skandinaviens, den Alpen, dem Balkan und Griechenland.

Flugzeit	J	F	M	A	M	J	J	A	S	O	N	D

Polyommatus aroaniensis

Die Flügelspannweite liegt zwischen 28 und 32 mm, Weibchen und Männchen sind auf der Oberseite dunkelbraun gefärbt. Das Weibchen trägt auffallend große schwarze Flecken auf der hellbraunen Vorderflügel-Unterseite. Der Winkel in der Mitte der Hinterflügel-Unterseite ist nur schwach angedeutet. Die Raupen ernähren sich von Esparsetten (*Onobrychis* sp.). Sie leben in Symbiose mit verschiedenen Ameisenarten. Die Imagines erscheinen in einer Generation von Juni bis August. Ihr bevorzugter Lebensraum sind verbuschende Magerrasen in Bergbereichen bis in etwa 1700 m Höhe. Das Verbreitungsgebiet dieser Art erstreckt sich über Griechenland und angrenzende Bereiche Mazedoniens und Bulgariens.

Flugzeit	J	F	M	A	M	J	J	A	S	O	N	D

Polyommatus bellargus (Himmelblauer Bläuling)

Die Spannweite beträgt 33 bis zu 40 mm. Merkmale dieser Art sind intensiv hellblaue Flügeloberseiten beim Männchen mit sehr schmalem, dunklem Saum und wechselnd weißen und schwarzen Fransen. Die Flügeloberseiten sind beim Weibchen dunkelbraun gesäumt und tragen orange Flecken. Auf den Flügelunterseiten befinden sich schwarze, weiß umrandete Punkte. Die Raupen ernähren sich nach dem Schlupf ab Juni bis in den Juli und die der nächsten Generation ab August mit Überwinterung bis zur Verpuppung im April von Gewöhnlichem Hufeisenklee (*Hippocrepis comosa*). Die Falter fliegen in zwei Generationen von Mai bis Juni und von

Juli bis September. Der Lebensraum besteht aus offenen, sonnigen Halbtrockenrasen und mageren Almflächen vom Flachland bis auf eine Höhe von 2000 m. Die Verbreitung reicht von Spanien bis weit über Osteuropa hinaus, südlich bis Süditalien, im Norden bis zu einem Breitengrad von Südengland zum Baltikum.

RL 3/Naturschutzstatus: 2.

Flugzeit	J	F	M	A	M	J	J	A	S	O	N	D
Raupen	J	F	M	A	M	J	J	A	S	O	N	D

Polyommatus budashkini

Der Artstatus dieser Falter ist nicht geklärt und viele Autoren sehen den in der Ukraine (Halbinsel Krim) vorkommenden Bläuling als Unterart *P. ripartii*. Biologie und Merkmale sind ähnlich wie bei *P. ripartii*. Es ist jedoch sonst wenig bekannt.

Polyommatus caelestissima

Die Spannweite beträgt zwischen 31 und 34 mm. Die Männchen sind blau, die Weibchen dunkelbraun und sehr variabel in den Zeichnungselementen. Der Artstatus ist umstritten, teilweise wird *P. caelestissima* auch als Unterart von *P. coridon* gesehen. Futterpflanze der Raupen ist der gewöhnliche Hufeisenklee (*Hippocrepis comosa*). Die Flugzeit der Falter erstreckt sich in einer Generation von Juli bis August. Sie sind Bewohner von Hängen und alpinen Rasen, Schluchten und Lichtungen von Kiefernwäldern in Höhen zwischen 1000 und über 1800 m. Die Art ist in Spanien im Bergbereich im Osten verbreitet.

Flugzeit	J	F	M	A	M	J	J	A	S	O	N	D

Polyommatus celina

Äußerlich nicht vom Hauhechel-Bläuling (*P. icarus*) unterscheidbar. Die Raupen fressen *Lotus lancerottensis* und andere Kleearten. Die Falter erscheinen in einer Generation von Februar bis Mai. Als Lebensraum bevorzugen sie Wiesen, Straßenränder und Gräben sowie ausgetrocknete Bachtäler. Das Verbreitungsgebiet erstreckt sich über die Kanaren, Sizilien, Sardinien und die Balearen sowie auf das spanische Festland.

Flugzeit	J	F	M	A	M	J	J	A	S	O	N	D

Polyommatus coelestina

Die Falter erreichen 30 bis 34 mm Spannweite. Männchen sind oberseits blau mit einem breiten, dunklen Randsaum. Die braunen Weibchen haben auf den Hinterflügeln eine orangene Fleckenbinde. Die Hinterflügel sind grau und tragen an der Flügelwurzel eine türkisblaue Bestäubung. Futterpflanze der Raupen ist die Vogel-Wicke (*Vicia cracca*). Die Imagines fliegen in einer Generation von Ende Mai bis Juni, in den Hochlagen noch bis Juli.

Als Lebensraum dienen Waldlichtungen und Schluchten mit Gräserbewuchs in niederen Lagen, Hochebenen und windgeschützte Senken oberhalb der Baumgrenze in Höhen zwischen 700 und 1800 m. Das Vorkommen beschränkt sich auf den Süden des zentralen Griechenlands.

Flugzeit	J	F	M	A	M	J	J	A	S	O	N	D

Polyommatus coridon (Silbergrüner Bläuling)

Er gehört mit 30 bis 35 mm Spannweite zu den großen Bläulingen. Die Flügeloberseiten des Männchens sind hellblau, silbrig glänzend bis leicht grünlich mit dunklen Punkten und einer Linie an Oberseite der Hinterflügel. Das Weibchen ist auf den Flügeloberseiten dunkelbraun mit orangefarbigen Halbmöndchenbinden auf den Hinterflügel-Oberseiten. Auffällig ist bei beiden Geschlechtern auf den Hinterflügel-Unterseiten das weiße nagelförmige Dreieck. Die Überwinterung findet vermutlich schon als junge Raupe im Ei statt. Die Raupe lebt von Ende April bis Anfang Juni hauptsächlich an Gewöhnlichem Hufeisenklee (*Hippocrepis comosa*), daneben manchmal auch an Bunter Kronwicke (*Securigera varia*) und Süßem Tragant (*Astragalus glycyphyllos*). Zudem besteht eine symbiontische Beziehung mit verschiedenen Ameisenarten. Die Art fliegt in einer Generation von Ende Juni bis Anfang Oktober. Der Falter lebt auf Trockenrasen und Kalkmagerrasen, an Hängen, Glatthaferwiesen, Böschungen und Dämmen vom Flachland bis über 2000 m Höhe. Die Verbreitung reicht in Europa von Spanien bis nach Russland, im Norden bis Norddeutschland und Südengland.

Flugzeit	J	F	M	A	M	J	J	A	S	O	N	D
Raupen	J	F	M	A	M	J	J	A	S	O	N	D

Polyommatus corydonius

Die Falter sind oberseits blau bis hell silbergrau mit dunkler Saumbinde gefärbt. Die Art ist unterseits *P. coridon* ähnlich. Die Falter fliegen in einer Generation in den trockenen, tieferen Berglagen. Das Verbreitungsgebiet liegt auf der Krim (Ukraine) und im südrussischen Kaukasus. Es ist jedoch sonst wenig bekannt.

Polyommatus cyane

Die Spannweite der Flügel beträgt etwa 24 bis 36 mm. Die Weibchen sind auf der Oberseite braun mit kleinen blauen Anteilen und einem orangenen Fleckensaum. Die Vorderflügel-Unterseite ist bis auf basale hellgraubraune Anteile grauweiß mit schwarzen Flecken. An der Flügelaußenseite zieht sich ein orangefarbener Fleckensaum mit blauen Punkten entlang. Die Raupen leben an Steppenschleier (*Limonium gmelinii*). Die Falter fliegen in einer Generation von Juni bis Anfang August. Die Lebensräume bestehen aus Trockenrasen, Steppen und Halbwüsten. Die Verbreitung beschränkt sich auf den zentralen, östlichen und südlichen Teil des europäischen Russlands.

Flugzeit	J	F	M	A	M	J	J	A	S	O	N	D

Polyommatus damocles

Die Oberseite ist beim Männchen blau mit dunklem Randsaum. Die Unterseite ist grau und trägt auf dem Hinterflügel einen weißen Mittelstrich. Die Vorderflügel zeigen auf der Unterseite auffällig große schwarze Flecken. Die Falter kommen in einigen Regionen des europäischen Teils von Russland vor.

Polyommatus damon (Weißdolch-Bläuling, Streifen-Bläuling)

Die Falter gehören zu den größten Bläulings-Arten und erreichen eine Flügelspannweite von 34 bis 38 mm. Sie tragen auf der braunen Hinterflügel-Unterseite einen charakteristischen großen weißen Streifen, der ihm den Namen verleiht. Schwarze, weiß umrandete Punkte befinden sich auf der Flügelunterseite. Der männliche Falter ist auf der Flügeloberseite leuchtend blau und an den Flügelrändern bräunlich gefärbt. Die Oberseite der Flügel ist bei den Weibchen braun. Im südlichen Europa fliegen einige ähnliche Arten, die sich in ihrer Verbreitung kaum überschneiden. Die Raupe lebt an Sand- (*Onobrychis arenaria*) und Futter-Esparsette (*O. viciifolia*) von September, mit Überwinterung am Boden, bis in das folgende Jahr und frisst ab Frühjahr wieder an den Blättern. In kühleren Regionen kann die Art auch im Eistadium überwintern. Es erscheint pro Jahr eine Generation von Juni bis Ende August. In ihren offenen, wenig verbuschten Lebensräumen wie Kalkmagerrasen mit größeren Beständen von Esparsetten leben sie in Symbiose mit verschiedenen Ameisenarten aus den Gattungen *Formica* und *Lasius*. Die Höhenverbreitung reicht vom Flachland bis in 600 m. In Europa ist die Art vom nordöstlichen Spanien, Mitteleuropa bis Osteuropa und im Süden vereinzelt auf dem Balkan und bis Italien verbreitet, während sie ganz im Westen und im Norden völlig fehlt.

RL 1/Naturschutzstatus: 2.

Flugzeit	J	F	M	A	M	J	J	A	S	O	N	D

Polyommatus damone

Die Männchen sind oberseits hell-türkisblau mit dunklem Randsaum. Die graubraune Hinterflügel-Unterseite zeigt einen undeutlichen weißen Mittelstreifen. Die Oberseite trägt große schwarze Flecken. Die Falter fliegen in einer Generation im Juli. Sie leben auf Trockenrasen und in Steppen mit lockerem Gebüsch und eingestreuten Bäumen. Ihr Vorkommen beschränkt sich auf den Südosten des europäischen Teils von Russland.

Flugzeit	J	F	M	A	M	J	J	A	S	O	N	D

Polyommatus daphnis (Zahnflügel-Bläuling)

Dieser Bläuling erreicht Spannweiten von bis zu 35 mm. Bei beiden Geschlechtern erkennt man die deutlichen zahn- bzw. wellenförmigen Ausbuchtungen am Saumbereich der Hinterflügel. Die Männchen tragen Duftschuppenflecken auf den silberblauen Flügeloberseiten. Die Weibchen sind schwarzbraun gefärbt und haben manchmal noch eine blaue Beschuppung. Als Nahrungspflanze der Raupe dient die Bunte Kronwicke (*Securigera varia*). Im Jahr tritt eine Generation von Ende Juni bis Ende August auf. Lebensraum sind trockene, warme Hänge, Wacholderheiden, Saumbereiche von Gebüschen und Wäldern. Die Verbreitung der Art erstreckt sich vom Nordosten Spaniens über Süd-, Mittel- und Osteuropa. Nördlich einer Linie durch das mittlere Deutschland fehlt die Art.

RL 2/Naturschutzstatus: 2.

Flugzeit	J	F	M	A	M	J	J	A	S	O	N	D

Polyommatus dolus

Die Spannweite der Vorderflügel erreicht 31 bis 35 mm. Die Männchen sind oberseits hell glänzend türkisblau gefärbt und tragen eine breite schwarze Saumbinde. Die Weibchen sind oberseits dunkelbraun. Auf der Unterseite der Hinterflügel findet sich ein langer weißer Streifen. Den Raupen dienen Esparsette-Arten (*Onobrychis* sp.) als Nahrung. Die Flugzeit der Falter erstreckt sich in einer Generation von Ende Juni bis Ende Juli. Ihr Lebensraum sind Magerrasen, schüttere Hänge und Böschungen, oft in lichtem Trockenwald oder Buschland. Diese Art kommt nur an wenigen Stellen in den italienischen Meeralpen und in Südost-Frankreich vor.

Flugzeit	J	F	M	A	M	J	J	A	S	O	N	D

Polyommatus dorylas (Wundklee-Bläuling)

Etwa 30 bis 32 mm beträgt die Spannweite dieses Bläulings, bei dem die Männchen eine leuchtend blaue und die Weibchen eine braun gefärbte

Flügeloberseite zeigen. Auffällig ist der relativ breite, weiße Flügelaußenrand. Ein Unterscheidungsmerkmal zu anderen Bläulingen ergibt sich aus der Anordnung der schwarzen Augenflecke auf den Flügelunterseiten. Die Eier werden am Gewöhnlichen Wundklee (*Anthyllis vulneraria*) abgelegt. Die Art ist mit Ameisen der Gattungen *Lasius*, *Myrmica* und *Formica* vergesellschaftet. Je nach Höhenlage können ein bis zwei Generationen ausgebildet werden. In tieferen, warmen Lagen erscheint die erste von etwa Mai bis Juni und die zweite von Ende Juli bis August. In den höheren Lagen bis über 2000 m erscheint nur eine einzige Generation von Ende Juni bis August. Zu ihrem Lebensraum gehören in tieferen Lagen Magerstandorte wie Kalkmagerrasen und in den höheren Stellen mit Felsen und Kalkschutt durchsetzte alpine Rasen. Verbreitung finden die Falter in Europa von Spanien über Teile der Gebirge in Südeuropa und dem südlichen Mitteleuropa. Teile des Baltikums und Südschwedens sind nur sporadisch besiedelt.
RL 2/Naturschutzstatus: 2.

Flugzeit	J	F	M	A	M	J	J	A	S	O	N	D

Polyommatus eleniae

Die Falter erreichen Spannweiten zwischen 28 und 35 mm. Sie ähneln sehr *P. aroanensis*. Die Raupe lebt an Esparsette (*Onobrychis* sp.) wie *O. ebenoides*. Die Lebensräume sind ehemals beweidete Bereiche mit Grasbewuchs, Gebüschbestand und vereinzelten Bäumen in Höhen von 800 bis 1900 m. Die Art ist aus Nordgriechenland, Makedonien, beschrieben. Sonst ist wenig bekannt.

Polyommatus eros (Eros-Bläuling)

Die Spannweite der Flügel erreicht 24 bis 28 mm. Die Oberseite der Männchen ist leuchtend blau und trägt am Saum einen breiten, ausgeprägten schwarzen Rand. Bei Weibchen ist die Oberseite braun mit bisweilen blauem Schimmer. Die Unterseite der Flügel ist dem Gemeinen Bläuling (*P. icarus*) ähnlich und kann leicht zu Verwechslungen führen. Die Raupen fressen an verschiedenen Schmetterlingsblütlern wie z. B. Hallers Spitzkiel (*Oxytropis halleri*), Alpen-Spitzkiel (*O. campestris*), Alpen-Hornklee (*Lotus alpinus*) oder Tragant-Arten (*Astragalus* sp.). Später leben sie mit Ameisen der Gattung *Lasius* und *Formica* vergesellschaftet und überwintern.

Die Falter sind Bewohner des Gebirges und vorwiegend in Höhen zwischen 1400 und 2100 m in einer Generation von Ende Juni bis August anzutreffen. Die Falter fliegen in von Gehölzen freien, südlich ausgerichteten, sonnenbeschienenen alpinen Hanglagen. Der Eros-Bläuling ist in den Alpen, den Pyrenäen, dem Apennin und den Gebirgen des Balkans zu finden.
RL R/Naturschutzstatus: 5 & 12.

Flugzeit	J	F	M	A	M	J	J	A	S	O	N	D

Polyommatus escheri (Escher-Bläuling)

Die Spannweite erreicht 32 bis 35 mm. Die Zeichnung ist bei beiden Geschlechtern sehr kontrastreich. Die schwarzen Ränder auf der Oberseite sind beim Männchen auffällig schmal. Am hinteren Winkel des Hinterflügels befindet sich ein langgezogener Fleck aus zwei ineinander überlaufenden Flecken. Die Raupen erscheinen zwischen Ende Juni mit einer Überwinterung bis Ende Mai und ernähren sich von verschiedenen Tragant-Arten wie Französischem Tragant (*Astragalus monspessulanus*), Dornigem Tragant (*A. sempervirens*) und *A. incanus*. Imagines erscheinen in einer Generation je nach Höhenlage und klimatischen Bedingungen ab Juni bis Anfang August. Die Habitate bestehen aus lichten Bergwäldern, trockenen, besonnten, sehr warmen, felsigen Berghängen in Höhen von 500 bis auf 2000 m. Die Verbreitung von *P. escheri* erstreckt sich über Südeuropa von Spanien, Südfrankreich über Teile von Italien und die Balkan-Halbinsel. Die nördliche Grenze bilden die Südalpen.

Flugzeit	J	F	M	A	M	J	J	A	S	O	N	D
Raupen	J	F	M	A	M	J	J	A	S	O	N	D

Polyommatus eumedon (Storchschnabel-Bläuling)

Die Spannweite der Vorderflügel erreicht fast 30 mm. Männchen und Weibchen sind auf der Oberseite der Flügel dunkelbraun gefärbt. Auffällig ist der langgezogene weiße Strich an der Unterseite der Hinterflügel. Die Nahrungsgrundlage der Raupen bilden verschiedene Storchschnabelarten, bevorzugt der Blutrote Storchschnabel (*Geranium sanguineum*). Der Falter fliegt in einer Generation zwischen Mai und August. Ungewöhnlich ist, dass die Art sowohl in feuchten Lebensräumen wie Feuchtwiesen und Niedermooren als auch in trockenen, wie z. B. Kalkmagerrasen leben kann. Die Höhenverbreitung reicht vom Flachland bis auf Höhen von maximal 2000 m. Das Vorkommen von *P. eumedon* erstreckt sich von Teilen des südwestlichen Europas über Mitteleuropa bis ins nördliche Skandinavien. **RL/Naturschutzstatus:** 11.

Flugzeit	J	F	M	A	M	J	J	A	S	O	N	D

Polyommatus exuberans

Die Art sieht *P. ripartii* sehr ähnlich und ist als eigenständige Art derzeit sehr umstritten. Von der Verbreitung her wird der Falter als Endemit des Piemont (Italien) angesehen. Sonst ist wenig bekannt.

Polyommatus galloi

Die Art sieht *P. ripartii* sehr ähnlich und ist als eigenständige Art derzeit sehr umstritten. Die Falter werden für das Bergland von Calabrien/Italien aufgeführt und leben an mit Gras bewachsenen Hängen und felsigen Stellen zwischen 1100 und 2200 m. Sie erscheinen in einer Generation. Sonst ist wenig bekannt.

Polyommatus gennargenti

Die auf Sardinien endemischen Falter ähneln sehr stark *P. coridon* und werden auch von einer Reihe von Autoren nur als Unterart gewertet. Eine genetische Analyse ergibt jedoch ausreichend Unterschiede, um den Artstatus anzuerkennen. Die Biologie ist mit der von *P. coridon* vergleichbar.

Polyommatus fabressei

Raupennahrung sind verschiedene Esparsetten-Arten (*Onobrychis* sp.). Die Imagines erscheinen in einer Generation, je nach Lage von Ende Juni bis Mitte August. Sie bewohnen trockene, warme, grasbewachsene Hänge und Magerrasen, buschige Hänge und Felsschluchten zwischen 800 bis 1500 m. Ihr Verbreitungsgebiet erstreckt sich über das östliche und nördliche Spanien.

Flugzeit	J	F	M	A	M	J	J	A	S	O	N	D

Polyommatus fulgens

Die Flügelspannweite liegt um die 29 mm. Die Art ähnelt *P. dolus*. Den Raupen dient die Futter-Esparsette (*Onobrychis viciifolia*) als Nahrung. Die Flugzeit der Falter erstreckt sich über eine Generation von Juli bis August. Sie bevorzugen als Lebensraum Trockenrasen, grasbewachsene Bereiche mit Gebüsch zwischen 500 und 1800 m. Die Art kommt im nördlichen und nordöstlichen Spanien vor.

Flugzeit	J	F	M	A	M	J	J	A	S	O	N	D

Polyommatus glandon (Dunkler Alpenbläuling)

Die Flügelspannweite erreicht 24 bis 27 mm. Beim Männchen ist die Flügeloberseite graubläulich, beim Weibchen oberseits braun. Die Flügelunterseite ist stark kontrastierend mit weißen, schwarz gekernten Flecken gezeichnet. Die Raupe frisst an Nahrungspflanzen wie dem Bewimperten Mannsschild (*Androsace chamaejasme*), dem Milchweißem Mannsschild (*A. lactea*) und anderen. Sie überwintert im Jugendstadium. *P. glandon* fliegt in einer Generation von Ende Juni bis August. Die Falter sind Bewohner des Hochgebirges in Höhen zwischen 1500 und 2800 m und leben auf alpinen Rasen der waldfreien Zone mit geringer und niedriger Vegetation. In Europa leben die Falter in den Bergregionen Südspaniens, Frankreichs, Nordskandinaviens und den Alpen.

RL R/Naturschutzstatus: 9.

Flugzeit	J	F	M	A	M	J	J	A	S	O	N	D

Polyommatus golgus

Die Spannweite erreicht zwischen 26 und 29 mm. Beim Männchen ist die Oberseite blau mit schwarzem Saumrand. Die Weibchen sind oberseits braun und tragen orange Fleckensäume. Der Artrang ist umstritten. Die Raupen ernähren sich von Gewöhnlichem Wundklee (*Anthyllis vulneraria*). Die Flugzeit der Imagines erstreckt sich in einer Generation von Juni bis Ende Juli. Der bevorzugte Lebensraum sind kaum bewachsene steinigfelsige Hänge mit Rohbodenanteilen in den Hochlagen zwischen 2400 und 3000 m. Die Art ist in Spanien in der Sierra Nevada verbreitet.

Flugzeit	J	F	M	A	M	J	J	A	S	O	N	D

Polyommatus hispana

Die Flügelspannweite liegt zwischen 16 bis 18 mm. Weibchen sind von *P. coridon* nicht zu unterscheiden. Die Unterseite der Hinterflügel ist beim Männchen etwas dunkler grau als bei *P. coridon*. Die Raupennahrung stellen *Dorycnopsis gerardii* und möglicherweise Gewöhnlicher Hufeisenklee (*Hippocrepis comosa*) dar. Die Falter fliegen in zwei Generationen von April bis Ende Mai und August bis Ende September. Sie bewohnen steinige, felsige, strauch- und grasbewachsene Habitate, Garrigue zwischen 300 und 1000 m. Anzutreffen ist diese Art im östlichen Spanien, südöstlichen Frankreich und in Norditalien.

Flugzeit	J	F	M	A	M	J	J	A	S	O	N	D

Polyommatus humedasae

Die Falter erreichen Spannweiten zwischen 28 und 32 mm. Die Oberseite ist bei beiden Geschlechtern dunkelbraun. Die Unterseite ist hellbraun, die Hinterflügel-Unterseite trägt keinen weißen Streifen. Raupennahrung sind die Blüten der Berg-Esparsette (*Onobrychis montana*) und Futter-Esparsette (*O. viciifolia*). Die Imagines erscheinen in einer Generation pro Jahr von Juli bis August an warmen, trockenen und grasreichen Hängen mit vereinzelten Gebüschen auf Höhen von 800 bis zu 1600 m. Das Verbreitungsgebiet beschränkt sich auf Italien und dort auf das Aostatal und die italienischen Alpen. Er ist allerdings stark im Rückgang und vom Aussterben bedroht.
Naturschutzstatus: 2.

Flugzeit	J	F	M	A	M	J	J	A	S	O	N	D

Polyommatus icarus (Hauhechel-Bläuling, Gemeiner Bläuling)

Dieser Bläuling hat eine Flügelspannweite von 25 bis 30 mm. Die Flügeloberseite ist beim Männchen intensiv violettblau, während das Weibchen oben braun gefärbt ist. Die Raupen leben ab Juni an Schmetterlingsblüt-

lern wie Gewöhnlichem Hornklee (*Lotus corniculatus*), Hauhechel (*Ononis* sp.) und verschiedenen Kleearten (*Trifolium* sp.) und überwintern. Der Falter erscheint in zwei, manchmal je nach klimatischen Bedingungen und Höhenlage einer dritten, partiellen Generation überlappend von Anfang Mai bis in den Oktober. Sie bevorzugen verschiedene trockene und feuchte, offene Lebensräumen wie Wiesen, Böschungen, Dämme, auch Flachmoorwiesen und feuchte Hochstaudenfluren von der Ebene bis in eine Höhe von über 1700 m. Verbreitet ist *P. icarus* über ganz Europa.
RL 3/Naturschutzstatus: Die Art ist noch weit verbreitet, aber im Bestand abnehmend. Konkrete Schutzmaßnahmen sind nicht erforderlich.

Flugzeit	J	F	M	A	M	J	J	A	S	O	N	D
Raupen	J	F	M	A	M	J	J	A	S	O	N	D

Polyommatus iphigenia

Die Falter erreichen Spannweiten zwischen 27 und 30 mm. Männchen sind oberseits blau gefärbt, Weibchen dunkelbraun. Die graubraune Unterseite zeigt auf den Hinterflügeln einen langen weißen Strich. Die Raupen ernähren sich von Esparsetten wie *Onobrychis alba* und dem Blasenstrauch (*Colutea* sp.). Die Falter erscheinen in einer Generation von Juni bis Juli. Sie bewohnen strauchbestandene Bergebenen, Lichtungen und Flussufer zwischen 1000 und 1800 m. Ihr Verbreitungsgebiet beschränkt sich auf Griechenland und dort auf der Peloponnes.

Flugzeit	J	F	M	A	M	J	J	A	S	O	N	D

Polyommatus krymaea

Die Art ist umstritten. Sie wird entweder als Unterart von *P. damocles* oder von *P. poseidon* oder als eigene Spezies betrachtet. Die Falter sind in einigen Regionen des europäischen Teils von Russland verbreitet.

Polyommatus menalcas

Die Spannweite der Flügel beträgt zwischen 26 und 31 mm. Die Weibchen sind oberseits braun, die Männchen graublau überstäubt. Die graublauen Unterseiten der Vorderflügel der Männchen tragen große, die der Hinterflügel nur kleine, schwarze Flecken. Die Weibchen sind unterseits hellbraun und tragen auf den Hinterflügeln einen weißen Längsstrich. Raupen-

nahrung sind Süßklee-Arten (*Hedysarum* sp.). Die Imagines trifft man in einer Generation von Juni bis September auf Waldlichtungen und Wiesen an. Die Falter fliegen in Höhen zwischen 400 und 1800 m. Die Art kommt im europäischen Teil der Türkei und um Istanbul vor.

Flugzeit	J	F	M	A	M	J	J	A	S	O	N	D

Polyommatus nephohiptamenos

Die Art ist derzeit in Diskussion, da eine Reihe von Autoren die Arten um *P. ripartii* völlig unterschiedlich bewerten. *P. nephohiptamenos* wird meist, aber nicht von allen, *P. ripartii* zugeordnet. Die Falter sind mit *P. ripartii* verwechselbar. Die Raupen leben an Berg-Esparsette (*Onobrychis montana* ssp. *scardica*). Die Falter fliegen in einer Generation in den Bergregionen auf grasbewachsenen, trockenen Berghängen und steppenartigen Bereichen in Höhen zwischen 1500 und 2000 m. Die Verbreitung erstreckt sich auf das südliche Bulgarien.

Polyommatus nivescens

Die Spannweite erreicht zwischen 28 und 33 mm. Die Männchen sind auf der Oberseite silbrig graublau mit einem dunklen Randsaum. Die Weibchen sind dunkelbraun und haben einen orangenen Fleckensaum. Die Unterseite ist ähnlich wie bei *P. dorylas*. Die Raupen leben an Gewöhnlichem Wundklee (*Anthyllis vulneraria*). Die Falter fliegen in einer Generation ab

Ende Mai bis in den August. Ihr Lebensraum sind felsige Magerrasen, buschige Hänge und Schluchten ab 1000 m aufwärts. Das Verbreitungsgebiet erstreckt sich in Spanien von der Sierra Nevada bis zu den Pyrenäen.

Flugzeit	J	F	M	A	M	J	J	A	S	O	N	D

Polyommatus orphicus

Der Falter ist erst seit Kurzem als eigene Art registriert. Die Oberseite ist dunkelbraun, die Unterseite hellbraun. Auf den Hinterflügel-Unterseiten befindet sich ein weißer Strich. Die Raupen leben an *Onobrychis alba*. Die Bläulinge erscheinen in einer Generation von Juni bis Juli. Als Habitate werden steinige, felsige, trockene Gebiete genutzt. Die Art ist in Bulgarien und in Griechenland beheimatet, wo sie mittlerweile vom Aussterben bedroht ist.

Flugzeit	J	F	M	A	M	J	J	A	S	O	N	D

Polyommatus pelopi

Die Flügel erreichen Spannweiten zwischen 27 und 31 mm. Die Oberseite ist dunkelbraun gefärbt. Die hellbraune Hinterflügelunterseite trägt einen weißen Strich. Der Artstatus ist umstritten, möglicherweise handelt es sich nur um eine Unterart *von P. ripartii*. Die Raupen fressen verschiedene Esparsetten-Arten (*Onobrychis* sp.). Die Imagines erscheinen in einer Generation von Ende Juni bis Mitte August. Sie bewohnen steinige, trockene, warme Bergsteppenwiesen mit Gebüschen und Grasbewuchs. Ihr Verbreitungsgebiet beschränkt sich auf das zentrale Griechenland.

Flugzeit	J	F	M	A	M	J	J	A	S	O	N	D

Polyommatus pljushtchi

Die Spannweite beträgt 27 bis 32 mm. Die Falter ähneln *P. damone,* haben aber größere Saumflecke auf der Unterseite der Hinterflügel. Die Raupe lebt an Süßklee (*Hedysarum* sp.). Pro Jahr tritt eine Generation auf. Als Lebensraum nutzen sie Geröllhalden an Berghängen. Die Art bewohnt endemisch die Berghänge der Halbinsel Krim.

Polyommatus ripartii

Die Art erreicht Spannweiten zwischen 26 und 32 mm. Die Oberseite ist dunkelbraun, die Unterseite hellbraun. Auf den Hinterflügeln befindet sich ein weißer Strich. Es besteht Verwechslungsmöglichkeit mit einer Reihe von nahe verwandten Arten. Nahrungspflanze der Raupen ist die Berg-Esparsette (*Onobrychis montana*). Die Flugzeit der Falter erstreckt sich in einer Generation von Ende Juni bis Mitte August. Als Lebensraum kommen Magerrasen, steppenartige Hänge, trockene grasbewachsene Habitate mit lockerem Gebüschbestand oder lichtem Baumbewuchs infrage. Die Art ist in Spanien, Frankreich, Italien/Meeralpen, dem südlichen Polen, Bulgarien, Albanien, Mazedonien und Griechenland verbreitet.

Flugzeit	J	F	M	A	M	J	J	A	S	O	N	D

Polyommatus semiargus (Rotklee-Bläuling)

Die Flügelspannweite beträgt 30 bis 33 mm. Die Männchen sind an der Flügeloberseite dunkelblau, die Weibchen braun gefärbt. Im Gegensatz zu den anderen Arten der Gattung *Polyommatus* tragen sie auf der Unterseite der Flügel nur eine Reihe schwarzer, hell umrandeter Flecken. Die Raupe frisst bis zur Überwinterung an Rotklee (*Trifolium pratense*) und anderen und lebt vergesellschaftet mit verschiedenen Ameisen der Gattung *Lasius*. In den warmen Regionen bringt der Falter zwei Generationen von Anfang Mai bis August und von August bis Oktober hervor, die sich vereinzelt überschneiden. Die Ansprüche an den Lebensraum sind bei dieser Art etwas breiter gefächert. Es sind oft die eher feuchten Biotope wie Grünland, Feuchtwiesen und Almwiesen von der Ebene bis in über 2000 m Höhe sowie Ruderalflächen und Waldlichtungen mit einem Angebot verschiedener Kleearten. Die europäische Verbreitung reicht mit Ausnahme Englands von den nördlichen Teilen Portugals, Spaniens bis nach Skandinavien unterhalb des Polarkreises. Im Süden reicht sie bis zum nördlichen Griechenland und dem gesamten Mittelmeerbereich.

Flugzeit	J	F	M	A	M	J	J	A	S	O	N	D

Polyommatus thersites (Kleiner Esparsetten-Bläuling)

Die Oberseiten der 27 bis 32 mm Spannweite messenden Flügel sind beim Weibchen rötlich-pupurblau gefärbt. Die Weibchen der Frühjahrsgeneration sind auf der Oberseite dunkelblau, die der Sommergeneration braun. Die Falter ähneln dem Hauhechel-Bläuling (*P. icarus*), sind aber kleiner. Die Raupen fressen Futter-Esparsette (*Onobrychis viciifolia*), *Onobrychis caput-galli* und *Onobrychis peduncularis*. Die Falter erscheinen in zwei Generationen pro Jahr, je nach Lage und Höhe von April bis Anfang Juni und Ende Juni bis Anfang August. Sie bewohnen trockene, felsige und mit

Gebüsch bewachsene Ebenen und Hänge, offene Grasflächen zwischen Gebüschen, Wiesen und auch brachfallendes Kulturland von Meeresniveau bis über 1500 m. Das Verbreitungsgebiet erstreckt sich über das südliche Portugal, Spanien, Frankreich/Pyrenäen, Deutschland, Österreich/Niederösterreich, Kärnten, den Balkan, Griechenland bis in den europäischen Teil der Türkei.

RL 3/Naturschutzstatus: 2, 12.

Flugzeit	J	F	M	A	M	J	J	A	S	O	N	D

Polyommatus violetae

Die Flügelspannweite erreicht 28 bis 34 mm. Die Flügeloberseite ist dunkelbraun und ähnelt sehr *P. fabressei* und anderen nahe verwandten Arten. Die Unterseite ist hellbraun mit einem weißen Strich auf der Hinterflügel-Unterseite. Die Falter werden von einigen Autoren als eigenständige Art akzeptiert, von anderen als Unterart zu *P. ripartii* oder *P. fabressei* gestellt. Als Nahrung nutzt die Raupe Futter-Esparsette (*Onobrychis viciifolia*), *O. argentea* und *O. humilis*. Die Jungraupe überwintert und lebt in Symbiose mit der Knotenameise *(Camponotus piceus) und Plagiolepis* sp. Falter finden sich in einer Generation von Ende Juni bis Anfang August an mit Gräsern bewachsenen Hängen und in mediteraner Macchia in Höhen zwischen 1200 bis 1700 m. Die Verbreitung erstreckt sich auf Südspanien (Andalusien).

Flugzeit	J	F	M	A	M	J	J	A	S	O	N	D

Polyommatus virgilia

Die Spannweite beträgt 30 bis 36 mm. Die Männchen sind auf der Oberseite braun und weiß und an der Flügelwurzel blau bestäubt. Die Braunanteile sind beim Weibchen etwas dunkler. Die Falter leben in einer Generation im Juli auf Bergwiesen zwischen 400 und 1300 m. Die Art wurde als Unterart von *P. dolus* beschrieben und ist ein Endemit der Apenninen von Emiglia-Romana bis Calabrien.

Flugzeit	J	F	M	A	M	J	J	A	S	O	N	D

Praephilotes anthracias

Die Unterseite ist graubraun gefärbt mit schwarzen Flecken. Die Oberseite dunkelbraun bis schwarzbraun. Die Raupen ernähren sich von *Calligonum* sp. In Europa ist die Art nur im Süden des europäischen Teils von Russland verbreitet.

Pseudophilotes abencerragus

Die Flügelspannweite dieses sehr kleinen Bläulings liegt zwischen 18 und 22 mm. Die dunkelblaue Oberseite trägt einen schwarzen Saumrand. Die Unterseite ist grau und zeigt keinen orangen Fleckensaum. Die Nahrung der Raupen besteht aus *Cleonia lusitanica*, Echtem Thymian (*Thymus vulgaris*), *Thymus fontanesii*, *Thymus hirtus*, Schneckenklee-Arten wie *Medicago turbinata* und Rauer Schneckenklee (*Medicago hispidus*) und Marokkanischem Salbei (*Salvia taraxacifolia*). Die Imagines erscheinen in einer Generation von April bis Mai. Ihr Lebensraum sind heiße, trockene, blütenreiche Wiesen und Hänge, auch auf Waldlichtungen in Höhen zwischen 100 und 1300 m. Das Vorkommen beschränkt sich auf das südliche Spanien und Portugal.

Flugzeit	J	F	M	A	M	J	J	A	S	O	N	D

Pseudophilotes barbagiae

Die Spannweite der Vorderflügel erreicht zwischen 21 und 25 mm. Die Oberseite der Flügel ist graubraun bis dunkelbraun. Die Unterseite ist dunkler als bei den verwandten Arten *P. baton* und *P. vicrama*. Eine genaue Unterscheidung ist oft nur durch Genitaluntersuchung möglich. Die Raupe lebt an Thymian (*Thymus* sp.). Die Falter erscheinen in einer Generation von Mai bis Juni und leben auf trockenen, felsigen Hängen, Trockenrasen und Flächen mit Strauchbewuchs in Höhen von 800 bis 1500 m. *P. barbagiae* kommt endemisch auf Sardinien vor.

Flugzeit	J	F	M	A	M	J	J	A	S	O	N	D

Pseudophilotes bavius

Die Flügelspannweite liegt zwischen 24 und 30 mm. Die Männchen sind auf der Oberseite dunkelblau mit breitem, schwarzem Saumband, die Weibchen dunkelbraun mit dunkelblauer Bestäubung an den Flügelwurzeln und orangem Saumband auf den Hinterflügeln. Die Unterseiten sind hellgrau bis graubraun. Die Raupen fressen Echten Salbei (*Salvia officinalis*), Quirlblütigen Salbei (*S. verticillata*), *S. nutans* und Eisenkraut-Salbei (*S. verbenaca*). Die Falter erscheinen in einer Generation pro Jahr von April bis Mai und einer partiellen, zweiten Generation von Juni bis Juli. Sie bewohnen trockenes steppenartiges Grasland, trockene, steinige Hänge und auch vereinzelt Kulturflächen. Die Art kommt in Rumänien, Ungarn und Griechenland vor.

Flugzeit	J	F	M	A	M	J	J	A	S	O	N	D

Pseudophilotes panoptes

Die Flügelspannweite liegt zwischen 18 und 22 mm. Dieser Falter ist dem Graublauen Bläuling (*Scolitantides baton*) sehr ähnlich. Die Nahrung der Raupen besteht aus Thymian-Arten wie *Thymus mastichina,* Zottigem Thymian (*T. villosus*), *Thymus zygis*, Echtem Thymian (*T. vulgaris*) und Winter-Bohnenkraut (*Satureja montana*). Die Imagines treten in ein bis zwei Generationen von Ende März bis Juni und Juli bis August auf. Ihr Lebensraum sind blumenreiche und grasige Stellen, geschützte Hänge, felsige Schluchten, grasbewachsene Berghänge und trockene, buschreiche Wiesen an Flussufern. Die Verbreitung beschränkt sich auf die Iberische Halbinsel.

Flugzeit	J	F	M	A	M	J	J	A	S	O	N	D

Satyrium acaciae (Kleiner Schlehen-Zipfelfalter, Krüppelschlehen-Zipfelfalter oder Akazien-Zipfelfalter)

Mit 26 bis 29 mm Spannweite ist das Weibchen größer als das Männchen. Über die Unterseite der Flügel zieht sich eine unterbrochene, weiße Querlinie. Die Unterseite der Flügel hat eine graubraune Grundfärbung, die Oberseite ist dunkelbraun. Die Art ist leicht zu verwechseln, aber bei genauer Untersuchung auch anhand von Fotos gut unterscheidbar. Die Eiablage findet an Zweiggabeln statt, wobei die Weibchen das Gelege mit einer Behaarung von ihrem Hinterende bedeckt. Raupen leben an den Schlehen und ernähren sich von den Blättern. Die Imagines fliegen in einer Generation zwischen Juni und Juli. Die Falter nutzen warme, trockene, mit

niedrigen Schlehen bewachsene Standorte, wie Magerrasen. Die Verbreitung erstreckt sich vom Westen Spaniens bis Mittelitalien und Kleinasien, reicht aber nicht bis zur Küste der Ostsee, Norddeutschlands und des Ärmelkanals.

RL V/Naturschutzstatus: 2.

Flugzeit	J	F	M	A	M	J	J	A	S	O	N	D

Satyrium ledereri

Die Flügel erreichen eine Spannweite zwischen 26 und 32 mm. Die Oberseite beider Geschlechter ist grauschwarz und die Unterseite grau. Die Hinterflügel tragen eine schwarze Fleckenbinde, die von einer weißen gesäumt wird, und am Flügelrand eine weitere orange Fleckenreihe. Die Raupen leben an Gewöhnlicher Schlehe (*Prunus spinosa*) und an Bocksknöterich (*Atraphaxis billardieri*). Die Falter fliegen in einer Generation zwischen Juni und Ende Juli. Bevorzugte Lebensräume sind trockene, mit kurzen Sträuchern spärlich bewachsene, warme, felsige Berghänge auf Kalk zwischen 1000 bis 1400 m. Die Art kommt in Griechenland auf der Insel Samos vor.

Flugzeit	J	F	M	A	M	**J**	**J**	A	S	O	N	D

Satyrium ilicis (Brauner Eichen-Zipfelfalter)

Anhand seiner Flügelspannweite von bis zu 32 mm und einer weißen, unregelmäßig unterbrochenen und gezackten Linie an der Hinterflügel-Unterseite kann der Falter vom kleineren Schlehen-Zipfelfalter (*S. acaciae*) unterschieden werden. Ein oranger, undeutlicher Fleck im hinteren Winkel auf der Oberseite des Vorderflügels, der beim Weibchen deutlicher erkennbar ist, kann meist nicht wahrgenommen werden, da der Falter selten die Flügel ausbreitet. Die Raupen bevorzugen die Stieleiche (*Quercus robur*), Traubeneiche (*Q. petraea*) und Flaumeiche (*Q. pubescens*) und fressen deren Blätter. Die Flugzeit dieser Art, die eine Generation pro Jahr ausbildet, liegt zwischen Ende Mai bis Anfang August. Trockene, warme Standorte mit Jungwuchs verschiedener Eichenarten werden als Lebensraum

genutzt. Die Tiere sind in Europa mit Ausnahme Großbritanniens und dem nördlichen Skandinavien weit verbreitet, jedoch sind sie aufgrund zunehmend fehlender Lebensräume eher selten.
RL 2/Naturschutzstatus: 7.

Flugzeit	J	F	M	A	M	J	J	A	S	O	N	D

Satyrium pruni (Pflaumenzipfelfalter)

Die Flügelspannweite des Falters erreicht bis 28 mm. Merkmale sind eine orangefarbene Binde mit eingelagerten schwarzen Punkten auf der Hinterflügel-Unterseite und ein blauer Fleck an der Flügelspitze, unter dem Zipfelfortsatz. Von April bis Juni lebt die Raupe an Schlehe und anderen *Prunus*-Arten. Es tritt eine Generation von Anfang Juni bis etwa Ende Juli auf. Lebensräume an besonnten Waldrändern, Trockenrasen, Streuobstwiesen, Hecken und auch Gärten werden von den Faltern genutzt. Beobachtungen der Art reichen bis in Höhen von 800 m. In Europa kommen die Falter in Spanien im Kantabrischen Gebirge, den Pyrenäen, über West- und Mitteleuropa bis in den Balkan und nach Norden bis ins südliche Skandinavien vor.

Flugzeit	J	F	M	A	M	J	J	A	S	O	N	D
Raupen	J	F	M	A	M	J	J	A	S	O	N	D

Satyrium spini (Kreuzdornzipfelfalter)

Die Spannweite beträgt bis zu 30 mm. Die orangefarbene Binde, die fast durchgehend den Außenrand der Hinterflügel-Unterseite durchzieht, und der große blaugraue Fleck an der Spitze sind gute Unterscheidungsmerkmale. Die Raupen leben von April bis Mai an verschiedenen Kreuzdornsträuchern (*Rhamnus* sp.), Gewöhnlichem Faulbaum (*Frangula alnus*) und vermutlich an Gewöhnlicher Schlehe (*Prunus spinosa*). Die Faltergeneration lebt von Ende Mai bis Ende Juli. Die Art lebt vorzugsweise in trockenen, warmen Gebieten, in Magerrasen, aufgelassenen Steinbrüchen, an Waldrändern und -lichtungen. Die Höhenverbreitung liegt zwischen 0 und 2000 m. Die europäische Verbreitung geht von der Iberischen Halbinsel, durch Mitteleuropa (ohne den Nordwesten Frankreichs und Nordwestdeutschland) bis zum Baltikum und dem Balkan im Südosten.
RL 3/Naturschutzstatus: 6.

Flugzeit	J	F	M	A	M	J	J	A	S	O	N	D
Raupen	J	F	M	A	M	J	J	A	S	O	N	D

Satyrium w-album (Ulmen-Zipfelfalter)

Die Flügelspannweite dieses Zipfelfalters liegt bei 30 mm. Die weiße Linie auf der Hinterflügel-Unterseite bildet ein gut erkennbares, großes „W" als sicheres Erkennungsmerkmal. Oberseits sind die Flügel dunkelgraubraun mit einem schwachen orangen Fleck am Winkel der Flügelenden. Die Überwinterung findet im Eistadium statt. Wichtig für die Art ist alleine

das Vorkommen von Ulmenarten wie der Berg-Ulme (*Ulmus glabra*), Feld-Ulme (*Ulmus minor*) sowie Flatter-Ulme (*Ulmus laevis*), von deren Blättern die Raupe im Frühjahr lebt. Die Imagines bilden eine Generation von Mitte Juni bis Ende Juli bzw. Anfang August. Lebensräume dieser Falter sind verschiedene Waldtypen, Gehölze und Einzelbäume in Auwäldern, Tälern, Laubmischwäldern und auch Siedlungsbereiche. Das Verbreitungsgebiet erstreckt sich über ganz Europa mit Ausnahme Skandinaviens.

Flugzeit	J	F	M	A	M	J	J	A	S	O	N	D

Scolitantides baton (Westlicher Quendel-Bläuling, Graublauer Bläuling)

Die Falter erreichen eine Flügelspannweite von etwa 22 bis 29 mm. Die Hinterflügel sind auf der Unterseite unverwechselbar durch eine auffällige orange Fleckenreihe gekennzeichnet, die beidseitig schwarz eingefasst ist. Bei den Männchen ist die Flügeloberseite graublau gefärbt, während die der Weibchen dunkler und nur am Flügelansatz blau bestäubt ist. Die östliche Art *Scolitantides vicrama* ssp. *schiffermuelleri* ist kaum zu unterscheiden und nur durch Genitalvergleich ansprechbar. Im Vergleich mit dem Fetthennen-Bläuling (*S. orion*) sind die Flecken auf den Flügelunterseiten kleiner und hell umrandet. Die Nahrung der Raupen bilden verschiedene Thymian-Arten (*Thymus* sp.). Diese Falter entwickeln zwei Generationen, deren Flugzeit nicht scharf zu trennen ist. Die erste Generation ist ab Mai und die zweite im Juli und August zu beobachten. Lebensräume bieten für den Westlichen Quendel-Bläuling heiße Trockenrasen, Felshalden und Schuttfluren vom Flachland bis in über 1500 m Höhe. *S. baton* ist im

Westen und Norden Spaniens, Mittel- und Südfrankreichs bis in den Süden Tschechiens und im Norden bis Mitteldeutschland verbreitet.
RL 2/Naturschutzstatus: 4.

Flugzeit	J	F	M	A	M	J	J	A	S	O	N	D

Scolitantides orion (Fetthennen-Bläuling)

Die Flügel erreichen eine Spannweite von 27 bis zu 32 mm. An den Flügelrändern befinden sich auffällig schwarz-weiß gestreifte Fransen. Auf der

Oberseite der Flügel ist ein unterschiedlich starker Blauanteil erkennbar. Der Außenrand ist mit schwarzen, hell umrandeten Punkten versehen. Eine Binde aus schwarzen Flecken kennzeichnet die Unterseite der Vorderflügel. Die Hinterflügel-Unterseite trägt eine orangefarbene Binde aus halbmondförmigen Flecken. Eine Verwechslungsmöglichkeit besteht mit dem Westlichen Quendel-Bläuling (*S. baton*), der aber auf der Flügelunterseite kontrastreicher gezeichnet ist. Als Nahrungspflanze dienen die Große Fetthenne (*Sedum telephium*) und selten auch die Weiße Fetthenne (*S. album*). Die Raupen leben vergesellschaftet mit Ameisen der Gattungen *Lasius*, *Formica* und anderen. Das Überwinterungsstadium ist die Puppe. Zwischen einer und zwei Generationen erscheinen abhängig von klimatischen Bedingungen und Höhenlage von April bis August. Der sehr seltene Falter bevorzugt trockenwarme, sonnige Hänge, Steinbrüche und Dämme in Flusstälern. Seine Verbreitung erstreckt sich von Spaniens Norden über Südfrankreich nach Mitteleuropa. Im Süden Skandinaviens befinden sich abgetrennte Vorkommen.
RL 1/Naturschutzstatus: 2.

Flugzeit	J	F	M	A	M	J	J	A	S	O	N	D

Scolitantides vicrama (Östlicher Quendel-Bläuling)

Der Falter ist mit 19 bis 26 mm relativ klein. Er ist dem etwas kleineren Graublauen Bläuling (*S. baton*) sehr ähnlich. Die Raupen fressen Thymian- und Bohnenkrautarten (*Thymus* sp. und *Satureja* sp.). Die Falter fliegen jährlich, je nach Lage in ein bis zwei Generationen von April bis Juni und von Juli bis August. Als bevorzugte Lebensräume dienen Trockengebiete mit niedriger Vegetation, Waldlichtungen sowie felsiges Gelände. Diese Art kommt in Südfinnland, Osteuropa, auf dem Balkan, in Deutschland und zwar in Brandenburg und Sachsen (ssp. *schiffermuelleri*) vor.
RL 1/Naturschutzstatus: 2.

Flugzeit	J	F	M	A	M	J	J	A	S	O	N	D

Tarucus balkanica

Die Spannweite der Falterflügel erreicht 18 bis 24 mm. Die Oberseiten der Flügel glänzen bläulich. An den Vorderflügeln befinden sich schwarze Flecken. Die Oberseiten der Weibchen sind dunkelbraun. Die Unterseiten haben eine weiße Grundfärbung mit schwarzen Flecken und streifenartiger Musterung. Parallel zum Außenrand sind Punkte aufgereiht. Am

Außenwinkel der Hinterflügel sitzt ein kurzes, dünnes Schwänzchen. Der Hinterleib ist schwarz und weiß geringelt. Einige verwandte Arten wie *T. theophrastus* und *T. rosacea* können zu Verwechslungen führen. Die Raupen leben vergesellschaftet mit Ameisen und fressen an den Blättern von Gewöhnlichem Christusdorn (*Paliurus spina-christi*) und Zickzackdorn (*Ziziphus lotus*). Pro Jahr sind mehrere Generationen zwischen April und Oktober anzutreffen. Lebensräume sind gebüschreiche, offene, heiße und trockene Flächen, in denen sich die Falter bevorzugt aufhalten und fortpflanzen. Die Verbreitung erstreckt sich in Europa über den südlichen Balkan und Griechenland.

Flugzeit	J	F	M	A	M	J	J	A	S	O	N	D

Tarucus theophrastus

Die Falter erreichen Spannweiten zwischen 22 und 27 mm. Mit seiner blauviolett schimmernden Oberseite beim Männchen und der braunen, mit weißen Flecken gezeichneten beim Weibchen sowie der weißen Unterseite mit schwarzen Flecken ist er im Verbreitungsgebiet unverwechselbar. Den Raupen dienen Zickzackdorn (*Ziziphus lotus*) und Brustbeere (*Z. jujuba*) als Nahrung. Imagines fliegen in mehreren Generationen von April bis September. Sie bewohnen sehr heiße, trockene, mit hohen Sträuchern bewachsene Habitate und auch Kulturland von Meeresniveau bis 300 m Höhe. Sie sind an den Küstenbereichen des südöstlichen Spaniens beheimatet.

Flugzeit	J	F	M	A	M	J	J	A	S	O	N	D

Thecla betulae (Nierenfleck-Zipfelfalter)

Die Spannweite der Flügel bis zu 40 mm macht ihn zum größten europäischen Zipfelfalter und aufgrund der orangebraunen Färbung auf den Flügelunterseiten unverwechselbar. Männchen und Weibchen unterscheiden sich auf der Flügeloberseite durch zwei orangefarbene Flecken auf braunem Untergrund, die beim Weibchen wesentlich größer sind. Die Raupe ist von April bis Juni an Schlehe, Pflaume, Kirsche und verschiedenen Laubbaumarten zu finden. Eine Generation lebt von Anfang Juli bis Mitte Oktober in lichten Laubwäldern und gebüschreichem Gelände, an Hecken und in Gärten. Die Verbreitung reicht von einem isolierten Vorkommen in Nordspanien über Südfrankreich und Norditalien bis zum Balkan. Nach Norden reicht sie bis Südirland und Südskandinavien.

Flugzeit	J	F	M	A	M	J	J	A	S	O	N	D
Raupen	J	F	M	A	M	J	J	A	S	O	N	D

Tomares ballus (Provence-Feuerfalter)

Die Flügelspannweite liegt zwischen 26 und 30 mm. Die Art ist aufgrund ihrer von der Basis an grün bestäubten Hinterflügelunterseiten kaum verwechselbar. Der Hinterflügelrand ist graubraun. Die Vorderflügelunterseite ist orangebraun, zeigt zahlreiche schwarze Flecken und einen graubraunen Rand. Die Flügeloberseiten sind beim Männchen braun, beim Weibchen zum großen Teil orange. Die Raupen fressen Schneckenklee-Arten (*Medicago* sp.) wie Hopfen-Schneckenklee (*M. lupulina*), *M. littoralis*, *M. truncatula*, Zwerg-Schneckenklee (*M. minima*), Behaarten Backenklee (*Dorycnium hirsutum*) und andere. Die Falter erscheinen von Ende Januar bis Ende April in einer Generation. Sie bewohnen Trockenrasen und kurzgrasige Hänge zwischen 200 und 1200 m. Verbreitet ist die Art in Spanien, Portugal und dem südlichen Frankreich.

Flugzeit	J	F	M	A	M	J	J	A	S	O	N	D

Tomares callimachus

Die Spannweite beträgt zwischen 21 und 29 mm. Die Falter sind auf der Hinterflügel-Unterseite grau, auf den Vorderflügeln orange mit grauem Rand und schwarzen Flecken. Die Oberseite ist orange mit schwarzbraunem Randsaum. Die Raupen ernähren sich von Tragant-Arten (*Astragalus* sp.). Die Flugzeit der Imagines erstreckt sich von März bis Ende Mai in einer Generation. Sie leben an grasbewachsenen Berghängen. *T. callimachus* kommt in der Ukraine auf der Krim und im südöstlichen Russland vor.

Flugzeit	J	F	M	A	M	J	J	A	S	O	N	D

Tomares nogelii

Die Falter erreichen 30 bis 32 mm Flügelspannweite. Die Unterseite ist grau mit orangen und schwarzen Fleckenbändern. Die Oberseite ist dunkelbraun und orange gefärbt. Den Raupen dient die Tragant-Art *Astragalus ponticus* als Nahrung. Die Falter fliegen von Mai bis Ende Juli in einer Generation in mit Gras und Sträuchern bewachsenen Habitaten zwischen 50 und über 1000 m Höhe. Das Vorkommen der Art erstreckt sich über das östliche Rumänien, Moldawien und die Ukraine mit der Krim.

Flugzeit	J	F	M	A	M	J	J	A	S	O	N	D

Turanana taygetica

Die Vorderflügel erreichen 21 bis 25 mm Spannweite. Die Grundfarbe der Flügeloberseite ist beim Männchen blau. Der Flügelrand trägt einen schwarzen Saum. Die Weibchen sind oberseits dunkelgrau. Die Unterseiten sind hellgrau gefärbt. Die Raupen fressen an Bleiwurzgewächsen wie *Acantholimon ulicinum*. Die Falter erscheinen in einer Generation von Anfang Juni bis Ende Juli. Sie bevorzugen felsige trockene, offene Bereiche mit spärlichem, polsterartigem Strauchbewuchs. Die Art kommt in Griechenland (Peloponnes: im Taygetos- und Chelmos-Gebirge) vor.

Flugzeit	J	F	M	A	M	J	J	A	S	O	N	D

Zizeeria karsandra (Gepunkteter Grasbläuling)

Die Flügelspannweiten erreichen 20 bis 24 mm. Die Färbung der Flügel ist beim Weibchen dunkelbraun, beim Männchen blau mit breiter, dunkler Saumbinde. Die Färbung der Flügelunterseite ist grau bis hellbraun mit variabler Fleckenzeichnung. Die Nahrung der Raupen besteht aus Luzerne (*Medicago sativa*), Amarant-Arten wie dem Surinamesischen Fuchsschwanz (*Amaranthus tricolor*) und Grünem Amarant (*A. viridis*). Die Flugzeit der Falter erstreckt sich in mehreren Generationen von Februar bis Dezember. Bewohnt werden feuchte, heiße Bereiche an der Küste und Lichtungen in flussbegleitenden Wäldern sowie der Siedlungsbereich von Meeresniveau bis in 1500 m Höhe. *Z. karsandra* kommt auf Zypern, Kreta, Malta und an der Westspitze Siziliens vor.

Flugzeit	J	F	M	A	M	J	J	A	S	O	N	D

Zizeeria knysna

Die Flügelspannweite beträgt 20 bis 25 mm. Die Art sieht *Z. karsandra* sehr ähnlich und ist nur anhand der Geschlechtsmerkmale unterscheidbar. Die Raupen leben und fressen an Amarant-Arten (*Amaranthus* sp.), Hopfen-Schneckenklee (*Medicago lupulina*), Luzerne (*M. sativa*), Malven-Arten (*Malva* sp.) und an *Fagonia* sp. Die Falter fliegen je nach Lage in mehreren Generation zwischen Februar und Oktober. Lebensräume sind Kulturflächen, Brachflächen, Siedlungsbereiche, Parks und Gärten von Meeresniveau bis in 800 m Höhe. Die Art kommt auf der Iberischen Halbinsel in Spanien und Portugal sowie auf den Kanaren vor.

Flugzeit	J	F	M	A	M	J	J	A	S	O	N	D

Nymphalidae Familie Edelfalter

Die Familie hat europaweit 247 Arten mit den Unterfamilien *Libytheinae, Danainae, Charaxinae, Satyrinae, Coenonymphini, Erebiini, Maniolini, Melanargiini, Satyrini, Heliconiinae, Limenitidinae, Apaturinae, Nymphalinae.*

Aglais ichnusa

Die Spannweite beträgt etwa 40 bis 50 mm. Gegenüber *A. urticae* fehlen auf den Vorderflügeln ein gelber und zwei schwarze Flecken und auf den Hinterflügeln ist das schwarze Feld stark reduziert. Der Artstatus ist umstritten, bislang galt die Art als Unterart von *A. urticae*. Die Raupen fressen und leben von April bis Mai an der Großen Brennnessel (*Urtica dioica*). Die Flugzeit der Falter erstreckt sich in zwei Generationen von Mai bis Oktober, wobei die letzte Generation überwintert. Die Lebensraumansprüche entsprechen denen von *A. urticae*, sie kommen aber nur in Bergland in Höhenlagen über 700 bis 2500 m vor. Die Art bewohnt Korsika und Sardinien.

Flugzeit	J	F	M	A	M	J	J	A	S	O	N	D
Raupen	J	F	M	A	M	J	J	A	S	O	N	D

Aglais urticae (Kleiner Fuchs)

Mit seinen 40 bis zu 50 mm Vorderflügelspannweite ist er durch die orangebraune Grundfärbung mit einem schwarzen, gelben und weißen Fleckenmuster und blauen Flecken am Hinterflügelsaum nur auf den ersten Blick mit dem Großen Fuchs (*Nymphalis polychloros*) und dem Östlichen Großen Fuchs (*N. xanthomelas*) zu verwechseln. Bei diesen Arten befindet sich ein zusätzlicher schwarzer Fleck auf der Oberseite der Vorderflügel, außerdem fehlt der weiße Fleck an der Vorderflügelspitze und die gelben Flecke sind erheblich reduziert oder fehlen ganz. *N. vaualbum* hat einen auffälligen, breiten, orangen Flügelsaum. Bei *Aglais ichnusa* fehlen zwei kleine Flecken auf der Vorderflügel-Oberseite. Die Raupe lebt von Mai bis August an Großer Brennnessel (*Urtica dioica*), bevorzugt an verschiedensten sonnigen und trockenen Standorten und reagiert empfindlich auf Kälteeinbrüche, was zu erheblichen Bestandsschwankungen führen kann. Die Flugzeit der bis zu drei nicht klar trennbaren Generationen liegt zwischen Anfang April und Oktober. Die Imagines überwintern. Die häufige Art ist an verschiedenste Lebensräume angepasst und findet sich in Höhen zwischen 100 und 2000 m. *A. urticae* ist praktisch in ganz Europa anzutreffen.

Flugzeit	J	F	M	A	M	J	J	A	S	O	N	D
Raupen	J	F	M	A	M	J	J	A	S	O	N	D

Apatura ilia (Kleiner Schillerfalter)

Er ist mit 55 bis zu 60 mm Spannweite nur wenig kleiner als *A. iris*. Die Flügeloberseite ähnelt der des Großen Schillerfalters mit Ausnahme der auch auf den Vorderflügeln vorhandenen, zusätzlichen, gut sichtbaren Augenflecke. Auch fehlt der markante Zacken der weißen Flügelbinden an der Hinterflügel-Unterseite. Es kommt auch eine rot schillernde Variante vor. Nahrungsgrundlage der Raupen sind Zitterpappeln (*Populus tremula*). Nach dem Schlupf ab August entwickelt sich die Raupe bis zum dritten Häutungsstadium und überwintert bis zum Frühjahr. Ab Ende Mai verpuppen sich die Raupen. Die einzige Generation der Imagines ist zur Flugzeit zwischen Mitte Juni bis Ende Juli beim Saugen von Mineralien an Waldwegen zu beobachten Die Falter leben in verschiedenen Waldbiotopen wie Auwäldern, Laub- und Mischwäldern bis hin zu Nadelforsten mit ausreichenden Anteilen von *P. tremula* im Sukzessionsstadium. Höhenlagen zwischen 100 bis etwa 1200 m werden besiedelt. Die Verbreitung erstreckt sich vom Norden Spaniens über Mittel- bis Osteuropa.
RL V/Naturschutzstatus: 4.

Flugzeit	J	F	M	A	M	J	J	A	S	O	N	D
Raupen	J	F	M	A	M	J	J	A	S	O	N	D

Apatura iris (Großer Schillerfalter)

Der Falter erreicht 55 bis zu 65 mm Flügelspannweite. Die Oberseite der Flügel ist braunschwarz gefärbt und trägt weiße Fleckenbinden. Auf der Hinterflügel-Oberseite findet sich je ein gelbroter Ring. Die Männchen zeigen bei entsprechendem Lichteinfall einen mehr oder weniger intensiven Blauschiller, der beim Weibchen, das nur dunkelbraun gefärbt ist, fehlt. Die rötlich umrandeten Augenflecke auf den Vorderflügel-Unterseiten sind im Gegensatz zu *A. ilia* nur sehr undeutlich. Die Raupe lebt nach dem Schlupf ab August an Salweide (*Salix caprea*). Sie befrisst das Blatt ganz charakteristisch, so dass die Blattrippe verbleibt. Die Jungraupe überwintert und verpuppt sich Ende Mai. Die Art tritt in einer Generation von Juni bis Ende Juli auf. Die Lebensräume sind Misch- und Auwälder, wo sie an feuchten Stellen auf Waldwegen und Kiesbänken beim Aufsaugen von Mineralien oder an Tierkot zu beobachten sind. Verbreitet sind die Falter über ganz Europa.

RL V/Naturschutzstatus: 4.

Flugzeit	J	F	M	A	M	J	J	A	S	O	N	D
Raupen	J	F	M	A	M	J	J	A	S	O	N	D

Apatura metis (Donau-Schillerfalter, Ungarischer Schillerfalter)

Die Falter erreichen 54 bis 65 mm Spannweite. *A. metis* kann mit *A. ilia* verwechselt werden. Die Art ist meist etwas kleiner und auf der Oberseite heller mit höherem Orangeanteil. Gegenüber *A. ilia* ist auf den Hinterflügeln ein dunkles Band mit darin befindlichen orangen Flecken erkennbar. Die Raupen ernähren sich von den Blättern der Silberweide (*Salix alba*) und sind mit kurzer Pause im Mai fast ganzjährig zu finden. Imagines erscheinen in ein bis zwei Generationen von Ende Mai bis Ende Juni und erneut

von Anfang August bis Anfang September. Sie bewohnen die Ufer von Flussauen im Überschwemmungsbereich. Ihr seltenes Vorkommen erstreckt sich von Österreich über Ungarn, Slowenien, Serbien und Bulgarien bis ins nördliche Griechenland und ist europaweit nach der Flora-Fauna-Richtlinie der EU (FFH), Anhang IV streng geschützt.

Flugzeit	J	F	M	A	M	J	J	A	S	O	N	D
Raupen	J	F	M	A	M	J	J	A	S	O	N	D

Aphantopus hyperantus (Brauner Waldvogel, Schornsteinfeger)

Er erreicht eine Spannweite von 35 bis zu 45 mm. Seine dunkelbraunen Flügeloberseiten sind mit sehr kleinen Augenflecken besetzt. Die Augenflecke auf den Flügelunterseiten machen ihn unverwechselbar. Sie sind größer, weiß gekernt und gelb umrandet. Die Raupe lebt von August bis zur Überwinterung und von Frühjahr bis zur Verpuppung im Juni an verschiedenen Grasarten wie Fieder-Zwenke (*Brachypodium pinnatum*), Wiesen-Knäulgras (*Dactylis glomerata*), Aufrechter Trespe (*Bromus erectus*), Wiesen-Rispengras (*Poa pratensis*), Wald-Segge (*Carex sylvatica*), Land-Reitgras (*Calamagrostis epigejos*) und anderen. Die Falter erscheinen in einer Generation von Anfang Juni bis Ende August. Der Falter kommt in Bereichen mit höherer Luftfeuchte, an lichten Stellen in Wäldern, an Waldrändern, in Wiesen an Dämmen und manchmal auch in Gärten vor. Die Art ist über ganz Europa mit Ausnahme des warm-trockenen Mittelmeerraumes verbreitet.

Flugzeit	J	F	M	A	M	J	J	A	S	O	N	D
Raupen	J	F	M	A	M	J	J	A	S	O	N	D

Araschnia levana (Landkärtchen)

Der häufig vorkommende kleine Falter erreicht 32 bis 43 mm Spannweite. Die beiden Generationen unterscheiden sich erheblich. Die Frühjahrsgeneration ist an der Flügeloberseite orange mit schwarzer Zeichnung, die Sommergeneration dunkelbraun mit weißer und orangeroter Bänderung. Die Raupen ernähren sich von Ende Mai bis Juni und August bis Mitte September von Großer Brennnessel (*Urtica dioica*) und Gewöhnlichem Klettenkerbel (*Torilis japonica*). Die beiden Generationen fliegen von Mai bis Juni und wieder von Juli bis August. Die Imagines leben auf Lichtungen und an Waldrändern und auch auf Ruderalflächen und in Gärten in Halbschattenbereichen von der Ebene bis in Höhen von 1000 m. Sie kommen von Frankreich bis nach Mittel- und Osteuropa durchgehend vor mit Ausnahme von Skandinavien und dem Mittelmeerraum.

Flugzeit	J	F	M	A	M	J	J	A	S	O	N	D
Raupen	J	F	M	A	M	J	J	A	S	O	N	D

Arethusana arethusa (Rotbindiger Samtfalter)

Die Spannweite der Vorderflügel differiert zwischen Männchen und Weibchen von 34 bis 44 mm. Die Oberseite zeigt eine gelb- bis orangebraune Längsbinde auf braunem Grund, die oben einen schwarzen Augenfleck trägt. Die Unterseite der Vorderflügel ist bis auf den Saumbereich orangebraun und trägt einen schwarzen, weiß gekernten Augenfleck. Die Hinterflügel-Unterseite durchzieht eine weiße Längsbinde und ist graubraun gemustert. Ähnlich ist der Ockerbindige Samtfalter (*Hipparchia semele*). Seine Binde ist jedoch breiter, er ist größer und er hat zwei schwarze Augenflecken. Die jungen Raupen überwintern und leben vom Frühjahr bis zur Verpuppung im Erdboden ab Juni an verschiedenen Schwingelarten

(*Festuca* sp.) und weiteren Gräsern. Die Flugzeit der jährlich einen Generation liegt zwischen Mitte Juli bis September. Die Habitate bestehen aus trockenen Magerrasen mit buschbestanden Säumen und Waldrändern von der Ebene bis in Gebirgsregionen auf bis zu 1800 m Höhe. Der Rotbindige Samtfalter ist über Gebiete Spaniens, Frankreichs, Nordost-Italiens, des Balkans, Griechenlands und Südosteuropas verbreitet. In Deutschland gilt er als ausgestorben.

RL 0/Naturschutzstatus.

Flugzeit	J	F	M	A	M	J	J	A	S	O	N	D
Raupen	J	F	M	A	M	J	J	A	S	O	N	D

Arethusana boabdil

Die Falter erreichen etwa 32 bis 44 mm Flügelspannweite. Sie sind auf der Oberseite dunkler als *A. arethusa* und die orange Fleckenreihe erscheint sehr viel reduzierter. Auf der Unterseite treten die Adern am Hinterflügel deutlich weiß hervor. Auf der Vorderflügel-Unterseite ist ein zusätzlicher schwarzer Querstich erkennbar. Der Artstatus ist umstritten. Manche Autoren betrachten *A. boabdil* auch nur als Unterart von *A. arethusa*. Die Raupe lebt an Schwingelarten *(Festuca* sp.). Als Habitat werden trocken-heiße strauchbewachsene, felsige Bereiche in Höhen zwischen 700 bis 1500 m genutzt. Man findet die Art in einer Generation zwischen Ende Juni und August im Süden Spaniens (Andalusien).

Flugzeit	J	F	M	A	M	J	J	A	S	O	N	D

Argynnis adippe (Feuriger Perlmutterfalter)

Die Flügelspannweite erreicht 40 bis 45 mm. Er besitzt je eine Reihe von perlmuttfarbenen und rotbraun umrandeten Flecken auf der Hinterflügel-Unterseite. Das Männchen hat Duftschuppen auf der Vorderflügel-Oberseite. Es besteht Verwechslungsgefahr mit dem Mittleren Perlmutterfalter (*A. niobe*) und dem Großen Perlmutterfalter (*A. aglaja*). Die Raupe lebt von Mitte März bis Ende Mai an verschiedenen Veilchenarten wie Rauhaarigem Veilchen (*Viola hirta*), Sumpf-Veilchen (*V. palustris*), Wald-Veilchen (*V. reichenbachiana*) und Gewöhnlichem Hunds-Veilchen (*V. canina*). Das Überwinterungsstadium ist das Ei. Die Falter fliegen in einer Generation von

Anfang Juni bis Ende August. Die Art bewohnt verschiedenartige, gehölzreiche Biotope, lichte Stellen im Wald und Trockenrasen bis in eine Höhe von 1700 m. Besiedelt wird ganz Europa mit Ausnahme Englands und des Nordens von Skandinavien.
RL 3/Naturschutzstatus: 1.

Flugzeit	J	F	M	A	M	J	J	A	S	O	N	D
Raupen	J	F	M	A	M	J	J	A	S	O	N	D

Argynnis aglaja (Großer Perlmutterfalter)

Die sehr große Art erreicht 52 bis zu 60 mm Spannweite. Im Gegensatz zu den anderen Arten der Gattung *Argynnis* fehlen bei ihm die Augenflecken auf der Unterseite der Hinterflügel. Die männlichen Falter sind rotbraun mit schwarzen Linien und Punkten und einem dunklem Saum am Rand der Flügeloberseiten, die Weibchen etwas heller. Das Männchen besitzt ähnlich wie der Kaisermantel Duftschuppen auf der Vorderflügel-Oberseite. Die Raupe lebt nach dem Schlüpfen im August an Veilchenarten wie Rauhaarigem Veilchen (*Viola hirta*), Gewöhnlichem Hunds-Veilchen (*V. canina*), Sumpf-Veilchen (*V. palustris*) und überwintert. Die Verpuppung findet im Mai statt. Pro Jahr erscheint eine Generation von Mitte Juni bis Mitte August. Die Falter fliegen in offenen, blütenreichen Bereichen, Magerrasen, auf Waldlichtungen, in Mooren, Feuchtwiesen und Heiden von tiefen Lagen bis zu einer Höhe von 1800 m. Das Verbreitungsareal erstreckt sich auf ganz Europa.

RL V/Naturschutzstatus: 1.

Flugzeit	J	F	M	A	M	J	J	A	S	O	N	D
Raupen	J	F	M	A	M	J	J	A	S	O	N	D

Argynnis elisa (Korsischer Perlmutterfalter)

Die Spannweite liegt zwischen 45 und 60 mm. Durch seine feine Punkt- und weiße Fleckenzeichnung auf der Hinterflügel-Unterseite ist er leicht von anderen Perlmutterfaltern zu unterscheiden. Die Raupen fressen und leben an Korsischem Veilchen (*Viola corsica*), Wildem Stiefmütterchen (*V. tricolor*), Zweiblütigem Veilchen (*V. biflora*), Wald-Veilchen (*V. reichen-*

bachiana). Die Raupe überwintert im Ei und schlüpft im Frühjahr des folgenden Jahres. Die Falter fliegen in einer Generation von Mitte Juni bis Mitte August. Lebensraum: offene, trockene Wälder, Lichtungen, Macchien und auf mit Gebüsch bestandenen Weiden von 800 bis 1500 m. Die Art kommt auf Korsika und Sardinien vor.

Flugzeit	J	F	M	A	M	J	J	A	S	O	N	D

Argynnis laodice (Östlicher Perlmutterfalter, Grünlicher Perlmutterfalter)

Die Vorderflügel erreichen 47 bis 65 mm Spannweite. Die Oberseite ist orange mit schwarzen Flecken. Die Unterseite der Hinterflügel trägt keine Perlmuttflecke. Die Unterseite der Vorderflügel ist orange mit schwarzen Flecken. Nahrung der Raupen sind Veilchen wie z. B. das Sumpf-Veilchen (*Viola palustris*). Sie schlüpfen im Sommer und überwintern am Boden. Die Flugzeit der Imagines erstreckt sich in einer Generation je nach Lage von Mitte Juni bis Mitte August. Sie bewohnen feuchtes Grünland an Waldrändern und Lichtungen. Das Vorkommen der Art zieht sich über Deutschland, das nördliche und östliche Polen, Lettland und Litauen, die östliche Slowakei, das nordöstliche Ungarn bis ins nördliche Rumänien. Zuwanderung ist festzustellen in Tschechien, im südlichen Finnland und dem südöstlichen Schweden.

Flugzeit	J	F	M	A	M	J	J	A	S	O	N	D

Argynnis niobe (Mittlerer Perlmutterfalter)

Dieser mit einer Flügelspannweite von 45 bis 50 mm recht große Perlmutterfalter hat auf den orangen Flügeloberseiten schwarze Flecken und Querbänder und einen dunklen Flügelsaum. Die hellorangen bis hellgelben Flügelunterseiten tragen an der äußeren Binde eine Reihe kleiner, rotbraun umrandeter Perlmuttflecken. Eine Verwechslungsmöglichkeit besteht mit dem Feurigen Perlmutterfalter (*A. adippe*). Die Außenreihe der Perlmuttflecken ist bei *A. niobe* deutlich dreieckig umrandet. Nach dem Schlupf im April leben die Raupen bis zur Verpuppung Anfang Juni an verschiedenen Veilchenarten wie z. B. dem Rauhaarigen Veilchen (*Viola hirta*). Die Überwinterung findet im Eistadium statt. Mittlere Perlmutterfalter haben eine Flugzeit von Anfang Juni bis Anfang September in einer einzigen Generation. Als Lebensräume nutzt der Falter Grünlandbiotope mit magerer, trockener bis wechselfeuchter Ausprägung vom Tiefland bis in Höhen über 2000 m. Die bei uns eher seltenen Falter leben in ganz Europa mit Ausnahme Englands und dem Süden Spaniens.

RL 2/Naturschutzstatus: 1.

Flugzeit	J	F	M	A	M	J	J	A	S	O	N	D
Raupen	J	F	M	A	M	J	J	A	S	O	N	D

Argynnis pandora (Kardinal)

Die größten Permutterfalter erreichen eine Flügelspannweite von 64 bis 80 mm. Ein Muster aus schwarzen Flecken bedeckt die orangefarbenen

Flügeloberseiten. Bei Weibchen kann die Färbung auch manchmal braun sein. Die Vorderflügel-Unterseiten sind auffällig rot bis rosa gefärbt. Die Jungraupe schlüpft im August, überwintert und lebt bis zur Verpuppung ab Ende Mai an verschiedenen Arten aus der Gattung der Veilchen wie dem Hainveilchen (*Viola riviniana*) und anderen. Es lebt eine Generation im Jahr, die von Mitte Mai bis Anfang Juli fliegt. Die Falter leben vom Tiefland bis in eine Höhe von 1400 m auf Wiesenflächen mit Gebüschsäumen und auf Lichtungen und an Rändern von Laub- und Kiefernwäldern. Die Art ist hauptsächlich im Süden Europas im Mittelmeerraum, Südfrankreich und dem Balkan verbreitet.

Flugzeit	J	F	M	A	M	J	J	A	S	O	N	D
Raupen	J	F	M	A	M	J	J	A	S	O	N	D

Argynnis paphia (Kaisermantel, Silberstrich)

Neben dem Kardinal ist er einer der größten heimischen und europäischen Perlmutterfalter mit 55 bis zu 65 mm Spannweite. Die Flügeloberseite ist orangebraun leuchtend mit schwarzen Punkten und Streifenzeichnung. Die Männchen besitzen glänzend schwarz erscheinende Duftschuppen auf der Flügeloberseite. Die Hinterflügel-Unterseiten sind leicht grünlich gefärbt. Die Raupe lebt von August mit Überwinterung bis Juni des folgenden Jahres an verschiedenen Veilchenarten wie Wald-Veilchen (*Viola reichenbachiana*), Rauhaarigem Veilchen (*V. hirta*), Wohlriechendem Veilchen (*V. odorata*) und auch Echtem Mädesüß (*Filipendula ulmaria*) und anderen. Die Eiablage erfolgt an Baumstämmen in der Nähe der Futterpflanzen. Pro Jahr erscheint eine lang gestreckte Generation von Juni bis Mitte September. Als Waldbewohner ist der Falter vom Tiefland bis in eine Höhe von

1600 m an Waldrändern, -wegen und -lichtungen anzutreffen. Die Art ist hauptsächlich in Westeuropa mit Ausnahme Nordskandinaviens und Südspaniens und Portugals verbreitet.

Flugzeit	J	F	M	A	M	J	J	A	S	O	N	D
Raupen	J	F	M	A	M	J	J	A	S	O	N	D

Boloria alaskensis

Die Spannweite erreicht 35 bis 48 mm. Die Art ist mit *B. napaea* und *B. aquilonaris* zu verwechseln, die aber in seinem Verbreitungsgebiet im russischen Ural nicht auftreten. Die orange gefärbten Falter sind auch an ihrem auffälligen Knick am Außenrand des Hinterflügels zu identifizieren. Die Nahrungspflanze der Raupe ist wahrscheinlich Schlangen-Wiesenknöterich (*Bistorta officinalis*) und Knöllchen-Wiesenknöterich (*B. vivipara*). Die Falter leben in einer Generation von Ende Juni bis Anfang August. Lebensraum sind trockene, steinige Bereiche der Tundra in Höhen bis etwa 800 m. Die Art kommt im europäischen Teil des polaren russischen Urals vor.

Flugzeit	J	F	M	A	M	J	J	A	S	O	N	D

Boloria aquilonaris (Hochmoor-Perlmutterfalter)

Mit bis zu 37 mm Flügelspannweite gehört er zu den kleinen Vertretern der Familie. Aufgrund der stark ausgeprägten weißen und rotbraunen Fleckenzeichnung auf der Unterseite der Vorderflügel ist er gut von den anderen Arten der Gattung zu unterscheiden. Auf den Flügeloberseiten der Falter ist eine orange-braune Grundfärbungen und eine kontrastreiche schwarze Zeichnung zu erkennen. Sie nutzt im Raupenstadium, ab Ende Juli, die Gewöhnliche Moosbeere (*Vaccinum oxycoccos*). Die Raupe überwintert und verpuppt sich im Mai des folgenden Jahres. Pro Jahr tritt eine Generation von Anfang Juni bis August auf. Die Art ist an Hoch- und Übergangsmoore zwischen 400 und 1600 m Höhe gebunden. Mit der Zerstörung der Moore sind die Falter bei uns sehr selten geworden. Sie kommen verstreut über Westeuropa, Mitteleuropa bis ins südliche Skandinavien und Osteuropa vor. **RL 2/Naturschutzstatus:** 1 & 3.

Flugzeit	J	F	M	A	M	J	J	A	S	O	N	D
Raupen	J	F	M	A	M	J	J	A	S	O	N	D

Boloria angarensis

Die Spannweite der Flügel erreicht 32 bis 38 mm. Sie sind mit *B. selene* und *B. euphrosyne* verwechselbar, jedoch auf der Oberseite dunkler gezeichnet. Ähnlich ist auch *B. oscarus*, diese Art ist aber meist größer und trägt auf der Unterseite der Hinterflügel eine ausgedehntere helle Zeichnung. Gegenüber den ebenfalls ähnlichen *B. selenis* haben sie aber auf der Hinterflügel-Unterseite weiße und perlmuttartige Zeichnungselemente, von denen der oberste Fleck der mittleren Binde auf der Hinterflügel-Unterseite beinahe quadratisch erscheint. Die Nahrung der Raupe ist nicht genau bekannt. Die Falter fliegen in einer Generation von Juni bis Juli. Als Habitate nutzen sie in der Tundra und in Nadelwäldern feuchte Wiesen vom Flachland bis in 2200 m Höhe. Die europäische Verbreitung beschränkt sich auf das nordrussische Tiefland und den Ural.

Flugzeit	J	F	M	A	M	J	J	A	S	O	N	D

Boloria chariclea

Bei dieser Art beträgt die Flügelspannweite 36 bis 40 mm. Sie ist *B. polaris* sehr ähnlich, hat aber halbmondförmige statt T-förmige Perlmuttflecke am Außenrand der Hinterflügel-Unterseite. *B. freija* ist ebenfalls sehr ähnlich, besitzt jedoch in der Mitte der Hinterflügel-Unterseite eine gut erkennbare schwarze Zackenlinie, die bei *B. chariclea* weniger gezackt und weit weniger deutlich erscheint. Die Raupen leben im europäischen Verbreitungsgebiet vermutlich an Weidenarten (*Salix* sp.) und Veilchen (*Viola* sp.) und überwintern zweimal. Die einzige Generation fliegt nur sehr kurz zwischen Mitte und Ende Juli, spätestens Anfang August. Die Lebensräume der Art sind kalte, felsige, mit Gras bewachsene Hänge von Meeresniveau bis auf 1400 m Höhe. *B. chariclea* ist in Europa ein Bewohner der Bergregionen Lapplands bis zum Polarmeer und des nördlichen Russlands.

Flugzeit	J	F	M	A	M	J	J	A	S	O	N	D

Boloria dia (Magerrasen-Perlmutterfalter)

Ein 32 bis 36 mm Spannweite messender Falter mit braunvioletter Zeichnung auf den Unterseiten der Hinterflügel und Perlmuttflecken. Es gibt Verwechslungsmöglichkeiten mit anderen Arten der Gattung. Die runden Flecken am Außenrand der Oberseite der Flügel sind jedoch kräftiger ausgebildet. Die Raupe lebt von Juni in der ersten Generation bis Juli, in der zweiten Generation von Juli bis zur Überwinterung und der Verpuppung im April an verschiedenen Veilchenarten (*Viola* sp.). Die Falter fliegen in zwei, in warmen Jahren bis zu drei Generationen von Anfang April bis Mitte September. Die Art ist an Magerrasenstandorte in lichten Wäldern, auf blütenreichen Wiesen und in Heidegebieten von niederen Lagen bis in Höhen von maximal etwa 1000 Meter gebunden. Das Areal der Verbreitung umfasst den Norden Spaniens, West- und Mitteleuropa und den Balkan, mit Ausnahme Englands und Skandinaviens.

Flugzeit	J	F	M	A	M	J	J	A	S	O	N	D
Raupen	J	F	M	A	M	J	J	A	S	O	N	D

Boloria eunomia (Randring-Perlmutterfalter)

Die Flügelspannweite dieser Art liegt zwischen 30 und 40 mm. Die Flügeloberseiten der Männchen sind orangerot gefärbt und tragen feine, schwarze Querlinien und Punkte. Bei den Weibchen sind sie gelbbraun gefärbt und haben eine stärker ausgeprägte schwarze Zeichnung. Die Ringzeichnung der gelben Binde auf der Unterseite der Hinterflügel macht ihn unverwechselbar. Die Raupen überwintern ein- bis zweimal und ernähren sich im Frühjahr bis zur Verpuppung im Mai von den Blättern des Schlangen-Wiesenknöterichs (*Bistorta officinalis*) und dem Knöllchen-Wiesenknöterich (*B. vivipara*). Die Verpuppung findet im Mai statt. Der Beginn

der Flugzeit der einen bis möglicherweise einer zweiten, nicht eindeutig nachweisbaren Generation liegt ab Mitte bis Ende Mai und erstreckt sich in Ausnahmefällen bis Mitte September. Die Art bewohnt typischerweise Feuchtgebiete wie Feuchtwiesen, Hochstaudenfluren, Niedermoore, Seggenriede und die Ränder von Hochmooren, die erst spät oder nicht gemäht werden. Die Verbreitung erstreckt sich von den Pyrenäen über Mitteleuropa und Südskandinavien bis Osteuropa. In Mitteleuropa sind sie in den Mittelgebirgen und im Alpenvorland zu finden. Aufgrund des fortschreitenden Lebensraumverlustes werden sie zunehmend seltener.
RL 2/Naturschutzstatus: 2.

Flugzeit	J	F	M	A	M	J	J	A	S	O	N	D

Boloria euphrosyne (Silberfleck-Perlmutterfalter, Frühlings-Perlmutterfalter)

Die Art erreicht 32 bis 40mm Spannweite. Auf der gelb-orangen Flügeloberseite befindet sich eine schwarze Musterung und Fleckenzeichnung. Der längliche Perlmuttfleck auf der Hinterflügel-Unterseite in der gelben Flügelbinde macht ihn gut unterscheidbar. Die Raupe lebt ab Ende Juni an Veilchenarten wie dem Rauhaarigen Veilchen (*Viola hirta*), dem Hain-Veilchen (*V. riviniana*), dem Wald-Veilchen (*V. reichenbachiana*) und anderen. Sie überwintert und verpuppt sich ab Mitte April. Die Falter fliegen in einer, möglicherweise einer zweiten, partiellen Generationen von Mitte April bis Ende Juli. Die zweite Generation lässt sich bei uns nicht mit Sicherheit belegen. Die Perlmutterfalter bewohnen verschiedene Lebensräume

wie Wiesen, Magerrasen und lassen sich ebenso an Waldrändern und auf Waldlichtungen finden. Die Verbreitung erstreckt sich auf ganz Europa mit Lücken in Spanien, Griechenland und einigen Mittelmeerinseln vom Flachland bis in Höhen von 2000 m.
RL 2/Naturschutzstatus: 1.

Flugzeit	J	F	M	A	M	J	J	A	S	O	N	D
Raupen	J	F	M	A	M	J	J	A	S	O	N	D

Boloria freija

Die Spannweite dieser Art beträgt zwischen 35 bis 41 mm. Sie ähnelt *B. chariclea* und *B. polaris*, hat jedoch eine stärker ausgeprägte und gezackte Linie in der Mitte der Hinterflügel-Unterseite. Die Nahrung der Raupen besteht aus Moorbeere (*Vaccininum uliginosum*), Schwarzer Krähenbeere (*Empetrum nigrum*), Moltebeere (*Rubus chamaemorus*), Alpen-Bärentraube (*Arctostaphylos alpina*), Echter Bärentraube (*A. uva-ursi*) und anderen Arten. Sie überwintern und verpuppen sich im Frühjahr des folgenden Jahres. Die Falter fliegen in einer Generation von Ende Mai bis Ende Juni, in Jahren mit ungünstiger Witterung bis Anfang August. Als Lebensräume dienen Hoch- und Niedermoore in tieferen Lagen sowie trockenere, felsige Habitate oberhalb der Waldgrenze bis in 1000 m Höhe. *B. freija* ist in Skandinavien, Finnland und Estland beheimatet.

Flugzeit	J	F	M	A	M	J	J	A	S	O	N	D

Boloria frigga

Die Spannweite der Falter liegt bei 38 bis 51 mm. Die Flügel sind orangebräunlich mit je nach Verbreitungsgebiet mehr oder minder intensivem schwarzem Punkte- und Streifenmuster. Die Unterseite der Hinterflügel ist an der Basis rotbraun mit weißen Flecken und einer violetten Färbung am Außenrand. Die Raupen leben an Moltebeere (*Rubus chamaemorus*), Brombeere (*Rubus fructicosus*), möglicherweise auch an Knöllchen-Wiesenknöterich (*Bistorta vivipara*). Die Imagines erscheinen in einer Generation witterungsabhängig von Ende Juni bis Ende Juli. Sie bewohnen Hochmoore und Niedermoore sowie Moorwälder in tieferen Lagen bis 500 m Höhe. Ihr Verbreitungsgebiet erstreckt sich über Norwegen, Schweden und Finnland, selten bis ins Baltikum.

Flugzeit	J	F	M	A	M	J	J	A	S	O	N	D

Boloria graeca

Die Falter erreichen eine Spannweite von etwa 25 bis 30 mm. Die Oberseiten der Flügel sind orange-braun gefärbt und tragen ein Muster aus mehr oder minder ausgeprägten schwarzen Punkten und Streifen. Die Unterseite der Hinterflügel ist intensiv rotbraun mit gelben und weißen Flecken. Es besteht eine Verwechslungsmöglichkeit mit dem Kleinem Hochalpen-Perlmutterfalter (*B. pales*). Nahrungspflanzen der Raupen sind Veilchen (*Viola* sp.), Edel-Gamander (*Teucrium chamaedrys*) und Gewöhnlicher Wacholder (*Juniperus communis*). Die Flugzeit der Falter erstreckt sich in einer Generation, je nach Witterung und Höhenlage, von Mitte Juni bis Ende Juli, Anfang August. Anzutreffen ist die Art an Berghängen und auf alpinen Matten und Wiesen. Im südlichen Verbreitungsgebiet mit Wacholder bewohnt sie bestandene Berghänge von 1400 bis 2500 m Höhe. Diese Art findet man in den Südwestalpen/Frankreich und Italien, in Bosnien-Herzegowina bis Mittelgriechenland und in Südbulgarien.

Flugzeit	J	F	M	A	M	J	J	A	S	O	N	D

Boloria improba

Die Spannweite beträgt 28 bis 34 mm. Aufgrund ihrer verwaschenen, mehr oder minder dunklen Zeichnung auf den ansonsten orangen Flügeloberseiten ist die Art in Europa kaum zu verwechseln. Die Raupen leben vermutlich an Knöllchen-Wiesennöterich (*Bistorta vivipara*), Arktis-Weide (*Salix arctica) und* Netzweide (*Salix reticulata*) und überwintern zweimal. Je nach Lage fliegen sie kurz in einer Generation von Ende Juni bis Ende Juli. Der Lebensraum liegt in den bergigen Lagen der Tundra mit grasbewachsenen Hängen von 600 bis 900 m Höhe. Die relativ kleinräumige Verbreitung beschränkt sich in Europa auf die Bergregion Lapplands in den angrenzenden Ländern Norwegen, Schweden und Finnland und den polaren Bereich Russlands.

Flugzeit	J	F	M	A	M	J	J	A	S	O	N	D

Boloria napaea (Ähnlicher Perlmutterfalter)

Die orange-braunen Flügeloberseiten der männlichen Falter, die eine Spannweite von etwa 28 bis 34 mm haben, tragen eine aus schwarzen Punkten und Linien bestehende Zeichnung. Bei den Weibchen ist die Oberseite dagegen meist in einem violetten oder grünlichen Braun gefärbt. Die Hinterflügel-Unterseite ist im Gegensatz zum ansonsten sehr ähnlichen Kleinen Hochalpen-Perlmutterfalter (*B. pales*) graugrün gefärbt. Die Vorderflügel-Unterseite zeigt einen ausgedehnten Fleck an der Außenseite. Als Nahrung nutzt die Raupe nach dem Schlupf im August Veilchen- (*Viola* sp.) und Knötericharten wie den Knöllchen-Wiesenknöterich (*Bistorta vivipara*) und überwintert. Sie verpuppen sich Mitte Mai. Sie bilden pro Jahr eine Generation von Ende Juni bis August und fliegen in Höhen zwischen 1200 und 2800 m. Ihre Lebensräume sind feuchte Gebirgswiesen an Bächen, Hochstaudenfluren und Schutthalden. Verbreitung findet die Art

sehr zerstreut in Europa in den höheren Bereichen der Pyrenäen, Alpen, Skandinaviens und Finnlands.
RL R/Naturschutzstatus: 5 & 6.

Flugzeit	J	F	M	A	M	J	J	A	S	O	N	D
Raupen	J	F	M	A	M	J	J	A	S	O	N	D

Boloria pales (Kleiner Hochalpen-Perlmutterfalter)

Die auffällig schmalen Vorderflügel dieser Falter haben eine Spannweite von etwa 25 bis 30 mm und sind orange-braun. Sie tragen eine schmale, schwarze Zeichnung aus Punkten und Linien auf der Oberseite. Die Hinterflügel-Unterseiten sind kontrastreich rotviolett, gelblich und weiß gezeichnet. Er ähnelt einigen anderen Perlmutterfalterarten. Die Raupen nutzen nach dem Schlupf im August, der Überwinterung und bis zur Verpuppung Ende Mai als Nahrungsgrundlage verschiedene Veilchenarten (*Viola* sp.), Alpen-Wegerich (*Plantago alpina*) und andere Pflanzenarten und überwintern. Die Falter leben in einer Generation von Ende Juni bis August in Höhen 1500 und 3000 m. Als Lebensräume dienen alpine Kalkmagerrasen und magere Almwiesen. Verbreitung findet die Art in den europäischen Hochgebirgen.

RL R/Naturschutzstatus: 2 & 5.

Flugzeit	J	F	M	A	M	J	J	A	S	O	N	D
Raupen	J	F	M	A	M	J	J	A	S	O	N	D

Boloria polaris

Die Falter erreichen Spannweiten zwischen 32 und 38 mm. Sie ähneln *B. chariclea* und *B. freija*, haben jedoch am Saum der Hinterflügel-Unterseite weiße T-förmige Flecken und das Zackenband in der Mitte der Flügel ist weniger scharf ausgeprägt und gezackt wie bei *B. freija*. Die Futterpflanzen der Raupen sind möglicherweise Weiße Silberwurz (*Dryas octopetala*) und Rauschbeere (*Vaccinium uliginosum*), sie überwintern zweimal. Falter fliegen nur sehr kurz in einer Generation von Mitte Juli bis Anfang August. Die sehr seltenen Falter existieren in extremen Lebensräumen, wo sonst kaum eine andere Tagfalterart überleben kann, auf steinigen, kargen, arktischen Bergwiesen von Meeresniveau, im äußersten Norden bis auf 1400 m an ihrer südlichen Verbreitungsgrenze. Die Verbreitung erstreckt sich auf die nördlichsten Bereiche von Norwegen, Schweden und Finnland.

Flugzeit	J	F	M	A	M	J	J	A	S	O	N	D

Boloria (Clossiana) selene (Braunfleckiger Perlmutterfalter, Sumpfwiesen-Perlmutterfalter)

Die Abmessung der Flügelspannweite beträgt 28 bis zu 42 mm. Die Perlmuttflecke kontrastieren stark mit der gelb bis rötlich-gelben und schwarzen Zeichnung der Flügelunterseiten. Unterscheidungsmöglichkeiten zu den anderen, ähnlichen Perlmutterfaltern bietet der auffällige große, nicht umrandete schwarze Fleck an der Flügelbasis der Unterseite des Hinterflügels. Die Nahrungsgrundlage der Raupen bilden bis zur Überwinterung und im darauf folgenden Frühjahr verschiedene Veilchen-Arten wie Hainveilchen (*Viola riviniana*), Wald-Veilchen (*V. reichenbachiana*), Gewöhnliches Hunds-Veilchen (*V. canina*). Der Falter fliegt in zwei Generationen im Mai/Juni und dann wieder im Spätsommer. Als Habitate werden Feuchtgebiete wie Feuchtwiesen, Pfeifengraswiesen und Moore, aber auch trockene Standorte wie Wegränder, lichte Waldbereiche, Waldränder, Magerrasen vom Flachland bis etwa 1900 m Höhe genutzt. Die Art ist in Europa über Mittel- und weite Bereiche Nordeuropas verbreitet, fehlt aber in vielen Teilen Südost-, Süd-, Westeuropas und in Irland.

RL V/Naturschutzstatus: 2.

Flugzeit	J	F	M	A	M	J	J	A	S	O	N	D

Boloria selenis

Die Spannweite der Vorderflügel beträgt etwa 35 bis 48 mm. Die Oberseite ist orange mit schwarzen Flecken und Streifen, die Unterseite trägt relativ ausgedehnte weiße Flächen und Flecken. Die Larven leben an Veilchenarten (*Viola* sp.). Die Falter erscheinen in einer Generation von Juni bis August. Ihr Habitat besteht aus Steppe und Waldrändern. *B. selenis* ist im europäischen Teil Russlands, im Ural, verbreitet.

Flugzeit	J	F	M	A	M	J	J	A	S	O	N	D

Boloria thore (Alpen-Perlmutterfalter oder Bergwald-Perlmutterfalter)

Die Oberseiten der Falter, deren Flügel eine Spannweite von etwa 28 bis 34 mm haben, sind hellbraun oder orangebraun gefärbt und tragen schwarzbraune Streifen, Flecken und Verdunkelungen. Die Silberflecke auf der Hinterflügel-Unterseite fehlen im Gegensatz zu den anderen Vertretern der Familie. Die Raupe nutzt nach dem Schlupf im August und der Überwinterung bis zur Verpuppung im Mai Veilchenarten wie das Zweiblütige Veilchen (*Viola biflora*) als Nahrungsgrundlage. Die Verpuppung erfolgt ab Mitte Mai. Es tritt nur eine Generation pro Jahr von Ende Juni bis August auf. Als Lebensraum dienen feuchte, lichte Bergwälder, Laubmischwälder und Nadelwälder in Tälern und an Bachufern zwischen 700 und 1800 m. Die Vorkommen in Europa beschränken sich auf die Alpen und Skandinavien.

RL G/Naturschutzstatus: 2 & 5.

Flugzeit	J	F	M	A	M	J	J	A	S	O	N	D
Raupen	J	F	M	A	M	J	J	A	S	O	N	D

Boloria (Clossiana) titania (Natterwurz-Perlmutterfalter)

Die Flügelspannweite beträgt 42 bis zu 46 mm. Damit ist er der größte Vertreter der Gattung *Boloria* in Mitteleuropa. Die Unterseite der Hinterflügel ist auffällig farbig, dunkel gezeichnet und ähnelt *B. dia*. Das beste Unterscheidungsmerkmal sind die V-förmigen Flecken am Außenrand der Hinterflügel. Die Raupen schlüpfen im August, überwintern und fressen

an Schlangen-Wiesenknöterich (*Bistorta officinalis*) und Veilchen (*Viola* sp.). Im Mai verpuppen sie sich. Die Falter fliegen in einer Generation von Ende Mai bis Mitte September. Der Lebensraum sind Feuchtgebiete wie Feuchtwiesen, Pfeifengraswiesen und Seggenriede in Waldnähe in Höhen zwischen 500 und 200 m. Verbreitung findet der durch Lebensraumverlust seltener werdende Falter in Europa von den Gebirgen Mittel- und Südosteuropas bis ins Baltikum und den Süden Finnlands.
RL V/Naturschutzstatus: 2.

Flugzeit	J	F	M	A	M	J	J	A	S	O	N	D
Raupen	J	F	M	A	M	J	J	A	S	O	N	D

Boloria tritonia

Die Spannweite der Vorderflügel erreicht etwa 45 bis 60 mm. Die Oberseite ist orange mit schwarzen Punkten, Flecken und Bändern. Die Unterseite ist beim Männchen etwas intensiver und klarer im Bereich der Hinterflügel-Unterseite von zwei orangefarbenen bis gelben Bändern quer durchzogen. Die Falter fliegen in einer Generation von Juni bis August. Die Tiere kommen in Europa im Polarbereich des Ural vor. Über Lebensweise und Biologie der Art ist wenig bekannt.

Flugzeit	J	F	M	A	M	J	J	A	S	O	N	D

Brintesia (Aulocera) circe (Weißer Waldportier)

Mit bis zu 70 mm Spannweite gehört er zu den größten heimischen Tagfaltern. Die dunkelbraune Grundfarbe wird von einer breiten weißen Querbinde unterbrochen, die ihn gut vom Kleinen Waldportier (*Hipparchia alcyone*) und Großen Waldportier (*H. fagi*) unterscheidbar macht. Je ein schwarzer Augenfleck befindet sich auf den Vorderflügeln. Die Raupe lebt nach dem Schlupf ab August und der Überwinterung bis zur Verpuppung im Juni an Gräsern wie Aufrechter Trespe (*Bromus erectus*) und Echtem Schafschwingel (*Festuca ovina*) und überwintert. Die Flugzeit erstreckt sich in einer Generation von Juni bis August. Die Falter leben auf wärmebegünstigten, mit Gebüsch oder Hecken durchsetzten Trockenrasen und in lichten Kiefern- und Eichenwäldern mit eingestreuten Magerrasen bis auf etwa 500 m Höhe. *B. circe* ist über Spanien, Nordportugal, Italien und den Balkan und nach Norden bis auf eine Linie von Nordfrankreich über Mitteldeutschland verbreitet.
RL 1/Naturschutzstatus: 2.

Flugzeit	J	F	M	A	M	J	J	A	S	O	N	D
Raupen	J	F	M	A	M	J	J	A	S	O	N	D

Brenthis daphne (Brombeer-Perlmutterfalter)

Die Spannweite der Vorderflügel dieses Perlmutterfalters erreicht zwischen 40 und 50 mm. Sie sind um einiges größer als der sehr ähnliche Mädesüß-Permutterfalter (*B. ino*). Der schwarze Saumrand ist bei *B. daphne* nicht durchgehend vorhanden. Die Unterseite der Vorderflügel ist ebenso wie die Oberseite orange und im vorderen Teil hellgelb. Die Hinterflügel tragen neben dem gelben und orangen Zeichnungsmuster eine violette bis dunkelbraune Binde mit einer Reihe von dunklen, weiß gekernten Ringen darin. Die Raupen leben nach dem Schlupf im März bis Mai an den Blättern von Himbeere (*Rubus idaeus*) und Echter Brombeere (*Rubus* sect. *Rubus*). Das Überwinterungsstadium ist das Ei. Imagines leben in einer Generation von Ende Mai bis Anfang August. Die Habitate bestehen aus warmen, sonnigen, lichten Wäldern und Waldrändern, gebüschreichen trockenen Hängen und Ruderalflächen von der Ebene bis ins Gebirge auf 1700 m Höhe. Die wärmebedürftigen Falter sind in Mittel- und Nordeuropa selten an einigen Stellen in Brandenburg, am Oberrhein, im Saarland, im Elsass und in den südlichen Alpen anzutreffen. Ihre Verbreitung erstreckt sich hauptsächlich auf Südeuropa.

RL D.

Flugzeit	J	F	M	A	M	J	J	A	S	O	N	D
Raupen	J	F	M	A	M	J	J	A	S	O	N	D

Brenthis hecate (Saumfleck-Perlmutterfalter)

Der Falter erreicht mit seinen leuchtend orangen Vorderflügeln eine Spannweite von 35 bis 45 mm. Für die Bestimmung ist bei Perlmutterfalter-Arten die Flügelunterseite am besten geeignet. Hier erkennt man beim Saumfleck-Perlmutterfalter eine Doppellinie von dunkelbraunen bis schwarzen

Flecken am Saum der Hinterflügel, die bei keiner weiteren Art vorhanden ist. Die Eier überwintern und die Raupe schlüpft gegen Ende Mai. Sie ernährt sich von Echtem Mädesüß (*Filipendula ulmaria*). Die Imagines fliegen je nach Witterung und Höhenlage in einer Generation zwischen Ende Mai und Ende Juli. Als Lebensräume werden nicht zu trockene, mit Gehölzen bestandene Magerrasenstandorte, im Mittelmeerraum sogenannte Macchie oder lichte Waldbereiche zwischen Meereshöhe und bis zu 1500 m Höhe besiedelt. In Europa sind die Falter hauptsächlich im Süden, von den Gebirgen Spaniens über Südfrankreich und Norditalien bis zum Balkan verbreitet. Nach Norden erreichen sie den Osten Österreichs.

Flugzeit	J	F	M	A	M	J	J	A	S	O	N	D

Brenthis ino (Mädesüß-Perlmutterfalter, Violetter Silberfalter)

Ein Falter mit bis zu 40 mm Spannweite; zwei Reihen schwarzer Punkte und der schwarze Saum am Flügelrand sind auf der Oberseite zu finden. Die Hinterflügel-Unterseite ist mit einem quer verlaufenden, verwaschen wirkenden dunkelvioletten Band versehen und macht ihn damit von den weiteren Arten der Gattung unterscheidbar. Die Raupe lebt von März bis zur Verpuppung Mitte Mai an Echtem Mädesüß (*Filipendula ulmaria*) und Kleinem Mädesüß (*F. vulgaris*) und möglicherweise noch anderen Pflanzenarten. Die Überwinterung findet im Eistadium statt. Die Falter fliegen in einer Generation von Anfang Juni bis Ende August. Der Falter ist in Feuchtwiesen, Streu- und Niedermoorwiesen beheimatet. Die Tiere sind europaweit von Nordspanien und die Gebirge Zentralspaniens und Nordportugal bis nach Mittel-, Nord- und Osteuropa verbreitet mit Ausnahme des Mittelmeerraumes, England und Nordskandinaviens.

Flugzeit	J	F	M	A	M	J	J	A	S	O	N	D
Raupen	J	F	M	A	M	J	J	A	S	O	N	D

Charaxes jasius (Erdbeerbaumfalter)

Der Tagfalter gehört mit bis zu 90 mm Flügelspannweite zu den größten europäischen Arten und ist mit seinen dunkelbraunen Flügeloberseiten, einer breiten gelbbraunen Randbinde und den blauen Flecken auf den Hinterflügeln unverwechselbar. Imagines findet man in zwei Generationen zwischen Ende April bis Juni und von August bis Oktober. Die sehr guten und ausdauernden Flieger brauchen zur Eiablage den Westlichen Erdbeerbaum (*Arbutus unedo*) und den Östlichen Erdbeerbaum (*A. andrachne*) und vereinzelt auch andere Arten. Die Raupen einer Generation fressen nach dem Schlupf bis zur Überwinterung und Verpuppung im März, die der nächsten von Juni bis zur Verpuppung Anfang August an den Blättern der Futterpflanze. Die Habitate sind gebüschreiche Gebiete, sogenannte Macchie im Mittelmeerraum, Waldränder und auch Siedlungsbereiche von Meereshöhe bis auf 1200 m. Die Verbreitung von *C. jasius* erstreckt sich in Europa hauptsächlich auf die Küstenbereiche des Mittelmeeres. In Portugal gibt es auch Populationen an der Atlantikküste und in Spanien sind einige Vorkommen im Inland bekannt.

Flugzeit	J	F	M	A	M	J	J	A	S	O	N	D
Raupen	J	F	M	A	M	J	J	A	S	O	N	D

Chazara briseis (Berghexe, Steppenpförtner)

Der recht große Falter erreicht eine Spannweite von 45 bis zu 60 mm. Die Oberseite ist dunkelbraun mit einem hell ockerfarbigen Fleckenband und je einem Augenfleck auf den Vorderflügeln. Die Flügelunterseiten sind hell gelblichbraun mit dunkelbrauner Marmorierung und dunkelbraunen Fle-

cken. Die Raupe lebt nach dem Schlupf im August bis zur Überwinterung und der Verpuppung ab Mitte Juni an verschiedenen Gräsern wie Echtem Schafschwingel (*Festuca ovina*), Aufrechter Trespe (*Bromus erectus*) und anderen. Die Falter fliegen spät in einer Generation von Mitte Juni bis Mitte September. Sie leben auf felsigen, warmen, sonnenbeschienenen südexponierten Trocken- und Magerrasen, oft in Hanglagen. *C. briseis* lebt in Europa auf der Iberischen Halbinsel, in Frankreich, Mittelitalien bis zum Balkan, bis nach Südpolen, in Griechenland und im europäischen Teil der Türkei sowie in Süddeutschland. Die Art kommt nicht in Portugal, den Niederlanden und Norddeutschland vor.
RL 1/Naturschutzstatus: 3.

Flugzeit	J	F	M	A	M	J	J	A	S	O	N	D
Raupen	J	F	M	A	M	J	J	A	S	O	N	D

Chazara persephone

Die Flügel erreichen 45 bis 60 mm Spannweite. Die dunkelbraune Oberseite besitzt weiße bis orangefarbene Bänder mit mehreren sich darin befindlichen schwarzen Flecken. Die Hinterflügel-Unterseite ist braun bis hell marmoriert und hat auffällig hell hervortretende Flügeladern. Die Raupen fressen Rispengräser (*Poa* sp.), Schwingel-Arten (*Festuca* sp.) sowie Federgras (*Stipa* sp.). Die Imagines fliegen in einer Generation, je nach Lage von Juni bis August. Sie bewohnen trockene, sonnige, steinige oder felsige Hänge bis in 1800 m Höhe. In ihrer Verbreitung ist die Art in Europa auf die Halbinsel Krim (Ukraine) und die südrussischen Steppen bis zum Ural beschränkt. Von hier aus und weiter südlich von der Türkei ost- und südostwärts ist sie noch weiter verbreitet.

Flugzeit	J	F	M	A	M	J	J	A	S	O	N	D

Chazara prieuri

Die Spannweite beträgt 45 bis 60 mm. Auf der braunen Oberseite der Vorderflügel befinden sich längliche, weiße bis orange Flecken, die von zwei dunklen Flecken unterbrochen werden. Die Hinterflügel-Oberseite zeigt ein durchgehendes weißes Band. Die Raupen leben an Espartogras (*Lygeum spartum*) und andere Grasarten. Die Flugzeit der Imagines erstreckt sich in einer Generation je nach Lage und Witterung von Mitte Juli bis Mitte August. Bewohnt werden heiße strauchbewachsene Schluchten und trockene grasbewachsene, steinige oder felsige Berghänge mit lichtem Nadelwald. Anzutreffen ist die Art in Gebieten im Osten und Südosten Spaniens, früher auch auf Mallorca ist, dort ist sie aber ausgestorben.

Flugzeit	J	F	M	A	M	J	J	A	S	O	N	D

Coenonympha amaryllis

Die Oberseite der Flügel ist gelblich bis orange gefärbt und trägt kleine schwarze Augenflecken. Die Unterseite zeigt relativ große, hell umringte, weiß gekernte, schwarze Augenflecken. Die Hinterflügel-Unterseite ist grau. Die Raupe lebt an Gräsern (*Poa* sp.). Falter fliegen in einer Generation zwischen Juni und August im Tiefland, in steppenartigen Habitaten, auf Bergwiesen in Höhen von bis zu 1700 m. Die europäische Verbreitung beschränkt sich auf Russland am Rande des Südurals.

Flugzeit	J	F	M	A	M	J	J	A	S	O	N	D

Coenonympha arcania (Weißbindiges Wiesenvögelchen)

Die Spannweite beträgt 28 bis zu 35 mm. Die Vorderflügel-Oberseite ist ockerbraun und trägt eine braune Saumbinde. Auf der Hinterflügel-Unterseite befinden sich weiß gekernte Augenflecke, die orange und dunkelbraun umringt werden. Die Unterscheidung zu *C. glycerion* bildet eine breite, unregelmäßige helle Querbinde. Die Raupe lebt vom Schlupf Mitte

Juni bis zur Überwinterung und Verpuppung Anfang Mai an verschiedenen Grasarten wie z. B. Echtem Schafschwingel (*Festuca ovina*) oder Wolligem Honiggras (*Holcus lanatus*). Die Falter bilden eine Generation von Mai bis Ende August. Der Falter bewohnt magere Wiesen, Trockenrasen mit Gebüschbewuchs, Gehölzränder und Waldlichtungen vom Flachland bis etwa 800 m Höhe. Die nördliche Verbreitung erreicht im Baltikum und dem Süden Skandinaviens seine Grenze, England ist ausgenommen, im Süden reicht die Grenze von Italien nach Nordgriechenland. Im Westen ist Nordportugal, im Osten der Ural die Ausbreitungsgrenze.

Flugzeit	J	F	M	A	M	J	J	A	S	O	N	D
Raupen	J	F	M	A	M	J	J	A	S	O	N	D

Coenonympha corinna (Korsischer Heufalter)

Die Art erreicht zwischen 25 und 30 mm Flügelspannweite. Die Oberseite ist orange, beim Männchen mit einem durchgehenden schwarzen Saumrand auf den Vorderflügeln, der beim Weibchen unterbrochen ist. An der Vorderflügelspitze befindet sich ein schwarzer Augenfleck. Die Hinterflügel-Unterseite trägt neben mehreren Augenflecken ein weißes Querband und eine auffällige weiße Aderzeichnung. Den Raupen dienen Grasarten wie Zwenken (*Brachypodium* sp.) als Nahrungsgrundlage. Die Falter fliegen in zwei Generationen von Mai bis Juni und einer weiteren, partiellen zwischen September und Oktober. Ihre Lebensräume sind trockene, lichte Wälder und Strauchgesellschaften (Macchia) mit Grasbewuchs zwischen Meereshöhe und 1500 bis 2000 m. Die Art kommt auf Korsika, Sardinien und Capraia vor.

Flugzeit	J	F	M	A	M	J	J	A	S	O	N	D

Coenonympha dorus

Die Spannweite misst zwischen 30 und 34 mm. Die Vorderflügel-Oberseite des ansonsten orange gefärbten Männchens ist schwarz überstäubt, während beim Weibchen nur ein schwarz überstäubter Randsaum auftritt. Die Hinterflügel-Unterseite ist orange mit einer dunklen Bestäubung an der Basis und einem weißen Feld im hinteren Drittel, in dem sich weiß gekernte schwarze Augen befinden. Die Raupen ernähren sich von Zwenken (*Brachypodium* sp.) und Echtem Schafschwingel (*Festuca ovina*). Die Imagines

leben in einer Generation je nach Lage von Juni bis August. Bewohnt werden felsige, trockene, heiße Hänge, Macchia, Weideland, Trockenrasen und Wiesen. Die Art ist in Portugal, Spanien, den östlichen Pyrenäen, im südlichen Frankreich bis zu den Meeralpen und Italien anzutreffen.

Flugzeit	J	F	M	A	M	J	J	A	S	O	N	D

Coenonympha elbana (Elba-Heufalter)

Die Falter erreichen Spannweiten zwischen 28 und 34 mm. Die Falter ähneln *C. corinna*. Der Artstatus ist umstritten, teilweise wird *C. elbana* als Unterart von *C. corinna* geführt. Die Raupen fressen verschiedene Grasarten. Die Falter erscheinen in zwei bis drei Generationen von Juni bis Juli und September bis Oktober. Als Lebensräume dienen offene Hänge mit Macchia von Meereshöhe bis in 800 m. Die Art kommt in Küstengebieten der Toskana, auf Elba und einigen kleineren Inseln vor.

Flugzeit	J	F	M	A	M	J	J	A	S	O	N	D

Coenonympha gardetta (Alpen-Wiesenvögelchen)

Seine Spannweite beträgt 31 bis zu 35 mm. Die Ober- und Unterseite der Vorderflügel ist ockerbraun gefärbt. Auf der Hinterflügel-Unterseite ist ein weißes Band platziert, in dem sich schwarze, weiß gekernte Augenflecken befinden. Die Raupe lebt nach dem Schlupf im August bis zur Überwinterung und Verpuppung im Juni an verschiedenen Grasarten wie Rispengräsern (*Poa* sp.). Die Art fliegt in einer Generation von Anfang Juni bis Anfang September. Der Falter nutzt als Lebensraum alpine Rasen und Wiesen von 900 bis auf über 2300 m Höhe. In Europa ist der Falter vom französischen Zentralmassiv über die gesamten Alpen bis zu den westlichen Bereichen der Gebirgszüge des Balkans verbreitet.

RL R.

Flugzeit	J	F	M	A	M	J	J	A	S	O	N	D
Raupen	J	F	M	A	M	J	J	A	S	O	N	D

Coenonympha glycerion (Rotbraunes Wiesenvögelchen)

Er erreicht eine Spannweite von 31 bis 35 mm. Die Hinterflügel-Unterseite trägt eine in mehrere Flecke aufgelöste weiße Binde, die der des Großen Wiesenvögelchens (*C. tullia*) ähnlich sieht. Der orangefarbige und der metallisch graue Saumstreifen sind Unterscheidungsmerkmale zu den anderen, ähnlichen Arten. Die Raupe lebt nach dem Schlupf von Juni bis zur Überwinterung und bis zur Verpuppung Mitte Juni an Gräsern wie beispielsweise Aufrechter Trespe (*Bromus erectus*) und Echtem Schafschwingel (*Festuca ovina*). Eine Generation erscheint von Juni bis Anfang August in Höhen zwischen 300 und 1200 m. Die Lebensräume sind Trockenrasen, Wacholderheiden, Dämme, Brennen, Sandmagerrasen, aber auch feuchte Wiesen, Flach- und Quellmoore. In Europa erstreckt sich die Verbreitung vom Süden und Osten Frankreichs bis Mittel- und Osteuropa und den Süden Finnlands.
RL V/Naturschutzstatus: 2.

Flugzeit	J	F	M	A	M	J	J	A	S	O	N	D
Raupen	J	F	M	A	M	J	J	A	S	O	N	D

Coenonympha hero (Wald-Wiesenvögelchen)

Die Spannweite der Flügel liegt zwischen 30 und 33 mm. Die Hinterflügel-Unterseiten sind zur Außenseite durch große, schwarze, weiß gekernte Ringe, die nochmals gelblich-braun außen umringt sind, gekennzeichnet. Diese Augenflecke grenzen aneinander und sind zum Flügelaußenrand durch eine schmale, silbrig graue Binde eingefasst. Vor den Ringen sitzt

eine schmale weiße Binde. Gräser wie Zittergras-Segge (*Carex brizoides*), Rasen-Schmiele (*Deschampsia cespitosa*) oder auch Reitgras (*Calamagrostis* sp.) sind die Nahrungsgrundlage der Raupe, die Mitte Juni schlüpft, überwintert und sich Anfang Mai verpuppt. Pro Jahr tritt eine Generation von Mitte Mai bis Ende Juli auf. Den Lebensraum bilden Lichtungen und Säume in Auwäldern und gebüschreiche Feucht- und Niedermoorwiesen. Verbreitung findet die Art in Europa von Ostfrankreich, sehr sporadisch verteilt über Mitteleuropa und Südskandinavien.

RL 2/Naturschutzstatus: 1.

Flugzeit	J	F	M	A	M	J	J	A	S	O	N	D
Raupen	J	F	M	A	M	J	J	A	S	O	N	D

Coenonympha leander (Russischer Heufalter)

Die Spannweite beträgt 34 bis 40 mm. Die Oberseite ist bräunlich-orange mit bei Männchen und Weibchen unterschiedlicher dunkler Bestäubung. Auf der Unterseite der Hinterflügel befinden sich weiß gekernte, schwarze Augenflecken, gesäumt von einer orangen Binde. Den Raupen dienen Echter Schafschwingel (*Festuca ovina*) und andere Gräser als Nahrung. Die Imagines erscheinen in einer Generation je nach Lage von Ende April bis Anfang August. Bevorzugte Lebensräume sind Magerrasen, Wiesen und Weiden mit angrenzendem Wald oder Gebüsch bis in Höhen von 2000 m. Die Art ist auf dem südlichen Balkan und im nördlichen Griechenland sowie Rumänien und Moldawien und auch in Südrussland verbreitet.

Flugzeit	J	F	M	A	M	J	J	A	S	O	N	D

Coenonympha oedippus (Stromtal-Wiesenvögelchen oder Moor-Wiesenvögelchen)

Die Falter erreichen eine Flügelspannweite zwischen 26 und 34 mm. Die Flügeloberseiten sind einfarbig dunkelbraun gefärbt. Die Unterseiten der Hinterflügel sind hellbraun mit vielen schwarzen, im Zentrum weißen, gelb umrandeten Augenflecken versehen. Einer davon ist auffällig nach innen versetzt. Am Hinterflügel-Außenrand sitzt ein silbrig weißes, schmales

Band. Die Raupen fressen von Schlupf im Juli bis zur Überwinterung und Verpuppung ab April an Blauem Pfeifengras (*Molinia caerulea*), Wollgräsern (*Eriophorum* sp.) oder Hirse-Segge (*Carex panicea*) und verschiedenen anderen. Die Falter leben in einer Generation pro Jahr von Anfang Juni bis Ende Juli in Höhen zwischen 300 und 800 m. Die Biotope der Falter sind eher trockene Pfeifengraswiesen, aber auch feuchte Nieder- und Quellmoore und Riede. Die Verbreitung erstreckt sich in Südost- und Zentraleuropa mit starken Rückgängen. In Deutschland wurde der Falter in den 1990er-Jahren an einem einzigen Standort wiederentdeckt.
FFH-Anhang IV, **RL 1/Naturschutzstatus:** 11.

Flugzeit	J	F	M	A	M	J	J	A	S	O	N	D
Raupen	J	F	M	A	M	J	J	A	S	O	N	D

Coenonympha orientalis

Die Falter erreichen Spannweiten zwischen 30 und 35 mm. Sie ähneln *C. leander*. Die Hinterflügel-Unterseite trägt ein weißes Querband, an dessen Außenrand eine Reihe von schwarzen Augen anliegt. Die orange Färbung auf den Vorderflügel-Unterseiten reicht bis zum Außenrand. Die Raupennahrung besteht aus verschiedenen Grasarten. Die Falter fliegen in einer Generation je nach Lage von Mai bis August. Sie bewohnen grasbewachsene und gebüschreiche Waldränder und -lichtungen zwischen 800 und 2000 m. Das Verbreitungsgebiet erstreckt sich von Albanien über Bosnien-Herzegowina, Montenegro, Serbien bis nach Griechenland.

Flugzeit	J	F	M	A	M	J	J	A	S	O	N	D

Coenonympha pamphilus (Kleines Wiesenvögelchen)

Die Vertreter dieser Gattung sind meist klein. *C. pamphylius* erreicht eine Spannweite von 23 bis 35 mm. Die Flügeloberseite ist ockerbraun, die Vorderflügel-Unterseite orangebraun mit je einem variabel großen, manchmal auch nicht vorhandenen, weiß gekernten, gelb umrandeten Augenfleck. Die Hinterflügel-Unterseite ist grau mit einer mehr oder minder ausgeprägten hellen Querbinde. Die Raupe ernährt sich ganzjährig von verschiedenen Grasarten wie z.B. Straußgräsern (*Agrostis* sp.) oder Wiesen-Rispengras (*Poa pratensis*). Die Falter leben in zwei bis drei nicht klar zu trennenden Generationen von April bis Oktober. *C. pamphilus* kann fast überall auf nicht zu stark gedüngtem Grünland, auf Magerrasen oder Ruderalflächen von niederen Lagen bis auf eine Höhe von 1900 m leben, wo die geeigneten Grasarten vorkommen. Die häufige Art findet in ganz Europa Verbreitung mit Ausnahme des nördlichen Skandinaviens.

Flugzeit	J	F	M	A	M	J	J	A	S	O	N	D
Raupen	J	F	M	A	M	J	J	A	S	O	N	D

Coenonympha phryne

Die Flügelspannweite beträgt 30 bis 38 mm. Die Männchen sind oberseits dunkelbraun, die Weibchen weiß. Die Flügelunterseiten tragen deutlich hervortretende weiße Flügeladern. Die Raupe lebt an Federgräsern (*Stipa* sp.). Die Puppe überwintert. Man findet die Falter in einer Generation zwischen April und Juli. Sie leben in Steppen und Halbwüsten. Die Verbreitung erstreckt sich in Europa auf die südliche Ukraine und den europäischen Teil von Russland bis zum Ural.

Flugzeit	J	F	M	A	M	J	J	A	S	O	N	D

Coenonympha rhodopensis (Rhodopen-Heufalter)

Die Spannweite beträgt 33 bis 36 mm. Bei beiden Geschlechtern ist die Unterseite der Vorderflügel intensiv orangebraun. Auf der Unterseite der Hinterflügel besteht in Nähe der Flügelspitze ein heller Fleck. Nahrungsgrundlage der Raupen sind verschiedene Gräser. Die Imagines erscheinen in einer Generation je nach Lage von Juni bis Anfang August. Sie leben an

grasbewachsenen Berghängen, auf Waldlichtungen von Meereshöhe bis in über 2000 m. Verbreitet sind sie in Italien, Rumänien, Albanien, Nord-Griechenland, Kroatien, Serbien Mazedonien, Bosnien-Herzegowina und Bulgarien.

Flugzeit	J	F	M	A	M	J	J	A	S	O	N	D

Coenonympha thyrsis (Kretischer Heufalter)

Die Spannweite beträgt 25 bis 30 mm. Die Falter ähneln dem Kleinen Wiesenvögelchen (*C. pamphilus*), haben jedoch auf der Hinterflügel-Unterseite eine deutliche Reihe von Augen. Die Oberseite ist hell ockerfarben bis hell orange und hat einen dunkelbraunen Randsaum und einen dunklen Punkt an der Spitze des Vorderflügels. Die hellgelben oder grau bis bräunlichen Hinterflügel-Unterseiten tragen eine helle Querbinde. Die Raupen fressen verschiedene Gräser. Die Falter fliegen vermutlich in mehreren Generationen von Mai bis August und vereinzelt auch noch im Oktober. Ihre bevorzugten Lebensräume sind grasbewachsene, nicht zu trockene, verschiedenartige Schluchten, Hänge und mit Strauchvegetation bewachsene Ebenen, Straßenränder, von Meereshöhe bis in 1800 m. Die Art bewohnt Kreta.

Flugzeit	J	F	M	A	M	J	J	A	S	O	N	D

Danaus chrysippus (Kleiner Monarch, Afrikanischer Monarch)

Die Flügelspannweite erreicht bis zu 80 mm. Sie sind orangebraun gefärbt. Die Oberseite der Vorderflügel ist zu den Spitzen hin schwarz mit weißen Flecken. Die Unterseite ist hellorange mit einem schwarzen Randsaum. Den Raupen dienen die Indianer-Seidenpflanze (*Asclepias curassavica*), die Baumwoll-Seidenpflanze (*A. fruticosa*), Fliegenblumen-Arten wie *Caralluma burchardii* und *Caralluma europaea*, *Orbea variegata*, Lianen-Hundswürger (*Cynanchum acutum*) und verschiedene Leuchterblumen (*Ceropegia* sp.) als Futterpflanzen. Die Falter fliegen vermutlich in zwei Generationen von Februar bis März und von Juni bis September. Als Lebensräume werden bevorzugt Küstendünen, Ränder von Lagunen, offene Buschlandschaft und halbwüstenähnliches Gelände auch in Parks und Gärten bis 500 m Höhe bewohnt. Die Art ist in Spanien, auf den Kanarischen Inseln Fuerteventura und Teneriffa, in Griechenland, Frankreich, auf La Réunion, in Italien und auf Sardinien zu finden.

Flugzeit	J	F	M	A	M	J	J	A	S	O	N	D

Danaus plexippus (Monarch)

Mit 86 bis 100 mm Flügelspannweite ist er der größte Falter, der in Teilen Südeuropas auftreten kann. Seine auffällige orange Grundfärbung mit schwarzer Zeichnung und Flügeläderung und die orangen und weißen Flecken an den Flügelspitzen machen ihn unverwechselbar. Das Männchen verfügt zusätzlich über einen Duftschuppenfleck auf der Hinterflügel-

Oberseite. In ihren Vorkommensgebieten im Mittelmeerraum sind verschiedene Seidenpflanzen-Arten wie die Indianer-Seidenpflanze (*Asclepias curassavica*) und die Baumwoll-Seidenpflanze (*A. fructicosa*) Nahrungsgrundlage der Raupen. Der Monarch pflanzt sich während des ganzen Jahres in mehreren Generationen fort. Die Monarchfalter leben an trockenen, heißen Standorten auf Ödland und Ruderalflächen, auf denen ihre Nahrungspflanzen vorkommen. In Europa ist die Art, die eigentlich aus Amerika zugewandert ist und dort für eine der größten Tierwanderungen bekannt ist, auf den Azoren, Madeira und den Kanaren bodenständig. Auch an der Küste Andalusiens und Süd-Portugals findet man die Falter. Einflüge sind auch aus Irland, SW-England und Süd-Frankreich bekannt.

Flugzeit	J	F	M	A	M	J	J	A	S	O	N	D
Raupen	J	F	M	A	M	J	J	A	S	O	N	D

Erebia aethiopellus

Die Flügel erreichen 34 bis 37 mm Spannweite. Die dunkelbraune Oberseite trägt orange Bänder, in denen auf den Vorderflügeln in Nähe der Spitzen zwei mehr oder minder große, weiß gekernte Augenflecke liegen. Die Hinterflügel-Unterseite zeigt ein weißes, dunkel überstäubtes Querband. Die Raupen ernähren sich von Gold-Schwingel (*Festuca paniculata*). Imagines treten in einer Generation von Mitte Juli bis Ende August auf. Sie bewohnen alpine Matten und Bergweiden in 1800 bis 2400 m Höhe. Die Art kommt in den südwestlichen Alpen an der Grenze zwischen Frankreich und Italien vor.

Flugzeit	J	F	M	A	M	J	J	A	S	O	N	D

Erebia aethiops (Graubindiger Mohrenfalter)

Die Flügelspannweite der Vorderflügel liegt zwischen 20 und 26 mm. Die Färbungen der Falter gehen vom dunklen Braun bis Schwarzbraun. Die Oberflügel tragen orange Binden mit darin eingeschlossenen, schwarzen, weiß gekernten Augenflecken. Eine hellgraue Binde auf der Unterseite der Hinterflügel bietet ein gutes Unterscheidungsmerkmal. Verschiedene Gräser und Seggen wie Blaues Pfeifengras (*Molinia caerulea*), Braun-Segge (*Carex nigra*), Aufrechte Trespe (*Bromus erectus*), Land-Reitgras (*Calamagrostis epigejos*), Fieder-Zwenke (*Brachypodium pinnatum*), Echter Schafschwingel (*Festuca ovina*), Wiesen-Knäuelgras (*Dactylis glomerata*) und viele andere dienen der Raupe zwischen August bis zur Überwinterung und der Verpuppung im Juni als Nahrungsgrundlage. Die Falter sind in einer Generation von Mitte Juni bis Ende September zu beobachten. Als Lebensräume werden Waldränder und Lichtungen von Laubmischwäldern und Kiefernwäldern und nahe gelegene trockene oder feuchte Wiesenbereiche, Hochstaudenflure, Trockenrasen in Höhenbereichen zwischen 500 und 2000 m genutzt. Die Verbreitung erstreckt sich vom Zentralmassiv in Frankreich über Mitteleuropa mit den Alpen bis Osteuropa. In Schottland und auf dem Balkan besteht noch ein inselartiges Vorkommen.

RL 3/Naturschutzstatus: Erhaltung von Saum- und Gebüschzonen am Randbereich der Habitate.

Flugzeit	J	F	M	A	M	J	J	A	S	O	N	D
Raupen	J	F	M	A	M	J	J	A	S	O	N	D

Erebia alberganus (Mandeläugiger Mohrenfalter)

Die Spannweite der Vorderflügel erreicht 37 bis 45 mm. Der Falter hat eine relativ geringe Variationsbreite. Die Flügel sind dunkelbraun mit durch Adern unterbrochenen Querbändern aus länglichen, orangen Flecken, in denen weiß zentrierte Augenflecken sitzen. Im Jahr erscheinen die Falter in einer Generation von Mitte Juni bis Ende August. Die Raupen überwintern und fressen bis Ende Mai an Schwingelarten wie Echtem Schafschwingel (*Festuca ovina*) oder Gewöhnlichem Ruchgras (*Anthoxanthum odoratum*). Die Verpuppung findet Anfang Juni statt. Die Lebensräume reichen bis zur Baumgrenze zwischen 900 und 2000 m und bestehen aus alpinen, sonnigen, buschreichen Grashängen mit Felsbereichen in der Nähe von

Bergwald und auf Lichtungen. Die Verbreitung erstreckt sich lokal auf das Kantabrische Gebirge in Nordspanien, auf die Südalpen, die Berge Zentral-Italiens und in die Gebirge Südosteuropas.

Flugzeit	J	F	M	A	M	J	J	A	S	O	N	D
Raupen	J	F	M	A	M	J	J	A	S	O	N	D

Erebia bubastis (Weißgebänderter Mohrenfalter)

Von der Größe und dem Aussehen ähneln die Falter *E. manto*. Die Unterschiede liegen in der Zeichnung, den Fransen am Flügelrand und den Genitalien. Der Artstatus ist umstritten. *E. bubastis* wurde lange für eine Unterart von *E. manto* gehalten. Die Raupen fressen an verschiedenen Gräsern. Die Imagines erscheinen in einer Generation von Juli bis August auf locker bewaldeten Lichtungen und an Berghängen in ca. 1200 m Höhe. Das Vorkommen beschränkt sich auf das Wallis in der Schweiz.

Flugzeit	J	F	M	A	M	J	J	A	S	O	N	D

Erebia calcaria (Lorkovics Mohrenfalter)

Die Spannweite der Flügel beträgt 33 bis 37 mm. Die Falter ähneln *E. tyndarus* und sind an der Hinterflügel-Unterseite silbrig grau. Die Oberseiten der Flügel sind dunkelbraun. An der Spitze der Vorderflügel befinden sich zwei kleine Augenflecken. Die Raupen leben an Borstgras (*Nardus stricta*) und Schwingel (*Festuca* sp.). Die Tiere erscheinen in einer Generation von Mitte Juli bis Ende August und leben an felsigen, grasbewachsenen Hängen und Felsbereichen in Höhen zwischen 1200 und 2000 m. *E. calcaria* kommt nur in den südostlichen Alpen (Julische Alpen, Karawanken, Nordost-Italien) vor.

Flugzeit	J	F	M	A	M	J	J	A	S	O	N	D

Erebia cassioides (Schillernder Mohrenfalter)

Die Vorderflügel erreichen Spannweiten von ca. 35 bis 40 mm. Die Männchen schillern auf der Flügeloberseite grünlich. Die Falter besitzen weiß gekernte Augenflecken, diese sind aber etwas größer und liegen enger aneinander als die vom ähnlichen *E. tyndarus*. Der Artstatus ist nicht eindeutig geklärt. Den Raupen dienen Grasarten wie Schwingel (*Festuca* sp.)

als Nahrung. Die Falter treten in einer Generation je nach Lage ab Anfang Juli bis September auf. Sie bewohnen felsige oder steinige Hänge und Böschungen mit Grasbewuchs und Rohbodenstellen von 1500 bis 2300 m Höhe. Die Art kommt in Spanien in den Pyrenäen, in Frankreich im Zentralmassiv, in den Alpen, der südwestlichen Schweiz, in Italien in den Dolomiten, den Apenninen, in Österreich, Albanien, Mazedonien und Bulgarien vor.

Flugzeit	J	F	M	A	M	J	J	A	S	O	N	D

Erebia claudina (Weißpunktierter Mohrenfalter)

Die Flügelspannweite der sehr schmalen Vorderflügel der Falter erreicht zwischen 26 und 32 mm. Die Grundfarbe ist dunkelbraun mit einer orangegelben Querbinde auf den Vorderflügeln und weiß gekernten Augenflecken auf den Hinterflügeln, die die Falter gut bestimmbar machen. Die Unterseite der Vorderflügel ist außen gelblich braun und wird nach innen dunkler. Die Hinterflügel sind beim Männchen dunkelbraun, beim Weibchen graubraun und man erkennt die durchscheinenden Augenflecke der Oberseite. Die Raupen leben während ihrer zweijährigen Entwicklungszeit an Gräsern wie der Rasen-Schmiele (*Deschampsia cespitosa*), Gewöhnlichem Rispengras (*Poa trivialis*) und Borstgras (*Nardus stricta*), überwintern zweimal und verpuppen sich schließlich Ende Mai. Die Falter fliegen in einer Generation zwischen Anfang Juli und Anfang August. Die Lebensräume bestehen aus kleinräumigen, verbuschten Grasflächen, Weiden und Matten auf Südhängen, die an Fichten- oder Lärchenwäldern angrenzen. Der Weißpunktierte Mohrenfalter lebt endemisch in Gebirgslagen der österreichischen Alpen zwischen 1600 und 2000 m Höhe.

Flugzeit	J	F	M	A	M	J	J	A	S	O	N	D
Raupen	J	F	M	A	M	J	J	A	S	O	N	D

Erebia christi (Simplon-Mohrenfalter, Christ's Mohrenfalter)

Die Spannweite der Flügel liegt zwischen 34 bis 38 mm. Die kleinen, schwarzen Augenflecke der Vorderflügel habe keine weiße Kernung und verlaufen in einer geraden Linie innerhalb des orangegelben Bandes. Die Grundfärbung ist heller bis dunkler braun. Die Hinterflügel-Unterseite ist graubraun und im hinteren Bereich abgegrenzt heller. Raupennahrung ist der Echte Schafschwingel (*Festuca ovina*). Die Falter erscheinen in einer Generation von Juni bis Anfang August an Felshängen und auf alpinen Matten mit vereinzelten Sträuchern und Baumbewuchs. Das Verbreitungsgebiet dieser sehr seltenen Art beschränkt sich auf die Südwest-Schweiz und Nordwest-Italien.

Flugzeit	J	F	M	A	M	J	J	A	S	O	N	D

Erebia cyclopius

Die Art erreicht 46 bis 62 mm Flügelspannweite. Das namengebende Auge an den Spitzen der dunkelbraunen Vorderflügel ist schwarz, übergroß, gelb umringt und doppelt weiß gekernt. Die Raupen ernähren sich von verschiedenen Gräsern. Die Flugzeit der Falter erstreckt sich in einer Generation von Juni bis Ende Juli. Als Lebensraum bevorzugen sie Waldränder, blütenreiche Wiesen und lichte Lärchenwälder. Ihr Verbreitungsgebiet liegt im Ural (Russland).

Flugzeit	J	F	M	A	M	J	J	A	S	O	N	D

Erebia dabanensis

Die Falter messen 43 bis 47 mm. Die Grundfarbe variiert von hell bis dunkelbraun. Auf der Vorderflügel-Oberseite ist das orangefarbene Band in Flecken mit vier bis fünf schwarzen Augen aufgeteilt, während das Band auf der Unterseite eher zusammenhängend erscheint. Die Hinterflügel-Unterseite ist dunkelbraun und nach hinten scharf abgegrenzt silbergrau. Die Raupe lebt vermutlich an Schwingelarten (*Festuca* sp.). Die Tiere erscheinen in einer Generation zwischen Juni und Juli. Sie leben in Tieflagen auf Weiden und an steinigen, spärlich bewachsenen Hängen und auch in Berglagen der Tundra zwischen 1000 und 2500 m. Das europäische Vorkommen beschränkt sich auf den Nord-Ural in Russland.

Flugzeit	J	F	M	A	M	J	J	A	S	O	N	D

Erebia disa (Arktischer Mohrenfalter)

Die Spannweite beträgt zwischen 45 bis 49 mm. Die Vorderflügel-Oberseite zeigt ungekernte, orange umringte, schwarze Augenflecken. Die Oberseite der Hinterflügel ist dunkelbraun. Die Hinterflügel-Unterseite ist silbrig grau mit einem breiten und einem schmalen dunkelbraunen Band. Die Raupen leben vermutlich an Gräsern. Falter erscheinen in einer Generation von Anfang Juni bis Ende Juli. Ihr Lebensraum sind Feuchtgebiete wie Moore mit trockenen Bereichen, aber auch Heiden mit etwas Strauch- und Baumbewuchs in der Nähe von Tümpeln und Teichen. In Europa findet *E. disa* Verbreitung von Nord-Norwegen über Nordschweden und das nördliche Finnland bis zum nördlichen Ural in Russland.

Flugzeit	J	F	M	A	M	J	J	A	S	O	N	D

Erebia discoidalis

Die Flügelspannweite liegt bei 38 bis 49 mm. Die Flügel sind schwarzbraun, ohne jegliche Augenzeichnung. Die Ober- und Unterseite der Vorderflügel zeigen einen länglichen großen orangen Fleck. Die Unterseite der Hinterflügel ist graubraun marmoriert. Die Raupe lebt an Gräsern (*Poa* sp.) und überwintert. Falter fliegen in einer Generation von Anfang Mai bis Mitte Juni auf sumpfigen Wiesen. Die Verbreitung beschränkt sich in Europa nur auf den Nord-Ural im Nordosten Russlands.

Flugzeit	J	F	M	A	**M**	**J**	J	A	S	O	N	D

Erebia edda

Die schwarzbraun bis hellbraun gefärbten Mohrenfalter haben an der Vorderflügelspitze ein doppelt weiß gekerntes, schwarzes, gelb umringtes Auge. Auf den Hinterflügeln finden sich ein weißer Fleck und kleine weiße Punkte. Über die Biologie und Lebensweise ist wenig bekannt. Die Flugzeit der einzigen Faltergeneration reicht von Juni bis Juli. Die Habitate sind Waldränder und Bergwiesen bis in eine Höhe von 2500 m. *E. edda* ist in Europa nur im südlichen Bereich des Nord-Urals in Russland beheimatet.

Flugzeit	J	F	M	A	M	**J**	**J**	A	S	O	N	D

Erebia embla

Die Falter können Spannweiten zwischen 41 und 55 mm erreichen. Die dunkelbraunen Flügel-Oberseiten tragen wie die Unterseiten eine Reihe schwarzer, meist weiß gekernter Augen, die orange umringt sind. Die Unterseite der Hinterflügel ist dunkelbraun und hat im hinteren Drittel ein helleres Band. An der Grenze des dunklen Bereiches liegen zwei weiße Flecken an. Die Flugzeit der einzigen Generation beginnt ab Mitte Juni und dauert bis Anfang Juli. Die Raupen überwintern zweimal und leben verschiedenen Gräsern und Seggen (*Carex* sp.). Die Habitate bestehen aus Kiefernwäldern und bewaldeten Feuchtgebieten und vereinzelt auch Mooren. Die Verbreitung erstreckt sich auf Nordeuropa mit Norwegen, Schweden, Finnland, Teilen des Baltikums und den nördlichen Bereich des europäischen Teils von Russland über den Ural.

Flugzeit	J	F	M	A	M	**J**	**J**	A	S	O	N	D
Raupen	J	F	M	A	M	J	J	A	S	O	N	D

Erebia epistygne

Die Spannweite der Flügel erreicht 40 bis 45 mm. Die Falter sind aufgrund der breiten, intensiv leuchtend gelben Binde auf der Vorderflügel-Oberseite kaum verwechselbar. Den Raupen dienen Gräser wie der Echte Schafschwingel (*Festuca ovina*) als Futterpflanzen. Die Imagines fliegen in einer Generation von März bis Mitte Mai. Sie bewohnen felsige oder steinige Hanglagen und Waldlichtungen mit Grasbewuchs zwischen 700 und 1400 m Höhe. Verbreitet ist die Art im östlichen und südöstlichen Spanien sowie im südöstlichen Frankreich.

Flugzeit	J	F	M	A	M	J	J	A	S	O	N	D

Erebia epiphron (Knochs Mohrenfalter)

Dieser Falter erreicht 30 bis 35 mm Flügelspannweite und kann leicht mit dem Kleinen Mohrenfalter (*E. melampus*) verwechselt werden. Die Flügel sind braun. Sowohl Vorder- als auch Hinterflügel tragen vor dem Saum rostfarbene, schwarz gekernte Binden. Auf der Unterseite sind diese Binden mehr oder weniger reduziert. Es gibt viele lokale Unterarten. Die Raupen fressen Gräser wie Borstgras (*Nardus stricta*) und Schwingel-Arten (*Festuca* sp.). Der Entwicklungszyklus ist zweijährig. Die Imagines erscheinen in einer Generation je nach Höhenlage von Mitte Juni bis August. Ihr Lebensraum sind feuchte Weiden und Bachufer, auch felsige, mit Gras bewachsene Berghänge, Schluchten und Wiesen zwischen 300 und 2500 m. Das Vorkommen erstreckt sich über die Alpen, Spanien in den Pyrenäen, Frankreich und die Gebirge des Balkans.

Flugzeit	J	F	M	A	M	J	J	A	S	O	N	D
Raupen	J	F	M	A	M	J	J	A	S	O	N	D

Erebia eriphyle (Ähnlicher Mohrenfalter)

Diese Art erreicht eine Flügelspannweite von 32 bis 35 mm. Die Falter ähneln sehr *E. melampus,* können aber durch die fehlenden schwarzen Punkte in den orangen Fleckenreihen unterschieden werden. Die Raupen fressen Gräser wie Rasen-Schmiele (*Deschampsia cespitosa*) und Gewöhnliches Ruchgras (*Anthoxantum odoratum*). Die Entwicklung dauert zwei Jahre. Die Falter fliegen in einer Generation je nach Lage von Juli bis August. Sie bewohnen feuchte Hochstaudenfluren zwischen 1000 und 2200 m. Man findet *E. eriphyle* in den nördlichen Alpen, in Deutschland in den südlichen Allgäuer Alpen, um Berchtesgaden, in der Schweiz, in Österreich und in Italien in den Dolomiten.

Flugzeit	J	F	M	A	M	J	J	A	S	O	N	D
Raupen	J	F	M	A	M	J	J	A	S	O	N	D

Erebia euryale (Weißbindiger Bergwald-Mohrenfalter, Berg-Mohrenfalter)

Die Falter erreichen etwa 40 mm Spannweite mit ausgestreckten Vorderflügeln. Die Flügel sind in helleren und dunkleren Brauntönen gefärbt. Auf der Oberseite von Vorder- und Hinterflügel liegt eine breite orangefarbige Binde mit darin befindlichen schwarzen Punkten. Die Art ist kleiner als der Weißbindige Mohrenfalter (*E. ligea*) und es fehlt oft die weiße Binde auf der Hinterflügel-Unterseite. Als Raupennahrungspflanzen werden verschiedene Grasarten wie z. B. Kalk-Blaugras (*Sesleria albicans*), Echter Schafschwingel (*Festuca ovina*), Wiesen-Knäuelgras (*Dactylis glomerata*) und Rot-Schwingel (*Festuca rubra*) genutzt. Die Eier überwintern nach der Ablage bis zum Frühjahr, die Raupen schlüpfen und überwintern in diesem Stadium ein weiteres Mal, so dass die Entwicklung zweijährig ist. Die Imagines leben in einer Generation zwischen Ende Juni und Ende August in Höhen zwischen 500 und 2400 m. Die bevorzugten Lebensbereiche der Falter sind lichte Bergfichten- und Nadelwälder, Waldwiesen, Lichtungen und Latschen- und Grünerlenbestände. Die Tiere sind Bewohner der Gebirgslagen Spaniens, Frankreichs, Italiens der Alpen und Osteuropas und des Balkans.

Flugzeit	J	F	M	A	M	J	J	A	S	O	N	D
Raupen	J	F	M	A	M	J	J	A	S	O	N	D

Erebia fasciata

Die Flügelspannweite erreicht 38 bis 53 mm. Die Oberseite der Falter ist schwarzbraun mit einem rötlichen Fleck in der Mitte der Vorderflügel und ohne Augenflecke. Die braune Unterseite zeigt auf den Vorderflügeln jeweils zwei orange Bänder, auf den Hinterflügeln je zwei hellgraue Bänder. Die Futterpflanzen der Raupen sind nicht genau bekannt, wahrscheinlich Seggen (*Carex* sp.). Diese Mohrenfalter erscheinen in einer Generation von Mitte Juni bis Ende Juli und leben in der polaren Tundra, in Feuchtwiesen mit Wollgräsern (*Eriophorum* sp.). Die Art kommt im Norden des europäischen Teils von Russland bis zum Ural vor.

Flugzeit	J	F	M	A	M	J	J	A	S	O	N	D

Erebia flavofasciata (Gelbbinden-Mohrenfalter)

Die Vorderflügel erreichen eine Spannweite von 30 bis 34 mm. Als eine der wenigen *Erebia*-Arten ist diese Art gut durch ihr leuchtend gelbes Band auf der Unterseite der Hinterflügel zu unterscheiden. Den Raupen dienen während ihrer zweijährigen Entwicklungszeit Gräser wie der Echte

Schafschwingel *(Festuca ovina)* als Nahrung. Die einzige Generation fliegt zwischen Juli und August. Sie bewohnen steile grasbewachsene Berghänge über der Waldgrenze bis etwa 2600 m. Die Art ist in der Schweiz im Nordtessin, in Italien und in Österreich in Tirol anzutreffen.

Flugzeit	J	F	M	A	M	J	J	A	S	O	N	D
Raupen	J	F	M	A	M	J	J	A	S	O	N	D

Erebia gorge (Felsen-Mohrenfalter)

Die recht kleinen Falter haben eine Flügelspannweite von etwa 26 bis 32 mm. Die Grundfarbe der Oberseite ist dunkelbraun. Die Vorderflügel-Oberseite zeigt eine breite rotbraune oder orangebraune Binde mit in der Regel zwei (bis zu fünf) schwarzen, weiß gekernten Augenflecken und dunkler Aderung. Die Unterseite der Hinterflügel zeigt eine graue bis schwarze Marmorierung mit einer dunklen Mittelbinde. Raupennahrung sind verschiedene Gräser, z. B. Schwingel (*Festuca* sp.). Die Imagines erscheinen in einer Generation, je nach Höhenlage zwischen Ende Juni bis August. Als Lebensraum werden Schuttfluren, steinige, felsige, steile Hänge mit Offenbodenstellen ab 1600 bis über 3200 m genutzt. Die Verbreitung beschränkt sich auf den Alpenraum.

Flugzeit	J	F	M	A	M	J	J	A	S	O	N	D

Erebia gorgone

Die Vorderflügel haben eine Spannweite zwischen 36 und 40 mm. Die Grundfarbe ist dunkelbraun mit beim Weibchen etwas heller gelbbraunen, beim Männchen dunkler rotbraunen Binden. Die Unterseite ist dunkel bis hellbraun marmoriert mit einer hellen Binde und beim Weibchen sichtbar helleren Flügeladern. Die Raupen ernähren sich von Rispengräsern (*Poa* sp.). Die Falter erscheinen in einer Generation von Mitte Juli bis Ende August. Sie leben auf mit Gras bewachsenen Flächen in Geröllhalden und felsigen Bereichen und an Steilhängen auf Bergmatten in Hochlagen zwischen 1500 und 2500 m. *E. gorgone* ist ein Endemit der Pyrenäen in Andorra, Frankreich und Spanien.

Flugzeit	J	F	M	A	M	J	J	A	S	O	N	D

Erebia hispania

Die Flügelspannweite beträgt zwischen 34 und 42 mm. Die Falter sind auf der Oberseite bräunlich mit einer rotbraunen Binde und zwei Augenflecken auf den Vorderflügeln. Die Raupen fressen Gräser wie den Echten Schafschwingel (*Festuca ovina*). Die Flugzeit der Falter erstreckt sich in einer Generation je nach Lage von Mitte Juni bis Ende August. Sie bewohnen grasbewachsene, offene Felshänge in Höhen zwischen 1600 und 2500 m. Die Art ist ein Endemit der Sierra Nevada in Südost-Spanien, die in den Pyrenäen (Frankreich) und Andorra vorkommende Unterart *E. rondoui* wird von manchen Autoren als Unterart von *E. hispana* angesehen.

Flugzeit	J	F	M	A	M	J	J	A	S	O	N	D

Erebia jeniseiensis

Die Falter sind oberseits dunkelbraun gefärbt und tragen eine Reihe von orange umringten schwarzen Augenflecken auf der Oberseite. Auf der Hinterflügel-Unterseite findet sich eine weiße, dunkel bestäubte Querbinde. Nahrung der Raupen sind verschiedene Gräser. Die Imagines erscheinen in einer Generation von Juni bis Juli auf Wiesen, an Waldrändern und auf Waldlichtungen bis in Höhen von 2000 m. Anzutreffen ist die Art im Norden des europäischen Teils von Russland.

Flugzeit	J	F	M	A	M	J	J	A	S	O	N	D

Erebia lefebvrei

Die Spannweite erreicht zwischen 38 und 40 mm. Die orangen Bänder auf den dunkelbraun gefärbten Flügeln können auch reduziert sein oder fehlen. Die schwarzen Augenflecke sind weiß gekernt. Verschiedene Gräser stellen die Nahrungsquelle der Raupen. Die Falter fliegen in einer Generation von Ende Juni bis Ende August auf Geröllfeldern in alpinen Matten, Bergwiesen und in Felsbereichen in 1700 bis 2700 m Höhe. Das Vorkommen beschränkt sich auf die spanischen und französischen Pyrenäen sowie auf das Kantabrische Gebirge.

Flugzeit	J	F	M	A	M	J	J	A	S	O	N	D

Erebia ligea (Weißbindiger Mohrenfalter)

Die Flügelspannweite erreicht 42 bis 54 mm. Die Grundfarbe ist dunkelbraun. Auf der Flügeloberseite trägt er ein orangefarbiges Längsband, das mit weiß gekernten Augenflecken durchsetzt ist. Die Hinterflügel-Unterseite zeigt eine weiße Binde, die den Falter gut unterscheidbar von den anderen Mohrenfalterarten macht. Die Raupe frisst an verschiedenen Grasarten wie Wald-Hainsimse (*Luzula sylvatica*) und Nickendem Perlgras

(*Melica nutans*) und anderen. Die Art überwintert sowohl im Eistadium als auch während ihrer Entwicklungszeit als Raupe, die sich wie bei vielen höhere Lagen bewohnenden Mohrenfaltern über zwei Jahre erstreckt. Pro Jahr tritt er in einer Generation von Juni bis August auf. Der Falter lebt in lichten, grasreichen Wäldern und an Waldrändern in Höhen zwischen 200 und 1800 m. In Europa finden die Falter im Westen im französischen Zentralmassiv ihre Grenze, im Osten sind sie weit über Ost- und Südosteuropa verbreitet. Im Norden ist *E. ligea* bis Skandinavien, im Süden bis zu den Alpen vertreten.

RL V/Naturschutzstatus: 2.

Flugzeit	J	F	M	A	M	J	J	A	S	O	N	D
Raupen	J	F	M	A	M	J	J	A	S	O	N	D

Erebia manto (Gelbgefleckter Mohrenfalter)

Die Flügelspannweite der Vorderflügel liegt etwa zwischen 25 und 32 mm. Sie sind dunkelbraun und oft sehr verschiedenartig gefärbt und gezeichnet. Die Art kann leicht mit einer Reihe anderer *Erebia*-Arten verwechselt werden. Die Unterseite der Hinterflügel zeigt beim Weibchen aufgehellte und vergrößerte Flecken. Bei manchen Exemplaren ist dies nicht sehr ausgeprägt, sodass oft nur eine Genitaluntersuchung Aufschluss über die Artzugehörigkeit gibt. Während ihrer zweijährigen Entwicklungszeit ernährt sich die Art im Raupenstadium von verschiedenen Gräsern und Seggen wie Gewöhnlichem Ruchgras (*Anthoxanthum odoratum*), Hain-Rispengras (*Poa nemoralis*), Alpen-Rispengras (*P. alpina*) und anderen. Die Falter leben in einer Generation von Juni bis September in Höhen von etwa 900

bis 2500 m. Man findet sie in Lebensräumen wie Bergwiesen, Weiden und Almen am Rand von Wäldern. Die Verbreitung beschränkt sich auf europäische Gebirge wie die Alpen, Pyrenäen, das französische Zentralmassiv, die Karpaten und weitere.

RL R/Naturschutzstatus: eine naturschutzgerechte, extensive Beweidung fördert die Art und deren Lebensraum.

Flugzeit	J	F	M	A	M	J	J	A	S	O	N	D
Raupen	J	F	M	A	M	J	J	A	S	O	N	D

Erebia medusa (Früher Mohrenfalter, Rundaugen-Mohrenfalter)

Die Spannweite erreicht 32 bis zu 43 mm. Die Grundfarbe der Flügel ist dunkelbraun. Die weiß gekernten Augenflecke sind von mehr oder weniger großen, gelben Flecken umgeben. Es gibt einige Verwechslungsmöglichkeiten wie *E. oeme* und *E. aethiops*. Die Fühlerkolben sind unterseits bei *E. medusa* hellbraun im Gegensatz zu den dunklen bei *E. oeme*, der auch weniger Augenflecke auf der Vorderflügel-Oberseite hat. Die Raupe lebt vom Schlupf im Juni bis zur Überwinterung und der Verpuppung im April an Gräsern wie Echtem Schafschwingel (*Festuca ovina*), Aufrechter Trespe (*Bromus erectus*), Rasen-Schmiele (*Deschampsia cespitosa*) und weiteren Arten. Die Flugzeit der einzigen Generation liegt zwischen Mitte Mai und Ende Juli. Die Falter leben auf Waldwiesen, Streuwiesen, Trockenrasen in sowohl feuchteren als auch trockenen Bereichen. Die Verbreitung der Art reicht von Zentralfrankreich über Mitteleuropa bis weit über Osteuropa hinaus. Nach Süden geht die Grenze durch Norditalien und den Balkan.
RL V/Naturschutzstatus: 2.

Flugzeit	J	F	M	A	M	J	J	A	S	O	N	D
Raupen	J	F	M	A	M	J	J	A	S	O	N	D

Erebia melampus (Kleiner Mohrenfalter)

Die Falter erreichen 29 bis 34 mm Spannweite. Verwechslungsmöglichkeit besteht mit einigen weiteren Arten wie *E. sudetica*. Ein Anhaltspunkt zur Unterscheidung ist das Vorhandensein schwarzer Punkte in den orangen Bändern auf der Oberseite der Vorderflügel, die nur *E. sudetica* auch hat. Auf den Unterseiten der Hinterflügel sind bei *E. melampus* nur vier orange

Flecken, während die ähnlichen Arten meist zwei Flecken mehr haben. Nahrung der Raupen sind Grasarten wie Echter Schafschwingel (*Festuca ovina*), Rot-Schwingel (*F. rubra*), Hain-Rispengras (*Poa nemoralis*) und andere. Die Imagines der einzigen Generation fliegen von Ende Juni bis Anfang September in tieferen Höhenlagen ab 900 m, auf Waldlichtungen und Almweiden, in höheren, bis auf über 2000 m auf alpinen Matten und in Zwergstrauchgürteln. *E. melampus* kommt im Alpenraum vor.

RL R/Naturschutzstatus: 12.

Flugzeit	J	F	M	A	M	J	J	A	S	O	N	D

Erebia melas

Die Art hat eine Flügelspannweite von 40 bis 45 mm. Die Oberseite ist dunkelbraun mit zwei großen, nahe zusammenliegenden schwarzen, weiß gekernten Augen und mehreren kleinen. Die Raupen fressen Schwingelarten wie *Festuca graeca* und *Festuca olympica*. Die Falter erscheinen in einer Generation je nach Höhenlage von Juli bis Ende September. Sie bewohnen steinige, felsige, zuweilen steile Hänge und Schuttfluren zwischen 200 und 2800 m. Verbreitet ist die Art über die Balkanhalbinsel, Bulgarien, Rumänien, Slowenien, Kroatien, Bosnien-Herzegowina, Serbien, Montenegro, Albanien und Mazedonien bis Nord- und Mittelgriechenland.

Flugzeit	J	F	M	A	M	J	J	A	S	O	N	D

Erebia meolans (Gelbbindiger Mohrenfalter)

Die Flügel erreichen Spannweiten von 38 bis 43 mm. Dieser Falter ähnelt *E. oeme* und *E. medusa*, hat aber im Unterschied zu diesen auf der Unterseite eine dunkelgraue Binde beim Männchen und eine weißliche Binde beim Weibchen. Raupennahrung sind Grasarten wie Echter Schafschwingel (*Festuca ovina*), Rot-Schwingel (*F. rubra*), Borstgras (*Nardus stricta*) und andere. Die Entwicklung verläuft meist zweijährig. Die Imago fliegt in einer Generation von Mai bis Anfang August. Habitate im Bereich der Bergwälder an gehölzfreien Stellen wie Waldränder, Windwurfflächen, an Felshängen mit Bodenanrissen, an Wegböschungen, an mit Geröll und Steinen besetzten Weiden in Höhen zwischen 800 und 1700 m stellen den

Lebensraum dar. Die Art kommt in westlichen und zentraleuropäischen Gebirgszügen vor.
RL 3/Naturschutzstatus: 2.

Flugzeit	J	F	M	A	M	J	J	A	S	O	N	D
Raupen	J	F	M	A	M	J	J	A	S	O	N	D

Erebia mnestra (Blindpunkt-Mohrenfalter)

Die Spannweite der Vorderflügel erreicht etwa maximal um die 40 mm, mit steigender Höhe sind kleinere Exemplare zu finden. Die orange Färbung und Ausdehnung des Querbandes und der Flügelunterseite kann sich von Exemplar zu Exemplar unterscheiden. Die Augenflecke können von unterschiedlicher Größe und Anzahl sein oder auch ganz fehlen. Höhenabhängig kann die Entwicklung der Raupen zwei Jahre dauern. Sie fressen Schwingel-Arten wie z. B. Echten Schafschwingel (*Festuca ovina*) oder Kalk-Blaugras (*Sesleria albicans*). Imagines erscheinen in einer Generation von Ende Juni bis Mitte August. Die Lebensräume bestehen aus sonnigen, trockenen Steilhängen mit Grasbewuchs in Höhen zwischen 1500 und 2300 m. Die Art kommt nur in den südlichen und den Zentralalpen vor.

Flugzeit	J	F	M	A	M	J	J	A	S	O	N	D
Raupen	J	F	M	A	M	J	J	A	S	O	N	D

Erebia montana (Marmorierter Mohrenfalter)

Die Flügelspannweite der Vorderflügel kann zwischen 41 und 49 mm erreichen. Die Flügeloberseiten sind dunkelbraun mit orangem Querband, in dem zwei eng zusammenliegende größere, schwarze, weiß zentrierte Augenflecken und einige in Anzahl und Größe variierende kleine liegen. Die Vorderflügel-Unterseite ist zur einen Hälfte orange, zur anderen dunkler orangebraun gefärbt. Die Hinterflügel-Unterseite zeigt zum Rand ein helles, weiß unterlegtes Band mit dunkelbrauner Überstäubung. Die

Raupe überwintert. In größeren Höhen kann sich die Entwicklung auch auf zwei Jahre ausdehnen. Die Nahrung der Larven besteht nach der Überwinterung aus Gräsern, bevorzugt Schwingelarten wie Echtem Schafschwingel (*Festuca ovina*), Alpen-Schwingel (*F. alpina*), Walliser Schafschwingel (*F. valesiaca*), Bunt-Schwingel (*F. varia*) oder Borstgras (*Nardus stricta*). Sie verpuppen sich Anfang Juli. Die Imagines treten in einer Generation auf und lassen sich zwischen Mitte Juli bis Anfang September beobachten. Die Lebensräume bestehen aus alpinen Matten, steinigen Grashängen und Bergwiesen mit felsigen Bereichen an Bergwaldlichtungen in Höhen von 1200 bis 2500 m. *E. montana* ist in den westlichen Alpen von den Dolomiten bis nach Vorarlberg und das Engadin verbreitet.

Flugzeit	J	F	M	A	M	J	J	A	S	O	N	D
Raupen	J	F	M	A	M	J	J	A	S	O	N	D

Erebia neoridas

Die Flügel erreichen 38 bis 43 mm Spannweite. Er ist mit *E. zapateri* zu verwechseln. Die orangegelbe Binde auf der dunkelbraunen Oberseite ist etwas dunkler als bei diesen und die Augenflecken sind größer. Nahrungspflanzen der Raupen sind Schwingel-Arten (*Festuca* sp.) und andere. Die Imagines erscheinen in einer Generation von Ende Juli bis Ende September. Die bewohnten Lebensräume sind trockene, heiße Habitate, verbuschte Hänge mit Trocken- und Steppenrasen, auch auf Lichtungen in trockenen Bergwäldern zwischen 500 und 2100 m. Die Art kommt in Spanien in den Pyrenäen und im Kantabrischen Gebirge, in Frankreich in den Südwestalpen und im Zentralmassiv, in Italien in den Meeralpen und Zentralitalien vor.

Flugzeit	J	F	M	A	M	J	J	A	S	O	N	D

Erebia nivalis (Hochalpiner Schillernder Mohrenfalter)

Die Spannweite beträgt zwischen 34 und 36 mm. Die Verwechslungsmöglichkeit mit weiteren Arten der *Erebia-tyndarus*-Gruppe ist groß, ihre Flugzeit ist jedoch die früheste. Die Raupen ernähren sich von verschiedenen Schwingel-Arten (*Festuca* sp.). Ihre Entwicklung dauert zwei Jahre. Die Falter leben in einer Generation von Mitte Juli bis Anfang August. Sie bewohnen hochgelegene, felsig-steinige, spärlich bewachsene alpine Hänge, Grate und Felsbänder zwischen 2000 und 2600 m. Die Verbreitung umfasst die Ostalpen in Österreich, die nordöstlichen Hochalpen Italiens und Teile der Schweiz.

Flugzeit	J	F	M	A	M	J	J	A	S	O	N	D
Raupen	J	F	M	A	M	J	J	A	S	O	N	D

Erebia oeme (Doppelaugen-Mohrenfalter)

Die dunkelbraunen Vorderflügel erreichen Spannweiten von 28 bis 36 mm. Die Augenflecke variieren in der Intensität und Größe und je nach Geschlecht. Zwei nebeneinanderliegende Augenflecke (Doppelaugen) innerhalb einer kurzen rotbraunen Binde sind namengebend. Die Fühlerkolben sind schwarz und unterscheiden sich dadurch von den braunen des etwas ähnlichen Rundaugen-Mohrenfalter (*E. medusa*). Die Raupe lebt an Gräsern wie Rot-Schwingel (*Festuca rubra*), Wiesen-Rispengras (*Poa pratensis*), Alpen-Rispengras (*P. alpina*), Hain-Rispengras (*P. nemoralis*), Blauem Pfeifengras (*Molinia caerula*), Blaugrüner Segge (*Carex flacca*) und anderen. Imagines erscheinen zwischen Juni und August in einer Generation. Die Falter entwickeln sich in den höheren Lagen der Gebirge über zwei Jahre. Sie leben auf Feuchtwiesen und Mooren in Berglagen und auf feuchten Waldlichtungen feuchter Ausprägung in Höhen ab 1000 bis 2000 m. *E. oeme* wird in Europa in den Pyrenäen, den Alpen, dem Velebit, den Rhodopen und den Karpaten gefunden.

Flugzeit	J	F	M	A	M	J	J	A	S	O	N	D

Erebia orientalis (Bulgarischer Mohrenfalter)

Die Spannweite der Vorderflügel liegt zwischen 28 und 33 mm. Von manchen Autoren wird er als Unterart von *E. epiphron* gewertet. Die Falter sind oberseits dunkelbraun mit relativ spitz zulaufenden Vorderflügeln. Die schwarzen Augenflecken sind weiß gekernt und werden von orangen Fleckenbändern eingeschlossen. Die Unterseite der Weibchen ist graubraun. Die Raupen ernähren sich von Rispengräsern (*Poa* sp.), Borstgras (*Nardus stricta*) und Schwingelarten (*Festuca* sp.) und überwintern zweimal. Diese Mohrenfalter fliegen in einer Generation zwischen Juli und August. Die Lebensräume bestehen aus in der Regel mit Gebüschen bewachsenen alpinen Bergmatten und Weiden in den Hochlagen von 1900 bis 2700 m. Die Verbreitung erstreckt sich nur auf den Westen Bulgariens und den nordöstlichen Rand Serbiens.

Flugzeit	J	F	M	A	M	J	J	A	S	O	N	D
Raupen	J	F	M	A	M	J	J	A	S	O	N	D

Erebia ottomana

Die Flügelspannweite beträgt 37 bis 40 mm. Der oberseits dunkelbraune Falter schillert leicht grünlich und ist mit einigen Unterarten in Größe und Ausdehnung der orangen Flecken und Bänder sehr variabel. Die Hinter-

flügel-Unterseite ist sehr hell, im hinteren Drittel fast weiß mit grauer Marmorierung. Futterpflanze der Raupen ist der Echte Schafschwingel (*Festuca ovina*). Die Falter fliegen in einer Generation von Mitte Juli bis August auf alpinen Matten, Hochebenen, Waldlichtungen in Laubmisch- und Nadelwäldern in Höhen von 1400 bis 2000 m. Man findet sie in den Berglagen des Balkans, am Monte Baldo in Nord-Italien und im französischen Zentralmassiv.

Flugzeit	J	F	M	A	M	J	J	A	S	O	N	D

Erebia palarica

Die Art hat eine Spannweite von 47 bis 51 mm. Der größte der europäischen Mohrenfalter sieht *E. meolans* ähnlich. Die Raupen ernähren sich von verschiedenen Gräsern. Imagines erscheinen in einer Generation von Ende Mai bis Ende Juli in grasbewachsenen Habitaten mit Ginster (*Cytisus* sp.) und Baumheidebewuchs (*Erica arborea*) zwischen 1000 und 1700 m Höhe. Es handelt sich um einen Endemiten der Hochlagen im nordwestlichen Spanien.

Flugzeit	J	F	M	A	M	J	J	A	S	O	N	D

Erebia pandrose (Graubrauner Mohrenfalter)

Die Flügelspannweite erreicht 37 bis 41 mm. Die braune Oberseite zeigt auf den Vorderflügeln orangebraune Fleckenbänder und kleine schwarze Augen. Die Unterseite der Hinterflügel ist hellgrau und braun marmoriert mit einer dunkelbraun eingefassten Binde. Die Falter ähneln stark *E. sthennyo*. Bevorzugte Nahrungspflanzen der Raupen sind: Schwingel-Arten (*Festuca* sp.), Rispengräser (*Poa* sp.) und Blaugräser (*Sesleria* sp.). Die Flugzeit der Imagines erstreckt sich in einer Generation von Juni bis August. Als Lebensraum beanspruchen sie kurzgrasige Bergwiesen und alpine Matten zwischen 1600 und 3000 m. Die Art besiedelt arktische Bereiche Nordeuropas, Norwegen, Schweden, Finnland, die Pyrenäen, die Alpen, den Apennin, die Karpaten und in Österreich die Steiermark.

Flugzeit	J	F	M	A	M	J	J	A	S	O	N	D

Erebia pharte (Unpunktierter Mohrenfalter)

Die Art hat eine Spannweite von 28 bis 33 mm. Es fehlen in der Regel die schwarzen Augenflecken in den orangen bis gelblichen Fleckenbändern. Raupennahrung sind Gräser wie die Rost-Segge (*Carex ferruginea*). Die Imagines fliegen in einer Generation je nach Höhenlage von Mitte Juni bis Anfang August. Als Lebensraum werden feuchte und auch trockene Bergwiesen, Weiden und alpine Matten von ca. 1000 bis 2400 m genutzt. Das Verbreitungsgebiet erstreckt sich über Frankreich, die Schweizer Alpen, das nordwestliche und nordöstliche Italien, das südliche Deutschland, Österreich, Slowenien, das südliche Polen und die nördliche Slowakei (Tatra) bis in die rumänischen Karpaten.

Flugzeit	J	F	M	A	M	J	J	A	S	O	N	D

Erebia pluto (Eismohrenfalter)

Die Spannweite dieser Art beträgt zwischen 40 und 45 mm. Die Falter sind dunkelbraun bis fast schwarz und sehr variabel. Meist haben sie zwei größere schwarze, weiß gekernte Augen auf den Vorderflügeln, die aber auch kleiner sein können oder manchmal auch gänzlich fehlen. Als Raupennahrung kommen verschiedene Gräser wie Schwingel-Arten (*Festuca* sp.) infrage. Die Entwicklung ist zweijährig. Imagines fliegen ab Mitte Juni je nach Höhenlage bis Anfang/Mitte August. Ihre bevorzugten Lebensräume sind besonnte, spärlich bewachsene Schutthalden in den Hochalpen in Höhen ab ca. 1800 m. Die Art kommt in den Alpen und in Italien im Apennin vor.

Flugzeit	J	F	M	A	M	J	J	A	S	O	N	D
Raupen	J	F	M	A	M	J	J	A	S	O	N	D

Erebia polaris

Die Flügelspannweite erreicht 38 bis 42 mm. Diese Art ähnelt dem Rundaugen-Mohrenfalter (*E. medusa*), jedoch sind die Augenflecken kleiner und die Unterseiten der Hinterflügel besitzen ein undeutliches, manchmal fehlendes oranges Fleckenband. Raupenfutter sind Gräser, wie Echter Schafschwingel (*Festuca ovina*), Wald-Flattergras (*Milium effusum*) und Sumpf-Rispengras (*Poa palustris*). Die Falter erscheinen in einer Generation von Juni bis Ende Juli. Sie bewohnen sowohl feuchte Wiesen an Flussmündungen im Küstenbereich als auch Trockenrasen mit Birken- oder Wacholderaufwuchs von Meereshöhe bis 400 m. Sie sind in Norwegen und Finnland vorkommend.

Flugzeit	J	F	M	A	M	J	J	A	S	O	N	D

Erebia pronoe (Quellen-Mohrenfalter)

Die Art ist mit 36 bis 46 mm Vorderflügelspannweite relativ groß. Die Grundfärbung ist dunkelbraun. Die Hinterflügel-Unterseite ist mehr oder weniger hell marmoriert und mit einem dunklen Querband versehen. Die rotbraune Binde, die zwei bis vier kleine, weiß gekernte schwarze Augenflecken umschließt, ist unterschiedlich ausgeprägt und ist manchmal kaum noch zu erkennen. Einige weitere *Erebia*-Arten sehen ihm sehr ähnlich. Die Raupen überwintern und nutzen Grasarten wie Echten Schafschwingel (*Festuca ovina*) und andere. Die Falter leben in einer Generation von Juni bis September in Höhenlagen zwischen 800 und 2500 m. Die Lebensräume erstrecken sich auf Magerrasenflächen, Schuttfluren und Uferbereiche von Gebirgsbachläufen. Ihr Verbreitungsgebiet beschränkt sich auf die höchsten Gebirgsregionen Europas wie die Alpen, Karpaten und Pyrenäen.

RL V/Naturschutzstatus: 2.

Flugzeit	J	F	M	A	M	J	J	A	S	O	N	D
Raupen	J	F	M	A	M	J	J	A	S	O	N	D

Erebia rhodopensis

Die Falter werden mit ausgestreckten Flügeln 36 bis 40 mm groß. Die dunkelbraune Oberseite mit orangen Binden sieht *E. aethiopella* ähnlich, der aber nicht dieselbe Verbreitung hat und dessen schwarze, weiß gekernten Doppelaugen an der Vorderflügelspitze kleiner sind. Die Raupe nutzt Gräser und überwintert zweimal. Die Mohrenfalter erscheinen zwischen Juli und August in einer Generation. Ihr Habitat sind sonnige mehr oder weniger grasbewachsene Hänge in Hochlagen von 1800 bis 2800 m, frei von Bäumen und Sträuchern. *E. rhodopensis* lebt nur in den Gebirgen des Balkans in Bulgarien, dem Süden Serbiens, Mazedonien, dem Norden Griechenlands und dem Süden Albaniens.

Flugzeit	J	F	M	A	M	J	J	A	S	O	N	D
Raupen	J	F	M	A	M	J	J	A	S	O	N	D

Erebia rondoui

Die Flügelspannweite erreicht 30 bis 32 mm. Die Art wird von vielen Autoren als Unterart von *E. hispania* angesehen und sieht dieser ähnlich, hat aber eine ausgeprägtere Zeichnung der Binden und Augen. Rispengräser (*Poa* sp.) und Schwingelarten (*Festuca* sp.) bilden die Nahrungsgrundlage der Raupe vor und nach der Überwinterung. Falter erscheinen in einer Generation zwischen Juli bis spätestens Mitte September. Die Lebensräume sind felsige, lückig mit Gras bewachsene, trockene Hänge und Bergweiden in Hochlagen zwischen 1600 und 2500 m. Der Endemit der Pyrenäen kommt in Frankreich und Spanien vor und überschneidet sich in der südspanischen Sierra Nevada mit *E. hispania*.

Flugzeit	J	F	M	A	M	J	J	A	S	O	N	D

Erebia rossii

Die Flügelspannweite erreicht 41 bis 47 mm. Die Grundfarbe ist dunkelbraun mit je zwei gelb-orange umringten schwarzen, weiß gekernten

Augenflecken auf den Vorderflügeln. Als Raupe ernährt sich die Art von verschiedenen Seggen (*Carex* sp.) und überwintert. Falter der einzigen Generation leben zwischen Anfang Juni und Mitte Juli. Als Lebensraum sind feuchte, grasbewachsene Tundren und Feuchtwiesen nachgewiesen. Der europäische Verbreitungsraum ist der nördliche russische Ural.

Flugzeit	J	F	M	A	M	J	J	A	S	O	N	D

Erebia scipio (Blassbindiger Mohrenfalter)

Die Flügelspannweiten liegen zwischen 40 und 46 mm. Die Oberseite ist dunkelbraun mit orangebraunen Binden und zwei schwarzen, weiß gekernten Augenflecken an den Vorderflügelspitzen. Als Nahrungspflanze der Raupe wird Berg-Wiesenhafer (*Helictotrichon sedenense*) angegeben. Die Falter erscheinen zwischen Ende Juli und Ende August in einer Generation. Sie bewohnen steile Felshänge, Schutt- und Geröllfelder mit ein wenig Grasbewuchs in Hochlagen zwischen 1400 und 2500 m. Die Verbreitung beschränkt sich auf den Alpenbereich an der Grenze zwischen Frankreich und Italien von der Mittelmeerküste bis in Nähe der Schweizer Grenze.

Flugzeit	J	F	M	A	M	J	J	A	S	O	N	D

Erebia sthennyo

Die Flügelspannweite erreicht 40 bis 45 mm. Die Art ist *E. pandrose* sehr ähnlich. Der Abstand der Augenflecken auf der Vorderflügel-Oberseite vom Außenrand der Flügel ist kleiner. Die dunklen Zeichnungen sind wesentlich schwächer oder fehlen ganz. Auf der grauen Hinterflügel-Unterseite ist kaum eine Zeichnung vorhanden. Die Raupe lebt an Schwingel (*Festuca* sp.) und Schmiele (*Deschampsia* sp.). Falter fliegen in einer Generation im Jahr zwischen Ende Juni und Anfang August. Die Habitate liegen in Höhenlagen von 1800 bis über 2700 m an grasbewachsenen Hängen und in felsigen Bereichen. Die Verbreitung der Art beschränkt sich auf die Mittel-Pyrenäen in Spanien, die gegenüberliegenden französischen Pyrenäen und Andorra.

Flugzeit	J	F	M	A	M	J	J	A	S	O	N	D

Erebia stirius (Steirischer Mohrenfalter)

Die Flügel erreichen 41 bis 44 mm Spannweite. Sie ähneln *E. styx*. An der Vorderflügel-Unterseite läuft eine graue Randbinde, die nach unten zu schmaler wird. Beim Weibchen ist auf der Hinterflügel-Unterseite in der Mitte ein dunkles Band erkennbar. Den Raupen dient das Moor-Blaugras (*Sesleria caerulea*) als Nahrungsgrundlage. Die Imagines kann man in einer Generation von Ende Juli bis Anfang September beobachten. Sie fliegen an felsbesetzten Bergwiesen und Matten zwischen 700 und 1800 m Höhe. Verbreitet ist die Art in den österreichischen und italienischen Alpen, in Kroatien und Slowenien, der Steiermark sowie im Mostviertel.

Flugzeit	J	F	M	A	M	J	J	A	S	O	N	D

Erebia styx (Freyers Alpen-Mohrenfalter)

Die Flügelspannweiten liegen zwischen 40 bis 45 mm. Die Hinterflügel-Unterseite ist beim Männchen von der Basis über zwei Drittel einheitlich dunkelbraun. An der Außenseite der dunklen Fläche zeigen sich zudem helle Flecken oder ein schmales helles Band. Das graubraune Saumband am Rand der Vorderflügel-Unterseite ist im Gegensatz zum ähnlichen *E. stirius* gleichmäßig breit. Die Raupen ernähren sich von Kalk-Blaugras (*Sesleria albicans*) und Stachelspitziger Segge (*Carex mucronata*). Die Falter tauchen je nach Höhenlage in einer Generation von Anfang Juli bis Anfang September auf. Ihre Lebensräume sind Magerrasen, felsige oder steinige Hänge, Geröllhalden von etwa 700 bis 2800 m. Diese Art kommt in der süd-

östlichen Schweiz, im nördlichen Italien, in Deutschland am bayerischen Alpenrand, in Österreich und im westlichen Slowenien vor.
RL R.

Flugzeit	J	F	M	A	M	J	J	A	S	O	N	D

Erebia sudetica (Sudeten-Mohrenfalter)

Die Spannweite liegt zwischen 28 und 32 mm. Die orangen Fleckenbinden auf Ober- und Unterseite mit den schwarzen Punkten darin sind gegenüber dem ähnlichen *E. melampus* sehr gleichmäßig und werden nur von den braunen Flügeladern durchbrochen. Die Raupen fressen Gräser und Seggen wie Gewöhnliches Ruchgras (*Anthoxanthum odoratum*). Die Falter fliegen in einer Generation je nach Lage von Juli bis Ende August. Als Lebensraum werden feuchte Wiesen mit Quellaustritten, aber auch trockenere Wiesen und Weiden in 1200 bis 2000 m Höhe genutzt. Die Art ist in Frankreich im Zentralmassiv, in der Schweiz, in Rumänien in den Karpaten und in Tschechien in den Sudeten verbreitet.

Flugzeit	J	F	M	A	M	J	J	A	S	O	N	D

Erebia triaria (Alpen-Mohrenfalter)

Die Spannweite der Flügel beträgt 41 bis 44 mm. Vier Augenflecken an der Flügelspitze bilden in der Regel annähernd eine gerade Linie. Die Unterseite der Hinterflügel ist beim Männchen sehr dunkel und zeigt nur undeutliche Zeichnungselemente. Eine Verwechslungsmöglichkeit besteht mit dem Gelbbindigen Mohrenfalter (*E. meolans*). Die Raupen leben und fressen an Gräsern wie dem Echten Federgras (*Stipa pennata*), Echten Schafschwingel (*Festuca ovina*) und anderen. Die Imagines fliegen je nach Höhenlage von Mitte April bis August in steinigen, spärlich bewachsenen, felsigen, steppenartigen Habitaten, auf Geröllhalden und felsbesetzten Lichtungen in Kiefernwäldern von 900 bis 2500 m. Das Vorkommen erstreckt sich über Albanien, Andorra, Österreich, die Schweiz, Frankreich, Italien, Spanien, Portugal und das ehemalige Jugoslawien.

Flugzeit	J	F	M	A	M	J	J	A	S	O	N	D

Erebia tyndarus (Schweizer Schillernder Mohrenfalter)

Seine Spannweite beträgt 26 bis zu 35 mm. Die Grundfarbe geht ins Dunkelbraune bis Schwarze mit einem je nach Lichteinfall mehr oder weniger intensiven, grünlich-blauen Schillern auf der Oberseite der Flügel. Je eine orange Binde beinhaltet zwei schwarze, weiß gekernte Augenflecke. Die Raupe lebt ab August bis zur Überwinterung an Gräsern wie Echtem Schafschwingel (*Festuca ovina*), Rot-Schwingel (*F. rubra*) und anderen. Die Flugzeit der einzigen Generation reicht von Ende Juni bis Ende August.

Sie bevorzugt als Lebensraum sonnig warme Bergwiesen und -weiden mit offenen Bodenstellen zwischen 1000 und 2300 m. Die Art kommt nur in den Alpen vor.
RL R/Naturschutzstatus: 2 & 5.

Flugzeit	J	F	M	A	M	J	J	A	S	O	N	D

Erebia zapateri

Die Falter erreichen 37 bis 40 mm Spannweite. Sie sind schwarzbraun. Auf den Vorderflügel-Oberseiten liegen breite, leuchtend gelbe Binden mit schwarzen, weiß gekernten Augenflecken. Die Hinterflügel-Oberseite zeigt nur sehr reduzierte oder gänzlich fehlende Fleckenbänder. Raupennahrung sind verschiedene Gräser wie Echter Schafschwingel (*Festuca ovina*) und Borstgras (*Nardus stricta*). Flugzeit der Imagines ist in einer Generation von Ende Juli bis Anfang September. Sie bewohnen lichte Kiefernwälder mit Waldwiesen und mit Bäumen und Sträuchern bewachsene Magerrasen zwischen 1000 und 1700 m Höhe. Das Vorkommen beschränkt sich auf das östliche Spanien.

Flugzeit	J	F	M	A	M	J	J	A	S	O	N	D

Euphydryas aurinia (Goldener Scheckenfalter, Skabiosen-Scheckenfalter)

Die Spannweite der Flügel beträgt 35 bis über 40 mm. Am unteren Rand der Flügeloberseiten verläuft eine orangefarbige Binde, in der sich auf der Hinterflügel-Oberseite schwarze, hellgelb gesäumte Punkte befinden. Die Hinterflügel-Unterseite trägt ein orangefarbiges Band mit schwarz gekernten gelben Flecken darin. Die Raupe lebt an Gewöhnlichem Teufelsabbiss (*Succisa pratensis*), Fieberklee (*Menyanthes trifoliata*) und Glänzender Skabiose (*Scabiosa lucida*), verschiedenen Enzian- und einigen anderen Pflanzenarten. Die Jungraupen bilden nach dem Schlupf Mitte Juni ein gemeinschaftliches Gespinst an der Futterpflanze und überwintern dann in einem späterem Stadium. Die Art fliegt in einer Generation von Anfang Mai bis Anfang August. *E. aurinia* lebt vor allem auf schütter und nieder bewachsenen Feucht- und Streuwiesen und Niedermooren, aber auch auf Trocken- und Magerrasen. Mit den Habitatverlusten ist auch dieser Falter selten geworden. Die Verbreitung der Art erstreckt sich auf praktisch ganz Europa.

RL 2/Naturschutzstatus: 1.

Flugzeit	J	F	M	A	M	J	J	A	S	O	N	D
Raupen	J	F	M	A	M	J	J	A	S	O	N	D

Euphydryas cynthia (Alpen-Scheckenfalter, Veilchen-Scheckenfalter)

Diese Art erreicht eine Spannweite von bis zu 40 mm. Die Geschlechter sind verschieden gefärbt. Die Männchen sind auffällig und einzigartig durch die weiße Flügelzeichnung. Die Weibchen sehen dem Goldenen Scheckenfalter ähnlich. Die Raupe lebt ab Ende Juli vor allem an Herzblättriger Kugelblume (*Globularia cordifolia*), Spitzwegerich (*Plantago lanceolata*), Alpen-Wegerich (*P. alpina*) und Veilchenarten wie Langspornigem Stiefmütterchen (*Viola calcarata*) und überwintert zweimal und verpuppt sich im Juni. Die Imagines fliegen in einer Generation von Juni bis August. Die Falter leben in den Alpen auf mit Bergkiefern bewachsenen Matten und kurzrasigen Almwiesen zwischen 1000 und 2500 m Höhe. Die Art kommt nur in den Alpen und den bulgarischen Hochgebirgen vor.
RL R/Naturschutzstatus: 2 & 12.

Flugzeit	J	F	M	A	M	J	J	A	S	O	N	D
Raupen	J	F	M	A	M	J	J	A	S	O	N	D

Euphydryas desfontainii

Die Falter erreichen Spannweiten zwischen 42 und 48 mm. Die Oberseite ähnelt *E. aurinia,* hat aber eine intensivere und kontrastreichere Zeichnung aus schwarzen und hellen Fleckenbändern. Die Unterseite erscheint vor allem auf den Vorderflügeln durch die hellgelben Binden wersentlich heller. Es besteht eine Verwechslungsmöglichkeit mit dem Skabiosen-Scheckenfalter (*E. aurinia*). Die Raupennahrung besteht aus Weißem Schuppenkopf (*Cephalaria leucantha*) und Skabiosen-Arten (*Scabiosa* sp.). Die Falter erscheinen je nach Höhenlage und Witterungsbedingungen von April bis Anfang Juli. Als Lebensräume werden trockene Wiesen, Ödland, steinige und trockene Berghänge, Garrigue zwischen 300 und 1600 m Höhe genutzt. Verbreitet ist diese Art in Spanien in Andalusien, im zentralen und nordöstlichen Spanien, in den Pyrenäen und in Frankreich in den östlichen Pyrenäen.

Flugzeit	J	F	M	A	M	J	J	A	S	O	N	D

Euphydryas iduna

Die Spannweite der Flügel beträgt 36 bis 40 mm. Die Art kann in ihrem nordischen Verbreitungsgebiet mit keiner anderen verwechselt werden. Die Falter ähneln dem Veilchen-Scheckenfalter (*E. cynthia*). Im Gegensatz dazu sind beim Männchen die weißen Zeichnungselemente auf Fleckenbinden reduziert und auch beim Weibchen vorhanden. Die orange Binde der Hinterflügel trägt außerdem keine schwarzen Punkte. Die Raupen fressen Wegerich-Arten (*Plantago* sp.), Alpen-Ehrenpreis (*Veronica alpina*), Felsen-Ehrenpreis (*V. fruticans*) und Moorbeere (*Vaccinium uliginosum*). Die Imagines kommen in einer Generation je nach Lage und Witterung von Ende Mai bis Anfang Juli vor. Bewohnt werden Bergwiesen sowohl trockener als auch feuchter Standorte in Hügel- und Bergland in Höhen zwischen 300 und 800 m. *E. iduna* lebt in Lappland, dem arktischen Russland und im Kaukasus.

Flugzeit	J	F	M	A	M	J	J	A	S	O	N	D

Euphydryas intermedia (Geißblatt-Scheckenfalter, Alpen-Maivogel)

Der Falter verfügt über eine Flügelspannweite von 38 bis 45 mm. Er ähnelt von Zeichnung und Farbe dem Weibchen des Veilchen-Scheckenfalters (*E. cynthia*) und dem Skabiosen-Scheckenfalter (*E. aurinia*), die aber in der orangen Hinterflügelbinde im Gegensatz zu *E. intermedia* immer schwarze Flecken besitzen. Die Raupe benötigt zwei Jahre Entwicklungszeit und frisst nach dem Schlupf ab Ende Juli in gemeinschaftlichen Gespinsten an den Blättern der Blauen Heckenkirsche (*Lonicera caerulea*). Die Flugzeit der Falter erstreckt sich in einer Generation auf die Zeit zwischen Ende Juni und Juli. Die oft recht kleinen Habitate sind lichte Stellen in Bergwäldern mit Bachläufen und Sträuchern wie Rostblättrigen Alpenrosen (*Rhododendron ferrugineum*), Blauen Heckenkirschen (*Lonicera caerulea*) und Grünerlengebüsch (*Alnus viridis*) in Höhenlagen zwischen 1400 und 2100 m. *E. intermedia* lebt nur in den Südalpen.

Flugzeit	J	F	M	A	M	J	J	A	S	O	N	D
Raupen	J	F	M	A	M	J	J	A	S	O	N	D

Euphydryas maturna (Maivogel, Eschen-Scheckenfalter)

Zwischen 35 und 45 mm Flügelspannweite erreicht diese Art. Die Zeichnung der Flügel mit dunkelbrauner Grundfärbung und oranger und weißgelber Flecken- und Gitterzeichnung ist charakteristisch. Der im Alpenraum vorkommende Alpen-Maivogel (*E. intermedia*) ist nicht so leuchtend orangerot gezeichnet und die Unterseite trägt eine dunklere Linienzeichnung. Die Raupe frisst nach dem Schlupf im Juli an Esche (*Fraxinus* sp.) und nach der Überwinterung bis zur Verpuppung im Mai an verschiedenen anderen Pflanzen, wie Roter Heckenkirsche (*Lonicera xylosteum*), Salweide (*Salix caprea*) oder auch an Wegericharten (*Plantago* sp.), aber auch wieder an Esche. Die Imagines treten in einer Generation von Mitte Mai bis Anfang Juli auf. Den Falter findet man ganz selten in feuchten, lichten Wäldern mit Eschenbestand. Änderungen der Nutzungsformen der Wälder, wo der

Falter vorkommt, und auch die Bekämpfung von Schwamm- und Prozessionspinner mit Häutungshemmmitteln in den vergangenen Jahren hatten nicht nur auf den Maivogel negative Auswirkungen. Er ist in Deutschland akut vom Aussterben bedroht und kommt aktuell nur noch an drei Stellen vor. Die Gesamtverbreitung erstreckt sich auf Frankreich, Mittel- und Osteuropa. Im Norden erreichen die Falter das mittlere Schweden und den Süden Finnlands, im Südosten Mazedonien.

RL 1/Naturschutzstatus: 7.

Flugzeit	J	F	M	A	M	J	J	A	S	O	N	D
Raupen	J	F	M	A	M	J	J	A	S	O	N	D

Hipparchia alcyone (Kleiner Waldportier)

Der Falter besitzt eine Vorderflügelspannweite von 27 bis 35 mm und erreicht nicht ganz die Abmessungen des Großen Waldportiers (*H. fagi*). Wir behalten hier den alten Artnamen bei und übernehmen nicht den sehr umstrittenen neuen Namen (*H. hermione*). Der Rand der weißen Binde an der Unterseite der Hinterflügel hat im Vergleich einen wesentlich deutlicheren Knick gegenüber dem Großen Waldportier (*H. fagi*). Eine sichere Abgrenzung bietet allerdings nur eine Genitaluntersuchung. Die Raupe überwintert und ernährt sich zwischen September und bis zur Verpuppung im Juni von verschiedenen Gräsern wie Echtem Schafschwingel (*Festuca ovina*), Rotem Straußgras (*Agrostis capillaris*) und anderen. Die Flugzeit erstreckt sich von Ende Juni bis August. Lebensraum sind lichte, grasreiche Kiefernwälder, Waldränder, Lichtungen und Waldwege, oft auf Sandböden zwischen 0 und 1500 m Höhe. Verbreitung findet *H. alcyone* von Südfrankreich bis nach Osteuropa. Auch in den Gebirgen der Iberischen Halbinsel und Italiens bis in den Süden Norwegens und das Baltikum sind sie vertreten. In Deutschland ist die Art sehr selten geworden.

RL 2/Naturschutzstatus: 4.

Flugzeit	J	F	M	A	M	J	J	A	S	O	N	D
Raupen	J	F	M	A	M	J	J	A	S	O	N	D

Hipparchia aristaeus (Mittelmeer-Waldportier)

Die Spannweite der Flügel beträgt 50 bis 53 mm. Der Falter ähnelt der Rostbinde (*Hipparchia semele*), die aber im Verbreitungsgebiet vermutlich nicht vorkommt. Die dunkelbraune Oberseite hat mehr oder weniger ausgedehnte orangebraune Zeichnungselemente. Die Hinterflügel-Unterseite besitzt je nach Geschlecht eine mehr oder minder breite weiß-braun marmorierte Binde. Die Raupennahrung besteht aus Gräsern wie Honiggräsern (*Holcus* sp.), Straußgräsern (*Agrostis* sp.) und Espartogras (*Lygeum spartum*). Die Falter erscheinen in einer Generation von Mai bis Ende August. Ihr bevorzugter Lebensraum sind heiße trockene, felsige Habitate zwischen 500 und 1800 m. Anzutreffen ist diese Art auf dem südlichen Balkan, in Griechenland, in Italien auf Sizilien, Elba, Capraia und Sardinien sowie in Frankreich auf Korsika in verschiedenen Unterarten.

Flugzeit	J	F	M	A	M	J	J	A	S	O	N	D

Hipparchia autonoe

Die Flügelspannweite liegt bei 48 bis 65 mm. Die Flügeloberseite ist dunkelbraun mit hellgelben bis fast weißen Fleckenbinden und zwei schwarzen, weiß gekernten Augenflecken. Die Hinterflügel-Unterseite ist braun marmoriert und hat mittig eine weiße Querbinde. Die Raupen ernähren sich von verschiedenen Gräsern. Die Falter sind in einer Generation von Mitte Juni bis Ende August zu beobachten. Sie bewohnen Steppen und Halbsteppen vom Flachland bis 2200 m. Ihr Vorkommen ist auf den südlichen europäischen Teil von Russland beschränkt.

Flugzeit	J	F	M	A	M	J	J	A	S	O	N	D

Hipparchia azorinus (Azorensamtfalter)

Die Spannweite der Flügel beträgt 39 bis 43 mm. Es werden von einigen Autoren zwei weitere Arten *H. occidentalis* und *H. miguelensis* beschrieben, die von anderen aber auch nur als Unterarten von *H. azorinus* angesehen werden. Die braune Oberseite der Flügel zeigt eher undeutliche weiße bis hellgelbe Fleckenbinden. Dafür zeichnet sich die weiße Binde der Hinterflügel-Unterseite recht deutlich vom ansonsten braun marmorierten Rest ab. Die Raupe lebt an Schwingel (*Festuca jubata*). Die Falter erscheinen in einer Generation von Juni bis Oktober an geschützten Stellen auf mit Gräsern bewachsenen Berghängen und Weiden mit lichtem Gebüsch in

Höhen zwischen 500 und 2000 m. *H. azorinus* lebt endemisch nur auf den zu Portugal gehörenden Azoren.

Flugzeit	J	F	M	A	M	J	J	A	S	O	N	D

Hipparchia bacchus

Die Flügel erreichen 52 bis 58 mm Spannweite. Die Art wird erst seit Kurzem als eigene Art anerkannt. Sie unterscheidet sich vom Kanaren-Samtfalter (*H. wyssii*) durch größere, weiße Flecken und Augenflecken auf den Oberseiten der Vorderflügel. Die Raupen fressen verschiedene Gräser. Die Falter fliegen in einer Generation in den Monaten Juli und August. Ihr Lebensraum beschränkt auf die grasbewachsene Steilwand des El Golfo in 300 bis 1500 m Höhe. *H. bacchus* ist ein Endemit der Kanarischen Insel El Hierro.

Flugzeit	J	F	M	A	M	J	J	A	S	O	N	D

Hipparchia blachieri

Die Flügelspannweite liegt bei 58 bis 65 mm. Die Art ähnelt sehr *H. aristaeus* und ist nur anhand des männlichen Genitals sicher zu bestimmen. Die Nahrung der Raupen besteht aus verschiedenen Gräsern. Die Imagines erscheinen in einer Generation von Mitte Juni bis August/September in warmen, trockenen, felsigen Habitaten mit spärlicher Vegetation zwischen 700 und 1900 m. Man findet sie in Italien auf Sizilien und auf Malta als Gast.

Flugzeit	J	F	M	A	M	J	J	A	S	O	N	D

Hipparchia christenseni (Karpathos-Waldportier)

Diese Art erreicht eine Spannweite von 48 bis 53 mm. Äußerlich ist die Art kaum von *H. cretica* und *H. semele* zu unterscheiden. Die Art kann mit dem Ockerbindigen Samtfalter (*H. semele*) und (*H. cretica*) verwechselt werden. Den Raupen dienen verschiedene Gräser als Nahrung. Die Falter sind in einer Generation von Anfang Juni bis Ende Juni zu beobachten. Sie bewohnen Lichtungen in Kiefernwäldern sowie steinige, felsige, mit Sträuchern bestandene Hänge und Wiesen. Die Art kommt endemisch auf der ostgriechischen Insel Karpathos vor.

Flugzeit	J	F	M	A	M	J	J	A	S	O	N	D

Hipparchia cretica (Kretischer Waldportier)

Die Spannweite beträgt 50 bis 55 mm. Es besteht eine Verwechslungsmöglichkeit mit dem Ockerbindigen Samtfalter (*H. semele*). Nahrung der Raupen sind diverse Gräser. Die Falter fliegen in einer Generation von Mitte Mai bis Ende Juni mit Übersommerung bis Oktober. Ihre Lebensräume sind mit Sträuchern und Bäumen bestandene, trockene Felshänge, Olivenhaine, trockenwarme Habitate wie die Garrigue von Meereshöhe bis ins Gebirge in ca. 1600 m Höhe. Das einzige Vorkommen befindet sich auf Kreta.

Flugzeit	J	F	M	A	M	J	J	A	S	O	N	D

Hipparchia cypriensis

Die Flügelspannweite liegt bei 44 bis 49 mm. Von einigen Autoren wird er als Unterart oder Synonym von *H. pellucida* angesehen. Auf Zypern ist die Art nicht zu verwechseln. Nahrung der Raupen sind die Kretische Zistrose (*Cistus creticus*) und andere Zistrosen. Die Falter treten je nach Lage und Region von Ende März bis November in einer Generation auf. Sie bewohnen felsige Habitate im Küstenbereich, Garrigue, ausgetrocknete Bach- und Flusstäler und lichte Wälder. *H. cypriensis* ist ein Endemit auf Zypern.

Flugzeit	J	F	M	A	M	J	J	A	S	O	N	D

Hipparchia fagi (Großer Waldportier)

Die Spannweite eines der größten europäischen Falter beträgt 63 bis 80 mm. Eine breite, weiße bis hellgelbe Binde mit zwei größeren schwarzen, weiß gekernten Augen darin überzieht die Flügeloberseiten. Die Unterseite der Vorderflügel zeigt eine hellgelbe Binde. Die Hinterflügel haben auf der Unterseite eine braune Marmorierung sowie ein dunkles Zackenband im Basisbereich und eine weiße Binde im hinteren Bereich. Eine sichere Unterscheidung zum Kleinen Waldportier (*H. alcyone*) ist im Freiland oft nicht möglich. Die Raupe lebt nach dem Schlupf im Juli bis zur Überwinterung und Verpuppung im Mai an Zwenken wie Flieder-Zwenke (*Brachypodium pinnatum*) und Wald-Zwenke (*B. sylvaticum*) sowie an Seggenarten wie Berg-Segge (*Carex montana*), Blaugrüner Segge (*C. flacca*) und Weißer Segge (*C. alba*). Die Imagines erscheinen in einer Generation

je nach Lage von Anfang Juni bis Mitte September. Ihre Lebensräume sind Lichtungen und Ränder von warmen Laub- und Nadelwäldern bis zu einer Höhe von 50 bis 1000, maximal 1800 m Höhe. Das Vorkommen der Art erstreckt sich über das nördliche Spanien, das mittlere, südliche und östliche Frankreich, das südwestliche Deutschland mit dem Kaiserstuhl, das südliche Polen bis nach Italien, den Balkan und Griechenland.
RL 2/Naturschutzstatus: 2.

Flugzeit	J	F	M	A	M	J	J	A	S	O	N	D
Raupen	J	F	M	A	M	J	J	A	S	O	N	D

Hipparchia fatua

Diese Art erreicht eine Spannweite von 58 bis 67 mm. Die Männchen sind oberseits braun mit kaum sichtbarer Zeichnung. Beim Weibchen sind hellere gelbliche Flecken und auf den Vorderflügeln je zwei weiße Flecken sowie zwei schwarze, weiß gekernte Augenflecken zu finden. Die Hinterflügel-Unterseite ist braun marmoriert und trägt zwei gezackte, schwarze Querlinien. Die Raupen ernähren sich von hochwüchsigen Grasarten. Die Falter fliegen in einer Generation von Ende Mai bis Anfang Oktober, sie bevorzugen trockene, heiße Habitate meist im Küstenbereich an felsigen Hängen und in Schluchten und Bachbetten sowie lichte Nadelwälder. Die Art ist auf dem Süd-Balkan und in Griechenland verbreitet.

Flugzeit	J	F	M	A	M	J	J	A	S	O	N	D

Hipparchia fidia

Die Flügelspannweite liegt bei 48 bis 55 mm. Die Flügel-Oberseite ist braun gefärbt und zeigt beim Männchen auf den Vorderflügeln je zwei schwarze, weiß gekernte Augenflecken sowie zwei weiße Flecken. Das Weibchen hat zusätzlich eine unterbrochene gelbbraune Querbinde auf den Vorderflügeln und weiße Punkte auf den Hinterflügeln. Die Vorderflügel-Unterseite zeigt ebenfalls zwei schwarze, weiß gekernte, gelb umringte Augenflecken und schwarze Zackenbänder. Die Hinterflügel-Unterseite ist kontrastreich mit weißen Flecken und schwarzen, gezackten Bändern gezeichnet. Den Raupen dienen Gräser wie Federgräser (*Stipa* sp.) als Nahrung. Die Falter kann man von Anfang Juli bis in den Oktober in einer Generation beobachten. Als Lebensräume werden warme, mit Sträuchern bewachsene Felshänge und felsige Stellen in lichten Wäldern genutzt. Anzutreffen ist *H. fidia* auf der Iberischen Halbinsel, im südlichen Frankreich und im westlichen Teil von Ligurien (Italien).

Flugzeit	J	F	M	A	M	J	J	A	S	O	N	D

Hipparchia genava (Walliser Waldportier)

Die Flügelspannweite liegt bei 63 bis 73 mm. Eine Verwechslungsmöglichkeit besteht mit dem Kleinen Waldportier (*H. alcyone*). Die Unterscheidung zu *H. fagi* und *H. alcyone* ist im Freiland recht schwierig. Ein Anhaltspunkt ist die Unterseite der Vorderflügel, auf welcher der Zacken des braunen Basalfeldes wesentlich weniger hervorspringt als bei den beiden anderen Arten. Die Raupen ernähren sich von diversen Gräsern. Anzutreffen ist die Art auf Magerrasen mit Büschen und Gehölzen, felsbesetzten Trockenrasen, auch in Hanglagen an Waldrändern bis in Höhen von 1500 m. Das Vorkommen der Art erstreckt sich auf Frankreich (Zentralmassiv, Alpen, Jura), Italien und die südwestliche Schweiz.

Hipparchia gomera

Seine Spannweite erreicht 58 bis 65 mm. Die Art wurde früher als Unterart von *H. wyssii* angesehen. Die Flügelaußenkanten sind weiß gefranst und auffällig gezackt. Zwei dunkle Zackenlinien und eine weiße Binde verlaufen quer über die Hinterflügel-Unterseite. Die Unterscheidung zu *H. wyssii* ist im Freiland sehr schwer, aber aufgrund der unterschiedlichen Verbreitung möglich. Die Raupen fressen verschiedene Gräser. Die Imagines erscheinen von Ende Mai bis Anfang September in einer Generation. Sie leben in felsigen Schluchten mit Gräsern von Meereshöhe bis 1200 m. Dieser Falter kommt endemisch auf der Kanareninsel La Gomera vor.

Flugzeit	J	F	M	A	M	J	J	A	S	O	N	D

Hipparchia leighebi

Die Flügelspannweite erreicht 40 bis 48 mm. *H. leighebi* gehört zur *Hipparchia-semele*-Gruppe und ähnelt stark der *Rostbinde (H. semele)* und *H. blachieri*. Die Raupe lebt an verschiedenen Gräsern. Die Falter erscheinen mit einer Diapause im Sommer von Mai bis Oktober in einer Generation. Sie bevorzugen offenes steiniges oder felsiges Gelände, Ruderal- und Brachflächen und Wegränder von Meereshöhe bis in 500 m. *H. leighebi* kommt nur auf den zu Italien gehörenden Liparischen Inseln nördlich von Sizilien vor.

Flugzeit	J	F	M	A	M	J	J	A	S	O	N	D

Hipparchia maderensis

Seine Spannweite erreicht 42 bis 49 mm. Die Unterseite ist braun marmoriert und trägt eine weiße Querbinde, in die ein auffallend großer Zacken des braunen Basalfeldes hineinragt. Nahrungspflanzen der Raupen sind Gräser wie Haferschmielen (*Aira* sp.) oder Straußgräser (*Agrostis* sp.). Die Falter fliegen in einer Generation von Ende Juli bis September. Bevorzugte Lebensräume sind steile Felshänge in lichtem Laub- und Nadelwald, extensiv beweidete Hänge und auch felsige, grasbewachsene Hochebenen zwischen 1000 und 1600 m. Die Art ist ein Endemit der Insel Madeira.

Flugzeit	J	F	M	A	M	J	J	A	S	O	N	D

Hipparchia mersina

Die Spannweite der Vorderflügel beträgt zwischen 48 und 55 mm. Verwechslungsmöglichkeit besteht mit *H. pellucida*, von dem er sich durch die beiden dunklen Zackenlinien auf der Hinterflügel-Unterseite am sichersten unterscheiden lässt. Der sehr ähnliche *H. semele* kommt nicht gemeinsam mit ihm vor. Gräser stellen die Nahrungsgrundlage der Raupen dar. Die Falter haben eine Flugzeit von einer Generation von Mitte Mai bis Mitte Juli. Sie bewohnen trockene, gut besonnte Grasflächen in Bereichen mit Felsen, Sträuchern und Bäumen. Verbreitet sind sie auf den vorgelagerten ostgriechischen Inseln (Lesbos, Samos).

Flugzeit	J	F	M	A	M	J	J	A	S	O	N	D

Hipparchia miguelensis (Östlicher Azorensamtfalter)

Die Art ist möglicherweise nur eine Unterart von *E. azorinus*. Als Raupennahrung dient Schwingel (*Festuca jubata*). Die Imagines erscheinen in einer Generation von Ende Juni bis Ende September. Beanspruchte Lebensräume sind lichte Gebüsche, extensive Weiden und Brachflächen. Die Art ist auf den östlichen Inseln der Azoren zu finden.

Flugzeit	J	F	M	A	M	J	J	A	S	O	N	D

Hipparchia neomiris (Korsischer Waldportier)

Die Spannweite der Vorderflügel beträgt zwischen 41 und 44 mm. Die dunkelbraune Oberseite trägt breite orangegelbe Binden. Die Unterseite der Hinterflügel zeigt eine breite weiße Binde. Diverse Gräser dienen als Raupennahrung. Die Flugzeit der Imagines erstreckt sich in einer Generation von Mitte Juni bis August. Anzutreffen sind die Falter an Felshängen mit niedrigem Strauchbewuchs, oft an Rändern von Kiefernwäldern in Höhen von 300 bis 2000 m. Das Verbreitungsgebiet beschränkt sich auf die Inseln Korsika, Sardinien und Elba.

Flugzeit	J	F	M	A	M	J	J	A	S	O	N	D

Hipparchia neapolitana

Die Art ähnelt *H. blachieri* aus Sizilien und wird von einigen Autoren als Unterart oder Synonym betrachtet. Die Falter sind in Süditalien in der Umgebung Neapels und auch auf den Inseln Capri und Ischia endemisch. Zur Biologie ist wenig bekannt.

Hipparchia occidentalis (Westlicher Azorensamtfalter)

Seine Spannweite erreicht 40 bis 44 mm. Auch diese Art ist wie *H. miguelensis* möglicherweise nur eine Unterart von *H. azorinus* und ähnelt dieser. Der Artstatus ist nicht eindeutig geklärt. Die Raupe lebt überwiegend an Schwingel-Arten (*Festuca* sp.) wie z. B. *Festuca francoi*. Die Flugzeit der vermutlich zwei Generationen liegt zwischen Mai und August und reicht vereinzelt noch bis November. Die Falter leben auf sonnigen Heiden und an Böschungen auf Waldlichtungen und gelegentlich auch auf extensiv genutzten Rinderweiden in Höhenlagen zwischen 500 und 2000 m. *H. occidentalis* ist für die westlichen Inseln Flores und Corvo der zu Portugal gehörenden Azoren nachgewiesen.

Flugzeit	J	F	M	A	M	J	J	A	S	O	N	D

Hipparchia pellucida

Die Flügelspannweite erreicht 45 bis 52 mm. Die Hinterflügel-Unterseite ist dunkelbraun, von einer weißen, braunschwarz marmorierten Querbinde unterbrochen. Die Art ähnelt *H. semele*. Die Raupen fressen verschiedene Gräser. Die Falter fliegen in einer Generation wahrscheinlich von Ende Mai bis Juli. Sie bewohnen felsige, trockene, grasbewachsene Hänge, mit wenigen Kiefern und mit Sträuchern bewachsene Geröllhalden zwischen 400 und 800 m. Das Vorkommen erstreckt sich über die griechischen Inseln der östlichen Ägäis, Lesbos und Ikaria bis in die Türkei und nach Zypern.

Flugzeit	J	F	M	A	M	J	J	A	S	O	N	D

Hipparchia semele (Ockerbindiger Samtfalter, Rostbinde)

Der Falter erreicht eine Flügelspannweite von 42 bis 50 mm. Die rostrote bis ockerfarbene Binde auf den Oberseiten des Vorder- und Hinterflügels verleiht ihm den Namen. Die Binden auf dem Vorderflügel umschließen zwei schwarze, weiß gekernte Augenflecken. Die Bestimmung der oft sehr verschiedenartig ausfallenden Falter ist manchmal nur durch Genitaluntersuchung zweifelsfrei möglich. Die Raupe nutzt nach dem Schlupf im August bis zur Überwinterung und der Verpuppung im Juni verschiedene Gräser wie Aufrechte Trespe (*Bromus erectus*), Gewöhnliches Silbergras (*Corynephorus canescens*), Blaues Pfeifengras (*Molinia caerulea*) und andere. Die Flugzeit der einzigen Generation liegt zwischen Juni und Anfang September. Die Lebensräume sind offene, kaum bewachsene Biotope wie Sandrasen, Sandgruben, Zwergstrauchheiden und lückig bewachsene Trockenrasen, Steinhalden oder Sanddünen zwischen 0 und 1000 m. Die Verbreitung reicht von Südwesteuropa über Teile von Südeuropa nach West- und Mitteleuropa bis zum Baltikum und den Süden Skandinaviens.
RL 3/Naturschutzstatus: 2.

Flugzeit	J	F	M	A	M	J	J	A	S	O	N	D
Raupen	J	F	M	A	M	J	J	A	S	O	N	D

Hipparchia senthes

Der Falter erreicht eine Flügelspannweite von 48 bis 52 mm. Er ähnelt der Rostbinde (*H. semele)*, die im Fluggebiet aber nicht vorkommt, und dem Wolga-Waldportier (*H. volgensis*). Diverse Grasarten stellen die Nahrungsgrundlage der Raupen dar. Die Falter fliegen in einer Generation von Ende Mai bis Anfang September. Als Lebensraum werden Waldlichtungen und felsige, trockene, strauchbestandene Habitate in 50 bis 1600 m Höhe genutzt. *H. senthes* tritt im südlichen Bulgarien, in Albanien, Mazedonien, Griechenland und in der Türkei auf.

Flugzeit	J	F	M	A	M	J	J	A	S	O	N	D

Hipparchia sbordonii

Die Flügelspannweite liegt zwischen 60 und 65 mm. Der Falter wird von manchen Autoren auch als Unterart des Mittelmeer-Waldportiers (*H. aristaeus*) angesehen, fliegt aber nicht im selben Verbreitungsgebiet. Das Erscheinungsbild entspricht äußerlich *H. aristaeus*, die Arten sind aber genetisch und ökologisch unterschiedlich. Das Habitat der einzigen Generation im Jahr sind sonnige, trockene Wiesen und Gebüsch an Gehölzrändern. Die Verbreitung beschränkt sich auf die Ponza-Inselgruppe im Tyrrhenischen Meer Italiens.

Hipparchia statilinus (Kleine Rostbinde, Eisenfarbiger Samtfalter)

Die Spannweite der Vorderflügel beträgt etwa 49 bis 52 mm. Die Flügeloberseite hat eine dunkelbraune Grundfarbe. Die Unterseite der Hinterflügel ist variabel, geht ins Eisengraue mit kaum erkennbarer weißer Binde. Zwischen beiden schwarzen Augenflecken nahe dem äußeren Rand der Vorderflügel befinden sich zwei weiße Punkte. Die Raupe frisst nach dem Schlupf ab Juli an Gräsern wie Einjährigem Rispengras (*Poa annua*) und Echtem Schafschwingel (*Festuca ovina*) sowie anderen und überwintert bis zur Verpuppung im Frühjahr des folgenden Jahres. Der Eisenfarbige Samtfalter fliegt in einer Generation von Juli bis Anfang Oktober. Als Lebensraum bevorzugt die Art trockene, nährstoffarme Standorte wie lichte Wälder auf Sandböden, Waldränder, Windwurfflächen, Wegränder und Truppenübungsplätze mit Silbergrasrasen. Die Art ist in Mitteleuropa kurz vor dem Aussterben, da die Biotope sich zunehmend durch menschengemachte Faktoren verändern bzw. verschwinden. In Europa leben die Falter noch in Spanien und Portugal, West- und Mitteleuropa bis zur Ostsee, in Südeuropa bis Sizilien.

RL 1/Naturschutzstatus: 4.

Flugzeit	J	F	M	A	M	J	J	A	S	O	N	D
Raupen	J	F	M	A	M	J	J	A	S	O	N	D

Hipparchia syriaca (Balkan-Waldportier)

Der Falter erreicht eine Flügelspannweite von 56 bis 64 mm. Die gelblich weißen Binden auf den dunkelbraunen Flügeloberseiten sind beim Männchen braun überstäubt und undeutlich. Die Art kann mit dem Großen Waldportier (*H. fagi*) verwechselt werden. Die Raupen findet man an verschiedenen Gräsern. Die Imagines erscheinen in einer Generation je nach Lage von Anfang Juni bis Ende September. Ihre bevorzugten Lebensräume sind trockene, warme bis heiße, lichte Eichen- oder Kiefernwälder, Lichtungen und breite Waldwege von 700 m bis auf ca. 1700 m Höhe. Das Vorkommen erstreckt sich über Kroatien, Dalmatien, Mazedonien, Rumänien, Bulgarien bis zum südlichen Griechenland mit den Inseln Chios, Korfu, Thassos, Lesbos, Samos, Rhodos und bis nach Zypern.

Flugzeit	J	F	M	A	M	J	J	A	S	O	N	D

Hipparchia tamadabae

Die Flügelspannweite liegt zwischen 53 und 60 mm. Dieser Falter ist in seinem Verbreitungsgebiet auf dem zu Spanien gehörenden Gran Canaria nicht zu verwechseln und ähnelt sehr *H. wyssii*, der aber nur auf Teneriffa vorkommt. Im Raupenstadium ernährt er sich von verschiedenen Gräsern und überwintert je nach Lage. Er fliegt in einer Generation von Anfang April bis Anfang September an felsigen Hängen in Felsschluchten mit Kiefernwäldern in Höhen von 400 bis 1800 m.

Flugzeit	J	F	M	A	M	J	J	A	S	O	N	D

Hipparchia tilosi

Die Flügelspannweite liegt zwischen 52 und 60 mm. Die Art kann äußerlich kaum von *H. wyssii* unterschieden werden, fliegt aber nicht im selben Gebiet. Raupen sind an diversen Gräser zu finden. Die Flugzeit der einen Faltergeneration reicht von Ende Juli bis Anfang September. Als Lebensraum werden Felshänge und Schluchten mit Lorbeerwald oder auch Kiefernwälder zwischen 400 und 1500 m bevorzugt. *H. tilosi* ist ein Endemit der Kanaren-Insel La Palma.

Flugzeit	J	F	M	A	M	J	J	A	S	O	N	D

Hipparchia volgensis

In Flügelspannweite und Aussehen wie Rostbinde (*H. semele*) und nur durch Genitaluntersuchung sicher ansprechbar. Die Raupe lebt an verschiedenen Gräsern. Es erscheint eine Generation im Jahr zwischen Anfang Juni bis August. Die Habitate bestehen aus warmen, trockenen Wiesen, felsigen Hängen und Schluchten und lichten Kiefernwäldern zwischen 600 und über 2000 m. Die Verbreitung reicht vom Süden Russlands, der Ukraine über Serbien, Mazedonien, Bulgarien und den Norden Griechenlands.

Flugzeit	J	F	M	A	M	J	J	A	S	O	N	D

Hipparchia wyssii (Kanaren-Samtfalter)

Die Spannweite beträgt 54 bis 60 mm. Die Oberseite der Flügel ist graubraun, die Weibchen zeigen auf den Vorderflügeln helle Flecken. Auf deren Unterseite sind zwei schwarze, gelb umringte Augenflecken. Die Unterseite der Hinterflügel ist braun marmoriert mit schwarzen Zackenlinien und einem weißen Band. Die Raupe ernährt sich von Gräsern und überwintert. Falter erscheinen in einer Generation zwischen Anfang Juni bis Anfang September. Kiefernwälder Teneriffas, Felsschluchten und Hänge mit Kiefernwäldern in Höhen zwischen 1400 und über 2000 m sind ihr Lebensraum. *H. wyssii* kommt nur auf der zu Spanien gehörenden Kanarischen Insel Teneriffa vor.

Flugzeit	J	F	M	A	M	J	J	A	S	O	N	D

Hypolimnas misippus

Die Flügelspannweite erreicht 65 bis 87 mm. Männliche und weibliche Falter unterscheiden sich auf der Oberseite völlig. Männchen sind auf den Vorderflügeln oberseits schwarz, mit je einem weißen Fleck in der Mitte und an der Flügelspitze und blau schillernden Rändern. Die Hinterflügel sind oberseits schwarz und haben einen weißen Fleck. Die bunte Unterseite ist an der Flügelspitze hellbraun, zum Körper hin rotbraun. Ein weißes Querband überzieht alle Flügel sowie ein weiteres weißes, durch eine schwarze Linie gezeichnetes Saumband. Die Weibchen sehen völlig anders aus und ähneln oberseits Arten wie *Danaus chrysippus*. Die Raupennahrung besteht aus Portulak-Arten (*Portulaca* sp.) und anderen. Die Imagines sind in mehreren Generationen zwischen Oktober und Februar zu beobachten. Anzutreffen ist dieser Falter in Gärten und Küstenbereichen. Die Art kommt auf den Kanaren vor und wandert wahrscheinlich aus Afrika ein.

Flugzeit	J	F	M	A	M	J	J	A	S	O	N	D

Hyponephele lupinus

Der Falter erreicht eine Flügelspannweite von 41 bis 45 mm. Die Oberseite ist graubraun bis gelbbraun mit zwei schwarzen Flecken auf den Vorderflügeln. Die Unterseite der Hinterflügel ist graubraun. Die Raupen ernähren sich von diversen Gräsern. Die Falter fliegen in einer Generation von Mitte Mai bis August. Als Lebensraum kommen mit Gebüschen durchsetzte, grasbewachsene, trockene und heiße Habitate infrage. Verbreitet ist die Art in Süd- und Südosteuropa.

Flugzeit	J	F	M	A	M	J	J	A	S	O	N	D

Hyponephele lycaon (Kleines Ochsenauge)

Die Vorderflügelspannweite des Kleinen Ochsenauges beträgt 37 bis 43 mm. Männchen und Weibchen unterscheiden sich. Beim Männchen erkennt man auf der Vorderflügel-Oberseite einen Duftschuppenfleck, beim Weibchen befinden sich dort zwei große schwarze Augenflecken. Die

Raupen leben nach dem Schlupf ab August und nach der Überwinterung bis zur Verpuppung Mitte Juni an Gräsern wie dem Echtem Schafschwingel (*Festuca ovina*) oder der Aufrechten Trespe (*Bromus erectus*). Die Flugzeit der einzigen Generation liegt zwischen Juni und Anfang September. Trockene, warme, steppenartige, mit Gebüschen besetzte grasige Bereiche zwischen Felsen in Höhen zwischen 0 und 2000 m sind sein Lebensraum. Die Verbreitung reicht vom Norden Portugals und Spaniens (außer Südwest-Spanien) über den Süden Frankreichs und das Alpengebiet bis nach Osteuropa mit dem Ostseeraum.
RL 2/Naturschutzstatus: 2.

Flugzeit	J	F	M	A	M	J	J	A	S	O	N	D
Raupen	J	F	M	A	M	J	J	A	S	O	N	D

Issoria eugenia

Dieser Falter ähnelt einigen Arten wie *Boloria aquilonaris*, *B. alaskensis* und auch *I. lathonia*, hat jedoch weniger und kleinere Perlmuttflecken. Die Nahrung der Raupe ist nicht bekannt. Die Falter leben in einer Generation von Ende Juni bis Anfang August. In ihrem Verbreitungsgebiet im nördlichen Ural Russlands sind sie Bewohner der Tundra.

Flugzeit	J	F	M	A	M	J	J	A	S	O	N	D

Issoria lathonia (Kleiner Perlmutterfalter)

Seine Flügel erreichen 35 bis zu 45 mm Spanweite. Der Falter trägt eine markante Fleckenzeichnung auf orangerotem Grund mit schwarzer Fleckenmusterung. Die Flügelunterseiten sind mit großen, weißen, unverwechselbaren Perlmuttflecken ausgestattet. Die Raupe ernährt sich von Acker-Stiefmütterchen (*Viola arvensis*) und anderen Veilchenarten (*V.* sp.) und überwintert. Zusätzlich können die Nachkommen einer Generation auch als Puppe überwintern. Die Art lebt in ein bis drei nicht klar trennbaren Generationen von Ende März bis Oktober. Der Falter ist auf Trockenrasen, Sandmagerrasen, extensiven Brachen und in Heidegebieten zu finden. In Europa ist diese Tagfalterart nur in Schottland und dem hohen Norden nicht vertreten.

Flugzeit	J	F	M	A	M	J	J	A	S	O	N	D

Kirinia climene

Der Falter erreicht eine Flügelspannweite von 43 bis 47 mm. Er ähnelt dem größeren *K. roxelana*. Das Weibchen hat aber keine weißen Flecken an der Vorderflügelspitze. Die Oberseite ist braun und gelbbraun. Die Unterseite der Hinterflügel ist graubraun gefärbt und trägt bogenförmig angeordnete schwarze, gelb umringte Augenflecken. Die Raupen leben an verschiedenen Gräsern. Die Falter treten in einer Generation ab Mitte Juni bis Anfang August auf. Ihre Lebensräume sind offene Wälder, Waldlichtungen oder Weiden mit Gebüschen in feuchtem bis trockenem Laub-, Laubmisch- oder Kiefernwald. Verbreitet ist *K. climene* auf der Balkanhalbinsel (Südalbanien), in Nordgriechenland, Bulgarien, Mazedonien und Rumänien.

Flugzeit	J	F	M	A	M	J	J	A	S	O	N	D

Kirinia roxelana

Der Falter erreicht eine Flügelspannweite von 52 bis 57 mm. Sie sind braungrau gefärbt und in der Mitte der Vorderflügel orange. Das Weibchen hat an der Flügelspitze weiße Flecken. Die Hinterflügel-Unterseite trägt eine bogenförmig angeordnete Reihe schwarzer, weiß gekernter, gelb umringter Augenflecken, deren Anordnung und Größe unverwechselbar ist. Nahrung der Raupen sind verschiedene Gräser. Die Falter fliegen in einer Generation von April bis September in lichtem Kiefern- und Eichenwald und an Waldrändern mit Gebüsch. Sie bewohnen heiße, in niederen Lagen trockene, in höheren feuchtere und kühlere, felsig-steinige Habitate von Meeresniveaus bis in über 1700 m. Das Vorkommen erstreckt sich über Griechenland, Kroatien, Bosnien-Herzegowina, Serbien, Albanien, Mazedonien, Rumänien bis nach Bulgarien.

Flugzeit	J	F	M	A	M	J	J	A	S	O	N	D

Lasiommata deidamia

Die Spannweite der Vorderflügel erreicht 45 bis 55 mm. Die Grundfärbung ist dunkelbraun mit einem schwarzen, weiß gekernten Auge auf den Vorderflügeln und mehreren weiteren auf den Hinterflügeln. Die Raupe lebt an verschiedenen Gräsern wie Straußgräsern (*Agrostis* sp.), Reitgräsern (*Calamagrostis* sp.) und Haargersten (*Elymus* sp.). Die Art erscheint pro Jahr in zwei Generationen von Juni bis August. Die Verbreitung erstreckt sich nur auf den Osten des europäischen Teils von Russland, im mittleren Ural.

Flugzeit	J	F	M	A	M	J	J	A	S	O	N	D

Lasiommata maera (Braunauge)

Die Spannweite der Vorderflügel liegt zwischen 39 und 50 mm. Die Oberseite ist auf den Hinterflügeln hellbraun bis bräunlich grau gefärbt und sie tragen orangefarben gesäumte schwarze, weiß gekernte Augenflecken. Die Oberseiten der Vorderflügel sind bräunlich grau bis fast gänzlich orangefarben mit braunen Querbinden und zeigen im Bereich nahe der Flügelspitzen ein bis zwei schwarze, weiß gekernte Augenflecken. Die Unterseiten der Hinterflügel sind hell bis graubraun marmoriert. Eine Verwechslungsmöglichkeit besteht mit dem Braunscheckauge (*L. petropolitana*), das aber in der Mitte der Vorderflügel-Oberseite zwei Querlinien zeigt. Die Nahrungsgrundlage für die Raupen bilden verschiedene Gräser wie Aufrechte Trespe (*Bromus erectus*), Fieder-Zwenke (*Brachypodium pinnatum*), Schwingel-Arten (*Festuca* sp.), Landreitgras (*Calamagrostis epigejos*), Wolliges Honiggras (*Holcus lanatus*) und Perlgräser (*Melica* sp.). Es wird eine, in tiefen Lagen und im Süden der Verbreitung auch eine zweite, unvollständige Generation von Mai bis Ende Juni und Juli bis September ausgebildet. Die Raupen der zweiten Generation überwintern. Als Lebensraum nutzen die Braunaugen warme, magere, trockene Saumbereiche von Wäldern und Lichtungen, alpine Matten zwischen Waldbereichen, felsige Magerrasenhänge und manchmal auch Steinbrüche vom Tiefland bis in Höhen von 2000 m. Die Verbreitung von *L. maera* erstreckt sich auf ganz Europa bis auf den hohen Norden, die Britischen Inseln, Dänemark, Norddeutschland, die Niederlande, Teile Nordfrankreichs, den Südwesten der Iberischen Halbinsel, Sardinien und Korsika.

RL V/Naturschutzstatus: 4.

Flugzeit	J	F	M	A	M	J	J	A	S	O	N	D

Lasiommata megera (Mauerfuchs)

Kleiner als die vorangehende Art mit 38 bis zu 45 mm. Die Oberseite der Flügel zeigt leuchtend orangebraune Flecken mit dunkelbraunen, gitternetzartigen Binden und weiß gekernten Augenflecken. Ein sicheres Bestimmungsmerkmal ist die orangefarbene Binde auf den Hinterflügeln mit weiß gekernten, schwarzen Augenflecken. Im Raupenstadium der einzelnen Generationen zwischen September mit Überwinterung bis März des folgenden Jahres und Juni und Juli nutzen sie verschiedene Grasarten wie Echten Schafschwingel (*Festuca ovina*), Knäuelgräser (*Dactylis* sp.) und andere. Die Imagines erscheinen in zwei bis zu drei nicht eindeutig zu trennenden Generationen von April bis Ende September. Der Falter ist auf sonnenbeschienenen, warmen, steinig-felsigen Trockenrasen, in Steinbrüchen und Kies- und Sandgruben und an Waldrändern zu finden. Die Grenze der Verbreitung liegt in Europa in Skandinavien und dem Süden Schottlands.

Flugzeit	J	F	M	A	M	J	J	A	S	O	N	D
Raupen	J	F	M	A	M	J	J	A	S	O	N	D

Lasiommata paramegaera

Die Spannweite der Flügel erreicht 40 bis 45 mm. Diese Art ist dem Mauerfuchs (*L. megera*) sehr ähnlich, aber kleiner und die dunklen Bänder auf der Vorderflügel-Oberseite sind schmaler. Auf der Hinterflügel-Oberseite fehlt das braune Querband. Die Raupen fressen Gräser wie Wiesen-Knäuelgras (*Dactylis glomerata*), Echten Schafschwingel (*Festuca ovina*), Rotes Straußgras (*Agrostis capillaris*) und andere. Die Flugzeit der Imagines erstreckt sich in zwei bis drei Generationen von April bis Oktober. Der

Lebensraum entspricht dem von *L. megera*. Das Vorkommen beschränkt sich auf die Mittelmeerinseln Korsika und Sardinien.

Flugzeit	J	F	M	A	M	J	J	A	S	O	N	D

Lasiommata petropolitana (Braunscheckauge)

Die Flügelspannweite dieser Art erreicht 35 bis 40 mm. Ein sehr ähnlicher Falter ist das Braunauge (*L. maera*), der aber sehr viel größer wird. Die Oberseite der Flügel ist graubraun bis gelbbraun gefärbt. Auf den Vorder-

flügeln findet sich an den Spitzen je ein orange umrandeter, in der Regel zweifach weiß gekernter Augenfleck. Die Unterseite der Hinterflügel ist netzartig dunkel violettbraun auf hellem Untergrund gezeichnet und mit einer Reihe von gelblich umgebenen schwarzen, weiß gekernten Augenflecken versehen. Die Raupen leben zwischen Ende Juni und Mitte April des folgenden Jahres an Echtem Schafschwingel (*Festuca ovina*), Landreitgras (*Calamagrostis epigejos*) und Wiesen-Knäuelgras (*Dactylis glomerata*). Die Imagines bilden eine Generation und nur in Ausnahmefällen, in tieferen Lagen und warmen Jahren eine zweite zwischen April und Anfang August. Die Tiere sind Bewohner trockener, mit Felsen oder Steinen durchsetzter Trockenrasen, Schutthalden in Hanglagen, Waldränder und -lichtungen in Höhen von 200 bis 2300 m. Verbreitungsschwerpunkte sind die europäischen Hochgebirge, Teile von Nord- und Osteuropa.

Flugzeit	J	F	M	A	M	J	J	A	S	O	N	D
Raupen	J	F	M	A	M	J	J	A	S	O	N	D

Libythea celtis (Zürgelbaum-Schnauzenfalter)

Mit etwa bis zu 39 mm Flügelspannweite erreicht er eine mittlere Größe. Die Farbe der Hinterflügel-Unterseite ist beim Männchen grau und beim Weibchen braun. Die Ausformung der Flügel und des Kopfes macht die Falter unverwechselbar. Die Raupe lebt an Zürgelbaumarten (*Celtis* sp.). Sie bildet eine Generation zwischen Juni und August und überwintert bis zum März oder April des folgenden Jahres. Bevorzugt wird strauchbewachsenes, offenes, mit niedrigen Bäumen bestandenes Gelände. Die Art ist in Europa im Süden bis etwa zu einer Linie durch Südspanien, Südfrankreich, die Südlichen Alpen und die Slowakei verbreitet.

Raupen	J	F	M	A	M	J	J	A	S	O	N	D

Limenitis camilla (Kleiner Eisvogel)

Die kleinere Eisvogel-Art erreicht nur 45 bis zu 52 mm Spannweite. Die Oberseite der Flügel ist braunschwarz und trägt eine weiße Fleckenbinde. Die Unterseite zeigt im Unterschied zu einer einfachen bei *L. reducta* eine doppelte Fleckenreihe am Außenrand der Flügel. Die Nahrungsgrundlage für die Raupe bildet nach dem Schlupf im Juli und der Überwinterung bis zur Verpuppung im Juni das Laub der Roten Heckenkirsche (*Lonicera xylosteum*). Die Imagines fliegen in einer Generation ab Mitte Juni bis Anfang August. Die Lebensräume dieser Art erstrecken sich auf Auwälder und feuchtere Laubwälder, aber auch manchmal auf Nadelwälder mit Vorkommen der Heckenkirsche in Höhen zwischen 100 und 1900 m. Die recht häufigen Falter besuchen auch hin und wieder Blüten, um Nektar zu saugen. Die Tiere bewohnen West- und Mitteleuropa, im Norden bis Südengland, den Süden Schwedens und Dänemark und den Süden bis ins mittlere Italien und den Balkan.

Flugzeit	J	F	M	A	M	J	J	A	S	O	N	D
Raupen	J	F	M	A	M	J	J	A	S	O	N	D

Limenitis populi (Großer Eisvogel)

75 bis zu 90 mm Spannweite erreicht der neben dem Erdbeerbaumfalter (*Charaxes jasius*) größte unserer europäischen Tagfalter. Am Rand der Flügeloberseite besitzt er rote und blaue Zeichnungselemente, der Anteil der weißen Fleckenmusterung ist bei Männchen und Weibchen unterschiedlich intensiv. Die Weibchen haben mehr Weißanteil. Als Nahrung dient der Raupe nach dem Schlupf Mitte Juli und der Überwinterung bis zur Verpuppung Mitte Mai das Laub der Zitterpappel (*Populus tremula*), es werden aber zur Not auch andere Pappelarten wie Schwarzpappel (*P. nigra*) und andere (*Populus* sp.) angenommen. Die Falter bilden pro Jahr eine Generation von Ende Mai bis Ende Juli. Laub- und Mischwälder mit Lichtungen und Ränder von Nadelwäldern mit Zitterpappelbeständen sind Lebensräume dieser Art. Verbreitet sind die Tiere von West über Mittel- und Osteuropa und in der Nord-Süd Achse vom mittleren Skandinavien bis in die südlichen Alpen und den Balkan in Höhen zwischen 200 und 1500 m. Ihr Bestand hat bei uns stark abgenommen.

RL 2/Naturschutzstatus: 1 & 6 & 9.

Flugzeit	J	F	M	A	M	J	J	A	S	O	N	D
Raupen	J	F	M	A	M	J	J	A	S	O	N	D

Limenitis reducta (Blauschwarzer Eisvogel)

Seine Flügelspannweite beträgt 45 bis 50 mm. Die schwarze Grundfärbung der Flügeloberseiten hat im Unterschied zum sehr ähnlichen Kleinen Eisvogel (*L. camilla*) einen bläulichen Schimmer. In Mitteleuropa fliegt nur eine Generation von Mitte Juni bis Anfang August. Die Blätter der Familie der

Heckenkirschen wie Rote Heckenkirsche (*Lonicera xylosteum*), Waldgeißblatt (*L. periclymenum*), Wohlriechendes Geißblatt (*L. caprifolium*), Toskanisches Geißblatt (*L. etrusca*), Alpen-Heckenkirsche (*L. alpigena*), Macchien-Geißblatt (*L. implexa*) und *L. nummularifolia* dienen der Raupe ab Juli als Nahrung und später als Überwinterungsplatz. Sie verpuppen sich ab Mai des folgenden Jahres. In Südeuropa, im Mittelmeerraum kommt es zu zwei Generationen, die von Mitte Mai bis Juni und von Mitte Juli bis August leben. Der Lebensraum sind warme, sonnenbeschienene Waldränder und -lichtungen und strauchbewachsene, mit Felsen durchsetzte Hänge von den Niederungen bis in etwa 1600 m Höhe. Die Art ist in Süd- und Mitteleuropa, Nordfrankreich, Nordspanien verbreitet. Bei uns ist nur noch ein Vorkommen in Süddeutschland bekannt.

RL 1/Naturschutzstatus: 2.

Flugzeit	J	F	M	A	M	J	J	A	S	O	N	D
Raupen	J	F	M	A	M	J	J	A	S	O	N	D

Lopinga achine (Gelbringfalter)

Die Spannweite beträgt 48 bis zu 55 mm. Die Grundfarbe ist braun mit einer weißen Binde auf der Hinterflügel-Unterseite, in der sich weiß gekernte schwarze, gelb umrandete Augenflecken befinden. Die Raupe lebt nach dem Schlupf im Juli bis zur Überwinterung und Verpuppung im Mai an Zwenken wie Fieder-Zwenke (*Brachypodium pinnatum*) und Wald-Zwenke (*B. sylvati-*

cum) sowie an Seggenarten wie Berg-Segge (*Carex montana*), Blaugrüner Segge (*C. flacca*) und Weißer Segge (*C. alba*). Die Art tritt in einer Generation von Ende Mai bis Ende August auf. Den Falter findet man in lichten, leicht feuchten Laub- und Nadelwäldern sowie in Auwäldern mit offenen Stellen, an Flussauen und Waldrändern in Höhen zwischen 300 und 1300 m. In Europa sind die Tiere vom Norden Spaniens über Mittel- und Osteuropa, im Norden bis ins südliche Skandinavien, im Süden bis in die Alpen und den Balkan verbreitet. In den letzten Jahren sind sie sehr selten geworden.

RL 2/Naturschutzstatus: 2 & 7.

Flugzeit	J	F	M	A	M	J	J	A	S	O	N	D
Raupen	J	F	M	A	M	J	J	A	S	O	N	D

Maniola chia

Die Spannweite beträgt 42 bis 48 mm. Es besteht eine Verwechslungsmöglichkeit mit dem Großem Ochsenauge (*M. jurtina*). Die Raupen ernähren sich von Gräsern. Die Falter fliegen in einer Generation von Ende Mai bis Anfang August. Sie bewohnen grasbewachsene, felsdurchsetzte, mit Gebüschen besetzte Hänge, Brach- und Kulturflächen von Meereshöhe bis 500m. Die Art ist ein Endemit der zu Griechenland gehörenden ostägäischen Inseln Chios und Inousses.

Flugzeit	J	F	M	A	M	J	J	A	S	O	N	D

Maniola cypricola

Die Flügelspannweite liegt zwischen 40 bis 50 mm. Sie sind *M. telmessia* sehr ähnlich, besitzen aber große, schwarze, einmal oder auch zweimal weiß gekernte Augenflecken. Der Artstatus ist ungeklärt und so wird die Art von einigen Autoren auch als Unterart *Maniola telmessia cypricola* geführt. Nahrung der Raupen sind verschiedene Gräser. Die Imagines erscheinen in einer lang gestreckten Generation pro Jahr von April bis Oktober an schattigen Stellen in Wäldern und Obstgärten von Meereshöhe bis über 1000 m. *M. cypricola* ist endemisch auf Zypern verbreitet.

Flugzeit	J	F	M	A	M	J	J	A	S	O	N	D

Maniola halicarnassus

Die Falterart ähnelt in Größe und Aussehen dem Großen Ochsenauge *(M. jurtina)*. Die Raupen leben von verschiedenen Gräsern. Sie erscheinen in einer Generation zwischen Ende Mai mit Diapause bis Anfang September und leben in Wiesen und Gebüschbereichen. Ein eng begrenzter Bereich am Westrand der Türkei (Halbinsel Halikarnassus) und der vorgelagerten griechischen Insel Nissiros beherbergt die gesamte europäische Population.

Flugzeit	J	F	M	A	M	J	J	A	S	O	N	D

Maniola jurtina (Großes Ochsenauge)

Die Spannweite kann 40 bis zu 50 mm erreichen. Die Grundfarbe ist dunkelbraun mit einem beim Männchen sehr kleinen, ockerfarben umrandeten Augenfleck und dunklem Duftschuppenfleck auf der Vorderflügel-Oberseite. Auf den gelbbraunen Flügelunterseiten befindet sich eine helle Querbinde. Die Raupe lebt nach dem Schlupf von Mitte Juli bis zur Überwinterung und Verpuppung im Mai an verschiedenen Gräsern wie Aufrechter Trespe (*Bromus erectus*), Echtem Schafschwingel (*Festuca ovina*) und anderen Arten. Die Flugzeit dieser sehr häufigen Art erstreckt sich in einer Generation von Juni bis September. Relativ anspruchslos an seinen Lebensraum fliegt er auf Wiesen, an Waldrändern, auf Trockenrasen, aber auch in Feuchtwiesen und in Gärten überall, wo die Futtergräser wachsen. Er erreicht Höhen zwischen 200 und 1600 m. Die Tiere sind in ganz Europa vertreten, mit Ausnahme des nördlichen Skandinaviens.

Flugzeit	J	F	M	A	M	J	J	A	S	O	N	D
Raupen	J	F	M	A	M	J	J	A	S	O	N	D

Maniola megala

Die Spannweite ist etwas größer als bei *M. jurtina* und die beiden Arten sehen sich bis auf größere und mehr Augenflecken bei *M. megala* sehr ähnlich. Die Raupen leben an Gräsern. Es tritt vermutlich nur eine Generation von Mai bis September auf. Die Falter leben in Europa nur auf der zu Griechenland gehörenden ostägäischen Insel Lesbos.

Flugzeit	J	F	M	A	M	J	J	A	S	O	N	D

Maniola nurag (Sardinisches Ochsenauge)

Der Falter erreicht eine Flügelspannweite von 38 bis 42 mm. Die orange Färbung auf der Oberseite ist ausgedehnter als bei den anderen Ochsenaugen-Arten. Beim Weibchen ist der Braunanteil auf der Oberseite auf eine Saumbinde reduziert. Nahrungspflanzen der Raupen sind Rispengräser (*Poa* sp.) und andere. Die Falter sind in einer Generation von Mai bis Juli oder August zu beobachten. Als Lebensräume nutzen sie magerrasenartige Habitate, grasige und strauchreiche Hänge, lockeren Buschwald, Böschungen, Felsgelände, Steinbrüche von 400 bis 1300 m. Die Art kommt nur auf Sardinien vor.

Flugzeit	J	F	M	A	M	J	J	A	S	O	N	D

Maniola telmessia

Der Falter erreicht eine Flügelspannweite von 40 bis 46 mm. Sie sind dem Großen Ochsenauge *(M. jurtina)* sehr ähnlich und schwer zu unterscheiden. Auf der Oberseite der Vorderflügel schließt das orangegelbe Band die schwarzen, weiß gekernten Augenflecken mit ein. Den Raupen dienen Straußgräser (*Agrostis* sp.) und Fuchsschwanzgräser (*Alopecurus* sp.) als Nahrungsgrundlage. Die Flugzeit der Falter erstreckt sich von April bis Oktober in einer Generation pro Jahr. Bevorzugte Lebensräume sind grasreiche Habitate, Felshänge, Garrigue in Küstenbereichen und Waldlichtungen in Kiefernwäldern. Verbreitung findet die Art auf den zu Griechenland gehörenden ostägäischen Inseln, z. B. Samos, Rhodos, Kos, Tilos und weiteren.

Flugzeit	J	F	M	A	M	J	J	A	S	O	N	D

Melanargia arge (Apennin-Schachbrett)

Der Falter erreicht eine Flügelspannweite von 46 bis 50 mm. Die Art ähnelt *M. pherusa*, allerdings sind die Augenflecken der Hinterflügel blau gefüllt und die Adern auf der Hinterflügel-Unterseite sind schwarz. Die Raupen ernähren sich von diversen Gräsern. Die Falter fliegen in einer Generation von Anfang Mai bis Mitte Juni. Sie bewohnen trockene, felsige, mit Gräsern bewachsene Habitate. Das Vorkommen beschränkt sich auf das mittlere und südliche Italien und die nordöstliche Hälfte von Sizilien.

Flugzeit	J	F	M	A	M	J	J	A	S	O	N	D

Melanargia galathea (Schachbrett)

Die Tiere erreichen eine Flügelspannweite von 37 bis zu 53 mm. Die schachbrettartige schwarz-weiße Zeichnung gab dem Falter den Namen. In Europa gibt es noch eine Reihe weitere sehr ähnliche, nicht leicht zu unterscheidende Falter dieser Familie. Die Raupe frisst nach dem Schlupf im Juli bis zur Überwinterung und Verpuppung ab Mitte Mai an verschiedenen Grasarten wie Gewöhnlichem Wiesen-Schwingel (*Festuca pratensis*), Rot-Schwingel (*F. rubra*) und anderen. Die Art fliegt in einer Generation von Anfang Juni bis August. In vielen Lebensräumen wie lichten Wäldern, Waldlichtungen, Wiesen, auf nicht zu feuchtem Grünland ist dieser Tagfalter in Höhen zwischen 100 und 1500 m anzutreffen. *M. galathea* ist in Europa vom nördlichen Spanien über den Süden Englands bis in den Süden Skandinaviens nach Norden und das Mittelmeergebiet nach Süden verbreitet.

Flugzeit	J	F	M	A	M	J	J	A	S	O	N	D
Raupen	J	F	M	A	M	J	J	A	S	O	N	D

Melanargia ines (Spanisches Schachbrett)

Der Falter erreicht eine Flügelspannweite von 47 bis 52 mm. Die Oberseite ist kräftig schwarz gezeichnet. Die großen Augenflecken sind blau gefüllt. Raupenfutter sind verschiedene Gräser wie z. B. die Fieder-Zwenke (*Brachypodium pinnatum*) und die Madrider Trespe (*Bromus madritensis*). Die Imagines treten in einer Generation je nach Höhenlage von Ende April bis Juni auf. Die bevorzugten Lebensräume sind trockene, felsige, grasbewachsene Habitate zwischen 50 und 1500 m Höhe. Die Verbreitung beschränkt sich auf die Iberische Halbinsel.

Flugzeit	J	F	M	A	M	J	J	A	S	O	N	D

Melanargia lachesis

Der Falter erreicht eine Flügelspannweite von 44 bis 50 mm. Die schwarze Zeichnung verläuft auf der Oberseite am Flügelrand. An der Flügelbasis findet sich keine schwarze Zeichnung. Den Raupen dienen verschiedene Gräser als Nahrungsgrundlage. Die Falter erscheinen in einer Generation von Juni bis Ende August. Sie bewohnen trockenwarme Magerwiesen und -weiden, steinige Hänge, Gebüschränder, Straßenrandstreifen und Säume in lichten Wäldern von Meereshöhe bis 1800m. Die Art kommt in Spanien, Portugal und von der südfranzösischen Mittelmeerküste bis zur Rhonemündung vor.

Flugzeit	J	F	M	A	M	J	J	A	S	O	N	D

Melanargia larissa (Balkan-Schachbrett)

Die Spannweite der Flügel erreicht zwischen 48 bis 50 mm. Die dunkle, schwarzgraue Bestäubung der Flügelbasis auf der Oberseite macht die Unterscheidung zu *M. galathea* und *M. russiae* einfach. Nach dem Schlupf und der Übersommerung frisst die Raupe ab Herbst bis zur Überwinterung und von März bis zur Verpuppung Ende Mai an verschiedenen Gräsern. Die Imagines erscheinen je nach Gebiet von Ende Mai, Mitte Juni bis August in einer Generation. Die Lebensräume sind trockenwarme, buschbestandene Magerrasen, Wiesen und Berghänge, felsige Bereiche und lichte Wälder von Meereshöhe bis auf über 2000 m. Die Verbreitung reicht von der dalmatinischen Küste Kroatiens bis zur südlichen Balkan-Halbinsel.

Flugzeit	J	F	M	A	M	J	J	A	S	O	N	D
Raupen	J	F	M	A	M	J	J	A	S	O	N	D

Melanargia occitanica (Braunadern-Schachbrett)

Die Flügelspannweite liegt zwischen 48 bis 53 mm. Die Unterseite ist mit braunen Adern und Querlinien versehen und macht den Falter unverwechselbar. Nahrungspflanzen der Raupen sind Gräser, z. B. Schwingel (*Festuca* sp.) und Zwenken (*Brachypodium* sp.). Die Flugzeit der einen Generation erstreckt sich von Mai bis Mitte Juni. Anzutreffen sind die Falter auf spärlich bewachsenen, steinigen Trockenrasen und locker mit Büschen bewachsenen Hängen von Meeresniveau bis 1200 m Höhe. Die Art kommt auf der Iberischen Halbinsel (Spanien, Portugal), im mediterranen Südfrankreich und in Italien in Ligurien vor.

Flugzeit	J	F	M	A	M	J	J	A	S	O	N	D

Melanargia pherusa

Die Flügelspannweite erreicht 43 bis 47 mm. Die schwarze Zeichnung ist besonders auf den Hinterflügeln reduziert und die Augenflecken sind klein oder fehlen gänzlich. Die Raupen ernähren sich von Gräsern wie Zwenken, z. B. *Brachypodium retusum* und anderen. Die Falter treten in einer Generation von Mai bis Mitte Juni auf. Ihr Lebensräume sind felsige Bereiche mit Trockenrasen von 600 bis 1000 m Höhe, ähnlich wie beim Braunadern-Schachbrett (*M. occitanica*). Die Verbreitung beschränkt sich auf das westliche Sizilien.

Flugzeit	J	F	M	A	M	J	J	A	S	O	N	D

Melanargia russiae (Russisches Schachbrett)

Ihre Flügelspannweite erreicht zwischen 45 und 53 mm. Sie sind mit dem Schachbrett *(M. galathea)* verwechselbar und im Freiland nur bei genauerem Hinsehen anhand von einzelnen Zeichnungselementen wie dem gezackten, weißen Basalfeld auf der Vorderflügel-Oberseite und dem

weißen, breit dunkel umsäumten Basalfeld auf der Oberseite der Hinterflügel zu unterscheiden. Den Raupen dienen Gräser wie Zwenken (*Brachypodium* sp.), Pfriemengräser (*Stipa* sp.), Trespen (*Bromus* sp.) und Schwingel (*Festuca* sp.). Die Imagines erscheinen in einer Generation von Ende Juni bis Anfang August. Sie bewohnen warme Bergwiesen, Trockenrasen und ähnliche Bereiche. Das Vorkommen ist lokal begrenzt auf weit verstreuten Stellen in den Gebirgen des nördlichen Teils der Iberischen Halbinsel, Südfrankreichs, des südlichen und mittleren Italiens, des griechische Festlands und nördlich anschließender Balkanländer.

Flugzeit	J	F	M	A	M	J	J	A	S	O	N	D

Melitaea aetherie

Die Flügelspannweite liegt zwischen 46 bis 52 mm. Es besteht eine Verwechslungsmöglichkeit mit dem Flockenblumen-Scheckenfalter *(M. phoebe)*, wobei die Falter etwas größer werden und die schwarze Linienzeichnung auf der Oberseite reduziert ist. Die Raupen leben an verschiedenen Flockenblumen-Arten (*Centaurea* sp.) und Artischocken-Arten (*Cynara* sp.). Je nach Höhenlage treten die Imagines in ein bis zwei Generationen zwischen Mitte April und Juli sowie im September auf. Sie sind Bewohner von trockenen, steinigen Wiesen und Hängen zwischen 800 und 1100 m Höhe. Das Vorkommen erstreckt sich über das nördliche und nordwestliche Sizilien, Kalabrien und die südwestliche Iberische Halbinsel.

Flugzeit	J	F	M	A	M	J	J	A	S	O	N	D

Melitaea arduinna

Die Flügelspannweite erreicht 43 bis 48 mm. Die Ähnlichkeit mit dem Wegerich-Scheckenfalter *(M. cinxia)* ist groß, allerdings finden sich runde dunkle Fleckenreihen auf den Flügeloberseiten und bei den Weibchen sind diese oft stark verdunkelt. Die Raupen sind an Flockenblumen-Arten wie *Centaurea behen*, *C. graeca* und *C. nemecii* zu finden. Die Falter fliegen je nach Höhenlage und klimatischen Bedingungen von Ende April bis Ende Juli in einer Generation. Sie bevorzugen feuchte Wiesen und Quellhänge, Berghänge, mit Sträuchern bestandene Waldlichtungen und Hochstaudenfluren zwischen 500 und 1500 m Höhe. Anzutreffen ist die Art im nordwestlichen Griechenland und im südöstlichen Rumänien.

Flugzeit	J	F	M	A	M	J	J	A	S	O	N	D

Melitaea asteria (Kleiner Scheckenfalter)

Die Vorderflügel dieser kleinen Art erreichen eine Spannweite zwischen 28 und 33 mm. Die Oberseiten sind dunkelbraun gefärbt und mit einer orangen Fleckenreihe flankiert von zwei hellgelben Fleckenreihen versehen. Die Raupen fressen Europäischen Alpenhelm *(Bartsia alpina)*, Wegerich- (*Plantago* sp.) und Ehrenpreis-Arten (*Veronica* sp.). Die Imagines erscheinen in einer Generation von Ende Juni bis Anfang August. Sie bewohnen alpine Rasen und Matten an Hängen oberhalb der Baumgrenze bis in Höhen von 2500 m. Ihre Verbreitung findet diese Art im zentralen Teil der Ostalpen vom westlichen Engadin in der Schweiz bis in den Raum Salzburg in Österreich.

Flugzeit	J	F	M	A	M	J	J	A	S	O	N	D

Melitaea athalia (Wachtelweizen-Scheckenfalter)

Die Spannweite der Vorderflügel erreicht 39 bis 41 mm. Er ist schwer anhand von Merkmalen von *M. britomartis*, *M. aurelia* und *M. parthenoides* zu unterscheiden. Die Farbe der Palpenhaare ist bei *M. athalia* schwarz und der Zwischenraum der Marginallinie ist hell. Selbst die Abklärung durch Genitaluntersuchung ist nicht immer zuverlässig. Die Eiablage erfolgt an Pflanzen wie Spitzwegerich (*Plantago lanceolata*), Wiesen-Wachtelweizen (*Melampyrum pratense*), Gamander-Ehrenpreis (*Veronica chamaedrys*)

und anderen. Die Raupen schlüpfen im Sommer und überwintern in einem Gespinst. In Nord- und Mitteleuropa ist eine Generation von Mitte Juni bis Mitte August zu beobachten. In Südeuropa treten zwei Generationen pro Jahr auf. Die Scheckenfalter leben auf nährstoffarmen, feuchten Wiesen, Waldlichtungen und Mooren, aber auch auf trockenen Kalk- und Sandmagerrasen. Die Verbreitung erstreckt sich auf fast ganz Europa von der Iberischen Halbinsel bis zum Polarkreis bis über Osteuropa hinaus.
RL 3/Naturschutzstatus: 6.

Flugzeit	J	F	M	A	M	J	J	A	S	O	N	D

Melitaea aurelia (Ehrenpreis-Scheckenfalter)

Die Flügelspannweite liegt zwischen 28 und 36 mm. Verwechslungsmöglichkeit besteht mit *M. athalia*, *M. britomartis* und *M. parthenoides,* jedoch sind diese Arten in der Regel kleiner. In vielen Fällen ist eine sichere Unterscheidung nur durch Genitaluntersuchung möglich. Die Raupen findet man an Mittlerem Wegerich (*Plantago media*), Ehrenpreis-Arten (*Veronica* sp.), Zottigem Klappertopf (*Rhinanthus alectorolophus*), Wachtelweizen (*Melampyrum* sp.) und Fingerhut (*Digitalis* sp.). Die Falter erscheinen in einer Generation von Ende Mai bis Ende Juli, je nach Höhenlage. Als Lebensräume dienen vereinzelt mit Sträuchern bewachsene Magerrasen, extensiv genutzte, trockene oder auch feuchte Weiden, nicht zu feuchte Niedermoorwiesen zwischen 100 und 1500 m. Das Verbreitungsgebiet erstreckt sich über das östliche Frankreich, Mittel- und Osteuropa bis zum Balkan.

RL V/Naturschutzstatus: 2.

Flugzeit	J	F	M	A	M	J	J	A	S	O	N	D

Melitaea britomartis (Östlicher Scheckenfalter)

Die Vorderflügel erreichen eine Spannweite zwischen 35 bis 39 mm. Die Oberseite ähnelt der des Ehrenpreis-Scheckenfalters *(M. aurelia)* mit allerdings dichterer und dunklerer Zeichnung und Randsaumlinie. Manchmal sind Exemplare auch äußerlich nicht zu unterscheiden. Die Raupen fressen Großen Ehrenpreis (*Veronica teucrium*), Wegerich (*Plantago* sp.), Klappertopf (*Rhinantus* sp.), Königskerzen (*Verbascum* sp.) und weitere Arten. Die Flugzeit der einen Generation liegt von Juni bis Anfang August. Sie bevorzugen extensiv beweidete, trockene, warme Kalkmagerrasen mit Steinen, Felsen, auch Steinbrüche zwischen 300 und 900 m. Die Art kommt in Mittel- bis nach Osteuropa vor.

Flugzeit	J	F	M	A	M	J	J	A	S	O	N	D

Melitaea cinxia (Wegerich-Scheckenfalter)

Dieser Scheckenfalter hat eine Flügelspannweite von 31 bis 42 mm. Die Oberseiten der Flügel haben auf gelblich braunem bis bräunlichorangem Grund ein schwarzes, gitternetzartiges Zeichnungsmuster. Der Flügelrand besteht aus weißen Fransen. Als auffälligstes Merkmal befindet sich auf den Hinterflügel-Oberseiten eine Reihe von fünf hellen, schwarz gekernten Flecken, die auch auf der weißen, mit zwei breiten, orangen Querbinden

durchzogenen Unterseite vorhanden sind. Die Raupen leben nach dem Schlupf im Juli in einem gemeinschaftlichen Gespinst und überwintern. Sie fressen an Wegericharten wie z. B. Spitzwegerich (*Plantago lanceolata*) und auch anderen Pflanzenarten wie Kleinem Habichtskraut (*Hieracium pilosella*), Wiesen-Flockenblume (*Centaurea jacea*) und Großem Ehrenpreis (*Veronica teucrium*) bis zur Verpuppung ab Ende April. Die Imagines fliegen im Norden ihrer Verbreitung und abhängig von der Höhenlage in einer Generation von Ende April bis Anfang August. Weiter südlich sind in wärmeren Regionen auch zwei Generationen zwischen Mai und Juni und August bis September. Die wärmeliebende Art nutzt Trockenrasen, Wald- und Wegränder, magere Wiesen und Ödland von tiefen Lagen bis in Gebirgsregionen in 2000 m Höhe. *M. cinxia* ist bis auf den nördlichen Teil und einigen Teilen der Iberischen Halbinsel in ganz Europa verbreitet.
RL 2/Naturschutzstatus: 2.

Flugzeit	J	F	M	A	M	J	J	A	S	O	N	D
Raupen	J	F	M	A	M	J	J	A	S	O	N	D

Melitaea deione (Leinkraut-Scheckenfalter)

Die Flügelspannweite liegt zwischen 37 bis 41 mm. Die Oberseite der Flügel ist beim Männchen gelborange und zeigt beim Weibchen zusätzlich gelbe Anteile. Nahrungsgrundlage der Raupen sind Italienisches Leinkraut (*Linaria angustissima*), Zwerg-Löwenmaul (*Chaenorhinum* sp.) und Löwenmaul (*Antirrhinum* sp.). In einer bis zwei Generationen erscheinen die Falter von Anfang Mai bis Mitte Juli je nach Lage, eine mögliche zweite

von Juli bis September/Oktober. Ihre bevorzugten Lebensräume sind trockener und warmer Magerrasen und Felsensteppen in Höhen von 1000 bis 1500 m. Verbreitet ist *M. deione* über die Iberische Halbinsel, in Südfrankreich in den westlichen Pyrenäen, der Provençe, in den Meeralpen und in Italien im westliches Ligurien, Vintschgau, Eisacktal und im Aostatal, in der Schweiz im Wallis.

Flugzeit	J	F	M	A	M	J	J	A	S	O	N	D

Melitaea diamina (Baldrian-Scheckenfalter)

Seine Spannweite beträgt 33 bis zu 40 mm. Die Männchen tragen eine schwarze, gitterförmige Zeichnung auf der Unterseite der Hinterflügel. In der äußeren rostbraunen Binde finden sich schwarze und gelbe Flecken. Im Gegensatz zu den anderen Scheckenfaltern ist die Oberseite der Hinterflügel sehr dunkel mit wenig Zeichnung. Im Raupenstadium leben die Tiere von Juli bis Oktober gemeinschaftlich in einem Gespinst, in dem sie auch überwintern, an verschiedenen Baldrianarten (*Valeriana* sp.). Pro Jahr tritt eine Generation von Mai bis Anfang August auf. Sehr selten erscheint eine zweite, partielle Generation. Die Art lebt sowohl in Feuchtwiesen, Mooren aber auch auf Halbtrockenrasen zwischen 300 und 1800 m. Die europäische Verbreitung reicht vom Norden Spaniens über Mitteleuropa, nach Norden bis in den Süden Skandinaviens, nach Süden bis Mittel- und Süditalien und den Balkan.
RL 3/Naturschutzstatus 8.

Flugzeit	J	F	M	A	M	J	J	A	S	O	N	D
Raupen	J	F	M	A	M	J	J	A	S	O	N	D

Melitaea didyma (Roter Scheckenfalter)

Die Spannweite der Flügel erreicht 30 bis über 40 mm. Flügeloberseiten sind orangerot, beim Männchen bis gelbrot, beim Weibchen mit schwarzer Zeichnung. Die Flügelunterseiten sind unverwechselbar, die Hinterflügel-Unterseite ist gelblichweiß mit orangen Fleckenbändern und schwarzen Flecken und Strichen. Die Raupe lebt nach dem Schlupf Mitte Juli bis zur Überwinterung und Verpuppung Mitte Juni an Aufrechtem Ziest (*Stachys*

recta), Spitzwegerich (*Plantago lanceolata*), Gewöhnlichem Leinkraut (*Linaria vulgaris*), Mehliger Königskerze (*Verbascum lychnitis*) und anderen Pflanzen. Es kann eine bis manchmal zwei Generationen von Anfang Juni bis Anfang September auftreten. Der Falter ist eine wärmeliebende Art auf felsig-steinigen Kalkmagerrasen, Trockenrasen und Sandgruben in Höhen zwischen 100 und 700 m. Das Gebiet der Verbreitung reicht von Spanien, Italien über Griechenland. Nach Norden verläuft die Grenze durch Mitteleuropa.

RL 2/Naturschutzstatus: 2.

Flugzeit	J	F	M	A	M	J	J	A	S	O	N	D
Raupen	J	F	M	A	M	J	J	A	S	O	N	D

Melitaea ornata

Verwechslungsmöglichkeiten bestehen mit dem sehr ähnlichen Flockenblumen-Scheckenfalter *(M. phoebe)* in Größe und Aussehen. Der Artstatus ist allerdings umstritten. Die Raupen fressen Pannonische Kratzdistel (*Cirsium pannonicum*), Flockenblumen (*Centaurea* sp.) und andere. Die Imagines erscheinen in einer Generation von April bis Ende Juni. Sie beanspruchen heiße, felsige, trockene Hänge, Schluchten und Flusstäler. *M. ornata* kommt in Ungarn, in der Pannonischen Tiefebene, in Süditalien auf Sizilien, im südlichen russischen Ural und auf der Balkan-Halbinsel vor.

Flugzeit	J	F	M	A	M	J	J	A	S	O	N	D

Melitaea parthenoides (Westlicher Scheckenfalter)

Die Vorderflügel erreichen eine Spannweite zwischen 28 bis 34 mm. Die Grundfärbung ist orange mit einer schwarzen Netzmusterung aus Querbinden und Flecken, die gegenüber den ähnlichen Arten *M. aurelia, M. athalia, M. parthenoides* und *M. deione* jedoch weniger dicht und auch feiner ist. Die Palpen sind rötlich gefärbt. Die Hinterflügel-Unterseite trägt abwechselnd weiße und orange Binden. Nahrung der Raupen sind Spitzwegerich (*Plantago lanceolata*) und andere Arten. Die Imagines fliegen in ein oder zwei Generationen, je nach Lage von Mai bis Juli sowie August bis September. Bewohnt werden trockene, kurzgrasige Bergwiesen, Hänge und Feuchtwiesen. Das Verbreitungsgebiet erstreckt sich über Südwesteuropa, die Iberische Halbinsel, das südwestliche Frankreich, die italienischen Alpen, das südliche und südwestliche Deutschland, bis in die Schweiz.

Flugzeit	J	F	M	A	M	J	J	A	S	O	N	D

Melitaea phoebe (Flockenblumen-Scheckenfalter)

Die Spannweite der Vorderflügel beträgt zwischen 35 und 42 mm. Das auffälligste Unterscheidungsmerkmal ist die orange Binde mit den kreisförmigen, roten Punkten in den Feldern. Die Raupen leben in gemeinschaftlichen Gespinsten von Mitte Juni bis Ende Juli und September mit Überwinterung bis zur Verpuppung ab Mitte April an Pflanzen wie Tauben-Skabiose (*Scabiosa columbaria*), Wiesen-Flockenblume (*Centaurea jacea*), Gewöhnlicher Kratzdistel (*Cirsium vulgare*) und anderen Arten. Die Imagines

dieser Scheckenfalter erscheinen je nach Region und Höhenlage in ein bis zwei Generationen von Mitte April bis Mitte Juni und von Ende Juni bis Anfang September. In Südeuropa kann in tiefen, warmen Regionen eine dritte Generation auftreten. Die Art lebt in trockenen, warmen Biotopen wie Magerrasen und alpinen Matten, die mit Fels und Geröll durchsetzt sind, an Weg- und Waldrändern von 100 bis in 1900 m Höhe. *M. phoebe* lebt mit Ausnahme des Nordens in ganz Europa.
RL 2/Naturschutzstatus 2.

Flugzeit	J	F	M	A	M	J	J	A	S	O	N	D
Raupen	J	F	M	A	M	J	J	A	S	O	N	D

Melitaea trivia (Bräunlicher Scheckenfalter)

Die Flügelspannweite liegt zwischen 38 und 43 mm. Die gelborange Oberseite ist mit einer variablen schwarzen Zeichnung ausgestattet. Er ist leicht mit dem Roten Scheckenfalter *(M. didyma)* zu verwechseln, ist aber meist etwas gelblicher gefärbt. Die schwarzen Flecken am Außenrand der Hinterflügel-Unterseiten sind dreieckig geformt, während diese beim Roten Scheckenfalter eher rundlich sind. Nahrung der Raupen sind Königskerzen (*Verbascum* sp.). Die Falter fliegen je nach Höhenlage in einer bis drei Generationen von Ende April bis Anfang Oktober. Bewohnt werden warme, trockene Magerrasen, Felsensteppen, Halbwüsten, Steppen, von Meeresniveau bis 2200 m Höhe. Diese Art lebt in Norditalien, Mittelitalien, im Apennin, in Südost-Österreich, in der Slowakei, in Slowenien, auf dem Balkan und in Griechenland.

Flugzeit	J	F	M	A	M	J	J	A	S	O	N	D

Melitaea varia (Westalpiner Scheckenfalter, Bündner Scheckenfalter)

Die Spannweite der Flügel erreicht 30 bis 35 mm. Die kleinen Scheckenfalter haben eine orange bis bräunlich orange Grundfärbung. Darüber liegt ein schwarzes Muster aus Querbinden und Flecken, das auf den Vorderflügeln beim Männchen etwas reduziert wirkt. Die Weibchen erscheinen durch eine Bestäubung meist etwas dunkler. Es befinden sich orange, gelbliche und weiße Binden nebeneinander auf den Unterseiten der Hinterflügel. Nahrungsgrundlage der Raupen sind Alpen-Wegerich (*Plantago alpina*), Schafgarben (*Achillea* sp.) und vermutlich Enzian (*Gentiana* sp.). Die Flugzeit der Imagines erstreckt sich in einer Generation von Ende Juni bis Ende August. Als Lebensraum werden bevorzugt trockene Alpwiesen, -weiden und Bergmatten von 1500 bis etwa bei 2600 m Höhe genutzt. Diese Art ist in der südwestlichen Schweiz, in Südfrankreich, in den italienischen Meeralpen, in Österreich in Tirol, in den Südtiroler Alpen und im Apennin zu finden.

Flugzeit	J	F	M	A	M	J	J	A	S	O	N	D

Minois dryas (Blauäugiger Waldportier, Blaukernauge)

Die Flügelspannweite beträgt 45 bis zu 60 mm. Die unverwechselbaren Falter sind dunkelbraun und tragen je zwei hellblau gekernte Augenflecken auf den Vorderflügeln. Die Raupe lebt von Mitte August bis zur Überwinterung und Verpuppung Mitte Juni an Gräsern wie dem Blauen Pfeifengras (*Molinia caerulea*), Hirse-Segge (*Carex panicea*) oder Aufrechter Trespe (*Bromus erectus*) und überwintert. Die Flugzeit der einzigen Generation der Falter liegt spät zwischen Anfang Juli und September. Der Falter fliegt in Niedermooren und feuchten Streuwiesen, aber auch auf Kalkmagerrasen, trocken-warmen Wiesen in Auwaldlichtungen zwischen 300 und 1000 m Höhe. Die Verbreitung reicht vom Nordwesten Spaniens über Frankreich bis nach Süddeutschland, Norditalien und den Balkan.

RL 2/Naturschutzstatus: 2.

Flugzeit	J	F	M	A	M	J	J	A	S	O	N	D
Raupen	J	F	M	A	M	J	J	A	S	O	N	D

Neptis rivularis (Schwarzer Trauerfalter)

Die Falter erreichen eine Flügelspannweite von 45 bis 55 mm. Die schwarz oder schwarzbraun gefärbte Oberseite der Vorderflügel trägt eine Binde aus weißen Flecken. Zwischen der Binde und dem Flügelansatz sitzen weitere, kleinere weiße Flecke. Die Oberseite der Hinterflügel trägt eine gebogene, breite weiße Binde. Die Unterseite ist rostbraun und zeigt die weiße Zeichnung der Oberseite, zusätzlich ist die weiße Binde schwarz umrandet. Die Unterscheidung zu den anderen, ähnlichen Arten Blauschwarzer Eisvogel (*Limenitis reducta*), Kleiner Eisvogel (*L. camilla*) und Schwarzbrauner Trauerfalter (*Neptis sappho*) ist auf den Flügelunterseiten auf Anhieb durch die Anordnung der weißen Flecken und dem fehlenden grauweißen Feld an der Basis der Hinterflügel möglich. Die Raupe lebt nach dem Schlupf im August am Laub verschiedener Spiersträucher wie dem Gamander-Spierstrauch (*Spiraea chamaedryfolia*) und dem Weidenblättrigen Spierstrauch (*S. salicifolia*) sowie dem Wald-Geißbart (*Aruncus dioicus*) und Echtem Mädesüß (*Filipendula ulmaria*) und überwintert in einem zusammengesponnenen Blatt. Sie verpuppen sich im Mai des folgenden Jahres. Der Schwarze Trauerfalter fliegt in einer Generation von Ende Mai bis Anfang August. Laubwälder, Schluchtwälder, Gärten und Parks sind sein Lebensraum. In Europa kommt die Art vor allem im östlichen Bereich der Alpen, in der südlichen Schweiz, in Österreich und auf dem Balkan vor.

Flugzeit	J	F	M	A	M	J	J	A	S	O	N	D
Raupen	J	F	M	A	M	J	J	A	S	O	N	D

Neptis sappho (Schwarzbrauner Trauerfalter)

Die Falter erreichen eine Flügelspannweite von 40 bis 46 mm. Auf der schwarz oder schwarzbraun gefärbten Flügeloberseite der Vorderflügel befindet sich eine gut ausgebildete, längs verlaufende Binde aus keilförmigen weißen Flecken. Auf den Oberseiten der Hinterflügel befinden sich zwei gerade verlaufende weiße Fleckenbinden. Die Unterseite ist heller rostbraun gefärbt und hat die identische weiße Fleckenbindenzeichnung, was die Art gegenüber dem Kleinem Eisvogel (*Limenitis camilla*), Schwarzen Trauerfalter (*N. rivularis*) und Blauschwarzen Eisvogel (*L. reducta*) bei näherem Hinsehen unverwechselbar macht. Nahrungsgrundlage der Raupen sind Platterbsen-Arten wie Frühlings-Platterbse (*Lathyrus vernus*), Schwarzwerdende Platterbse (*Lathyrus niger*) und die Robinie (*Robinia pseudoacacia*). Falter erscheinen pro Jahr in zwei Generationen von Anfang Mai bis Ende Juni und von Ende Juni oder Anfang Juli bis Mitte September. Sie bewohnen tieferliegende Wälder feuchterer Ausprägung, wie Eichen-Hainbuchen-Mischwälder, Auwälder an Flussläufen in Lichtungen und an Waldrändern. Die Art ist in Südosteuropa verbreitet.

Flugzeit	J	F	M	A	M	J	J	A	S	O	N	D

Nymphalis antiopa (Trauermantel)

Der sehr große, 55 bis zu 75 mm Spannweite messende Falter ist mit seiner gelb und schwarz umsäumten Oberseite der Flügel mit blauen Flecken unverwechselbar. Die Raupe lebt von Juni bis Mitte Juli an Salweide (*Salix caprea*) und anderen Weidenarten, Hängebirke (*Betula pendula*) und Pappelarten (*Populus* sp.). Pro Jahr erscheint nur eine Generation, die Falter des Vorjahres pflanzen sich im April und Mai fort, Mitte Juli erscheint die neue Generation, die überwintert. Die Art lebt in verschiedenartigen Lebensräumen, wie bevorzugt in Laubwäldern und Streuobstwiesen, und saugt gerne an Stellen mit austretendem Baumsaft oder Fallobst. Die Tiere sind von Spanien über die Alpen und die Gebirge Süd- und Osteuropas bis Skandinavien in Höhen zwischen 100 und 1300 m verbreitet. Die Raupen werden oft stark von Schlupfwespen parasitiert.
RL V/Naturschutzstatus: 6 & 9.

Flugzeit	J	F	M	A	M	J	J	A	S	O	N	D
Raupen	J	F	M	A	M	J	J	A	S	O	N	D

Nymphalis io (Tagpfauenauge)

Einer unserer schönsten und häufigsten Falter hat eine Vorderflügelspannweite von 55 bis 60 mm. Mit den ausgeprägten Augenflecken, der roten Färbung und der schwarzen Zeichnung auf der Flügeloberseite ist er unverwechselbar. Die Raupe lebt von Mitte Mai bis Juni und Mitte August bis September an Großer Brennnessel (*Urtica dioica*). Die Flugzeit liegt bei einer, in warmen Jahren bei zwei Generationen zwischen Anfang Juli bis Mai des nächsten Jahres. Die Imagines überwintern. Das Tagpfauenauge ist an verschiedenste, nicht abgrenzbare Lebensräume angepasst. Man findet die Imagines zwischen 100 und 2200 m Höhe. Die Tiere sind mit Ausnahme der arktischen Gebiete über ganz Europa verbreitet.

Flugzeit	J	F	M	A	M	J	J	A	S	O	N	D
Raupen	J	F	M	A	M	J	J	A	S	O	N	D

Nymphalis polychloros (Großer Fuchs)

Er erreicht 50 bis zu 55mm Spannweite. Die Falter sind dem Kleinen Fuchs (*Aglais urticae*) sehr ähnlich, aber größer und es fehlen auf der Vorderflügel-Oberseite die blauen Saumflecken. Zum Östlichen Großen Fuchs (*N. xanthomelas*) unterscheidet er sich durch die schwarzen Beine und

Palpen. Die Raupe lebt von Mitte Mai bis Ende Juni hauptsächlich an Salweide (*Salix caprea*), Vogelkirsche (*Prunus avium*), Zitterpappel (*Populus tremula*), Apfel (*Malus* sp.) und anderen Laubbäumen. Die überwinterten Falter vom Vorjahr können bis zu zwölf Monate alt werden und fliegen ab März bis Juni. Ab Ende Juni schlüpfen die Falter der neuen Generation und fliegen noch bis Ende Juli, bevor sie in Verstecke gehen und überwintern. Sie bewohnen lichte Laubwälder an Waldrändern und Waldwegen, Waldschneisen und -lichtungen, Streuobstwiesen und suchen gerne Stellen mit austretendem Baumsaft zum Saugen auf. Die Art findet über ganz Europa bis in den Süden Skandinavien mit Ausnahme Englands in Höhen zwischen 100 und mehr als 1000 m Verbreitung.

RL V/Naturschutzstatus: 6 & 9 & 10.

Flugzeit	J	F	M	A	M	J	J	A	S	O	N	D
Raupen	J	F	M	A	M	J	J	A	S	O	N	D

Nymphalis vaualbum (Weißes L)

Die Falter erreichen eine Flügelspannweite von 50 bis 58 mm. Die orangebraune bis gelbbraune Grundfärbung erscheint dunkler mit mehr Schwarzanteil als die verwandten Arten. Auf den Oberseiten der Hinterflügel findet sich je ein weißer Fleck. Die Unterseite erscheint etwas heller, hat eine weiße Binde und auf den Hinterflügeln ein kleines weißes L. Die Art ist mit diesen Merkmalen von den anderen drei Fuchs-Arten gut zu unterscheiden. Die Raupen fressen die Blätter von Weiden (*Salix* sp.), der Zitterpappel (*Populus tremula*) und von Ulmen (*Ulmus* sp.). Die Falter erscheinen nach der Überwinterung von März bis Juni in der nächsten Generation von Juni bis Juli, dann begeben sie sich in ein Überwinterungsquartier. Bewohnt werden lichte Laub- und Auwälder an den Rändern und auf Lichtungen vom Flachland bis ins Bergland. Die Art ist in Osteuropa verbreitet.

Flugzeit	J	F	M	A	M	J	J	A	S	O	N	D

Nymphalis xanthomelas (Östlicher Großer Fuchs)

Die Flügelspannweite liegt zwischen 52 und 60 mm. Sie haben eine orangebraune bis rotbraune Grundfärbung und ähneln dem Großen Fuchs (*Nymphalis polychloros*). Sehr stark unterscheiden sie sich von diesem jedoch durch eine leuchtendere orange- bis rotbraune Grundfärbung, einen weißlichen Fleck an der Vorderflügelspitze, gelblich gefärbte Beine und einen stärker gezackten Außenrand. Nahrungsgrundlage der Raupen sind Weiden (*Salix* sp.), Ulmen (*Ulmus* sp.) und Zürgelbaum (*Celtis* sp.). Die Imagines überwintern und fliegen standortabhängig ab März bis Mai. Die nächste Generation erscheint, je nach Bedingungen, zwischen Anfang Juni bis Anfang September. Bevorzugte Lebensräume sind Laubwälder und Flussauen feuchterer Ausprägung bis in Höhen von maximal 2000 m. *N. xanthomelas* kommt in Osteuropa vor.

Flugzeit	J	F	M	A	M	J	J	A	S	O	N	D

Oeneis bore (Gelbgrauer Tundrasamtfalter)

Die Spannweite liegt zwischen 37 und 48 mm. Die gelblich grauen Flügel erscheinen etwas transparent und es fehlen Augenflecken, was ihn am sichersten von den anderen *Oeneis*-Arten unterscheidbar macht. Ein dunkleres Band, eingefasst von zwei schwarzbraunen Zackenlinien liegt quer auf der Hinterflügel-Unterseite und wird von je einem hellen Band flankiert. Während ihres zweijährigen Raupenstadiums leben sie an Gras- und Seggenarten wie Schaf-Schwingel (*Festuca ovina*). Die Falter erscheinen ab Ende Juni bis Ende Juli in einer Generation. Ihr Lebensraum sind die Tundra, feuchte mit Gras bewachsene Stellen an kahlen Felsbereichen, Bergmatten und Birkenwälder in Berglagen von 100 bis 1000 m. Verbreitung findet *O. bore* im Norden von Schweden und Finnland bis zum nördlichen Ural und der Kola-Halbinsel.

Flugzeit	J	F	M	A	M	J	J	A	S	O	N	D
Raupen	J	F	M	A	M	J	J	A	S	O	N	D

Oeneis glacialis (Gletscherfalter)

Dieser unscheinbar hellbräunlich bis dunkler variierende Falter erreicht eine Flügelspannweite von 48 bis 58 mm. Nur wenig deutlich hebt sich die gelblichbraune Außenbinde mit einer unterschiedlichen Anzahl schwarzer Augenflecken von der Grundfärbung ab. Eine Verwechslung mancher brauner Exemplare mit dem Ockerbindigen Samtfalter (*Hipparchia semele*) kann aufgrund der unterschiedlichen Höhenlage des Vorkommens ausgeschlossen werden. Die Raupen überwintern nach dem Schlupf im September das erste Mal als Jungraupe und fressen im folgenden Jahr an ihrer Futterpflanze, dem Echten Schafschwingel (*Festuca ovina*) und anderen Schwingel-Arten, um dann ein weiteres Mal zu überwintern. Erst im darauf folgenden Jahr ist die Raupe fertig entwickelt und verpuppt sich bis Juni. Die Art erscheint in einer Generation pro Jahr zwischen Anfang Juni und Mitte August. Die Lebensräume dieser Hochgebirgsfalter befinden sich in Höhen zwischen 1400 und 3000 m und bestehen meist aus felsigen, trockenen Grasflächen und angrenzenden Geröllflächen. Die Verbreitung des Gletscherfalters beschränkt sich auf die Alpen.

Flugzeit	J	F	M	A	M	J	J	A	S	O	N	D
Raupen	J	F	M	A	M	J	J	A	S	O	N	D

Oeneis jutta

Die Flügelspannweite der Falter beträgt 48 bis 60 mm. Die Oberseite hat eine graubraune Grundfärbung und zwei bis drei gelb umringte, schwarze

Augenflecken auf den Vorderflügeln. Auf der Hinterflügel-Oberseite finden sich ein bis zwei der Augenflecken. Die bräunlich marmorierte Unterseite der Hinterflügel trägt ein dunkleres Band von weißen Binden flankiert. Die Raupen fressen Sauergrasgewächse (*Cyperaceae*) wie Seggen (*Carex* sp.) und Wollgräser (*Eriophorum* sp.). Die Falter fliegen in einer Generation von Mitte Juni bis Juli. Sie sind Bewohner feuchter Wiesen, von Mooren, Niedermooren, Rändern von Kiefernwäldern, Waldlichtungen und Tundren. Verbreitet ist die Art über das nördliche Europa, Skandinavien, das nördliche Norwegen, Schweden und Finnland.

Flugzeit	J	F	M	A	M	J	J	A	S	O	N	D

Oeneis magna

Es ist nur wenig zur Biologie dieser Art und seiner teilweise umstrittenen Unterarten bekannt. Die Unterseite der Hinterflügel zeigt zwei weiße Binden, von denen die basale auch unterbrochen sein kann, die eine dunkelbraune Mittelbinde flankieren. Der Lebensraum besteht aus lichten Koniferenwäldern, Polar- und Bergtundren, bis fast an die Baumgrenze, Bergmatten und Taiga. Die Falter erscheinen in einer Generation von Mai bis Juli. Die Nahrung der Raupen besteht aus Seggen (*Carex* sp.) und Gräsern. In Europa beschränkt sich die Verbreitung auf den Ural im Norden Russlands.

Flugzeit	J	F	M	A	M	J	J	A	S	O	N	D

Oeneis melissa

Sie erreichen 42 bis 51 mm Flügelspannweite. Die graubraune Flügel-Oberseite erscheint etwas durchsichtig mit wenigen oder gänzlich fehlenden Augenflecken. Die Fransen sind gescheckt. Die Unterseite der Hinterflügel ist schwarz und grau marmoriert. Als Nahrung nutzt die Raupe während ihrer zweijährigen Entwicklung verschiedene Seggen (*Carex* sp.). Die Falter schlüpfen ab Mitte Juni und sind bis Anfang August zu finden. Die Habitate bestehen aus Tundren, Berghängen und felsigen Bergspitzen. Ihr Verbreitungsgebiet ist der polare Bereich des russischen Urals.

Flugzeit	J	F	M	A	M	J	J	A	S	O	N	D
Raupen	J	F	M	A	M	J	J	A	S	O	N	D

Oeneis norna (Brauner Tundrasamtfalter)

Die Spannweite der Vorderflügel beträgt zwischen 43 und 52 mm. Die Oberseite ist gelblich-braun mit einer helleren gelblichen Randbinde, in der sich mehrere Augenflecken befinden. Die Unterseite der Hinterflügel ist braun marmoriert und hat eine weiße, zur Basis hin scharf abgegrenzte Binde. Verschiedene Gräser wie Wiesen-Lieschgras *(Phleum pratense)*, Alpen-Rispengras (*Poa alpina*) sowie Seggen (*Carex* sp.) und Borstgras (*Nardus* sp.) sind die Nahrungsgrundlage des zweijährigen Raupenstadiums. Die einzige Generation der Falter erscheint ab Mitte Juni und ist bis Mitte Juli zu finden. Die Struktur ihrer Lebensräume besteht aus heideartigen Bereichen von Mooren mit lichtem Bewuchs von Birkengebüsch, feuchten, mit Gräsern und Moosen bewachsenen Waldlichtungen. *O. norna* ist von Nordskandinavien bis in den russischen Ural zu finden.

Flugzeit	J	F	M	A	M	J	J	A	S	O	N	D
Raupen	J	F	M	A	M	J	J	A	S	O	N	D

Oeneis polixenes

Die Vorderflügel erreichen Spannweiten zwischen 42 und 54 mm. Die graubraunen Flügel erscheinen etwas durchsichtig, sind beim Männchen ohne Zeichnung, beim Weibchen können zwei kleine, schwarze Augenflecken vorhanden sein, aber auch fehlen. Die Unterseite der Hinterflügel ist graubraun und schwarz marmoriert und trägt eine weiße Binde. Die Nahrung der Raupe besteht während ihrer zweijährigen Entwicklung aus Gräsern und Seggen. Die Falter erscheinen in einer Generation von Mitte Juni bis

Anfang August. Lebensräume sind offene, feuchte Tundren. Die europäische Verbreitung erstreckt sich auf den russischen Ural.

Flugzeit	J	F	M	A	M	J	J	A	S	O	N	D
Raupen	J	F	M	A	M	J	J	A	S	O	N	D

Oeneis tarpeia

Die Spannweite der Flügel liegt zwischen 45 und 50 mm. Die gelbbraune Oberseite trägt eine Reihe von schwarzen, teilweise weiß gekernten Augenflecken. Die Flügelränder besitzen braune Saumbinden. Die Unterseiten der Hinterflügel sind braun marmoriert mit dunklen und weißen Binden und hell hervortretenden Flügeladern. Die Nahrung der Raupen besteht aus Echtem Schafschwingel (*Festuca ovina*) und Saat-Hafer (*Avena sativa*). Die Imagines treten in einer Generation von Juni bis Juli auf. Ihr Lebensraum sind Steppen, Grasebenen, Hänge und Bergtundren. Verbreitungsgebiet der Falter ist die Ukraine und der Kaukasus in Russland.

Flugzeit	J	F	M	A	M	J	J	A	S	O	N	D

Pararge aegeria (Waldbrettspiel)

Die ausgestreckten Vorderflügel erreichen eine Spannweite von 32 bis zu 45 mm. Die Flügeloberseiten sind dunkelbraun mit hellgelben Flecken und weiß gekernten Augenflecken. Die wesentlich hellere Unterseite ist marmoriert. Eine Verwechslungsmöglichkeit besteht allenfalls in Spanien mit

dem Kanaren-Waldbrettspiel (*P. xiphioides*), das aber dunkler erscheint. Die Raupe lebt in zwei Generationen zwischen Mai und Juni und August bis Mitte Oktober an verschiedenen Grasarten wie Knäuelgras (*Dactylis* sp.), Perlgras (*Melica* sp.), Rasen-Schmiele (*Deschampsia cespitosa*) und anderen. Die Flugzeit läuft in zwei, in Ausnahmefällen drei Generationen überlappend von April bis September. Der Falter ist der einzige wirkliche Waldbewohner, schattenliebend an kleinen Lichtungen und Schneisen auch in dichten Wäldern zu beobachten. Er bewohnt Höhenlagen zwischen 100 und 1800 m. Die Verbreitung erstreckt sich auf ganz Europa mit Ausnahme des nördlichen Skandinaviens.

Flugzeit	J	F	M	A	M	J	J	A	S	O	N	D
Raupen	J	F	M	A	M	J	J	A	S	O	N	D

Pararge xiphia (Madeira-Waldbrettspiel)

Die Spannweite der Flügel beträgt 50 bis 60 mm. Die Färbung der Oberseite ist schwarzbraun mit gegenüber den verwandten Arten reduzierter oranger Fleckenzeichnung. Die Außenseite der Vorderflügel ist ausgerundet und nicht nahezu gerade wie bei *P. aegeria* oder bei *P. xiphioides,* der nicht im selben Verbreitungsgebiet vorkommt. Gräser wie die Wald-Zwenke (*Brachypodium sylvaticum*) und Schwingel (*Festuca donax*) dienen den Raupen als Nahrung. Die Imagines leben ganzjährig in mehreren Generationen. Sie bewohnen Lichtungen und Steilhänge bevorzugt in Lorbeerwäldern, auch in anderen Waldhabitaten und gebüschreichen Steillagen mit Felswänden bis etwa 1200 m Höhe. Die Art ist ein Endemit der Insel Madeira und kann dort nur mit dem Waldbrettspiel *(P. aegeria)* verwechselt werden.

Flugzeit	J	F	M	A	M	J	J	A	S	O	N	D

Pararge xiphioides (Kanaren-Waldbrettspiel)

Die Flügelspannweite beträgt zwischen 40 und 48 mm. Die Falter unterscheiden sich vom Waldbrettspiel *(P. aegeria)* durch die kleineren Augenflecken auf den Vorderflügeln und die fehlende Einbuchtung der Außenränder. Raupennahrung sind verschiedene Grasarten wie Zwenke (*Brachypodium arbusculum*), Fieder-Zwencke (*B. pinnatum*), Wald-Zwencke (*B. sylvaticum*), Rotes Straußgras (*Agrostis capillaris*), Forsters Hainsimse

(*Luzula forsteri*), Gemeiner Grannenreis (*Piptatherum miliaceum*), Wiesen-Knäuelgras (*Dactylis glomerata*). Falter sind über das ganze Jahr in mehreren Generationen zu beobachten. Anzutreffen sind sie an grasigen Felshängen, in Buschland, an Waldrändern und in Lorbeerwäldern, auf Waldlichtungen und auch in Gärten in Höhenlagen zwischen 200 und 2000 m. Die Art bewohnt die Kanarischen Inseln auf La Gomera, La Palma, Teneriffa und Gran Canaria.

Polygonia c-album (C-Falter)

40 bis zu 50mm Spannweite erreichen seine gestreckten Vorderflügel. Die stark gezackten Flügelränder machen ihn unverwechselbar. Die Flügeloberseiten sind orangebraun und mit einem variablen Fleckenanteil ausgestattet. Auf der Hinterflügel-Unterseite befindet sich das namensgebende weiße C. Die Raupe lebt von Mitte Mai bis Ende Juni und Mitte Juli bis Ende August an Großer Brennnessel (*Urtica dioica*), Salweide (*Salix caprea*) und anderen Baum- und Straucharten wie Gewöhnlicher Hasel (*Corylus avellana*) oder Gewöhnlichem Hopfen (*Humulus lupulus*). Zwei Generationen fliegen nach der Überwinterung zwischen März und Anfang Oktober. Der C-Falter lebt an Waldwegen und Waldrändern, Feldgehölzen, Hecken und in Obstgärten im Flachland und bis auf Höhen von 1800 m. Er saugt gerne an Fallobst. Die Gesamtverbreitung erstreckt sich auf ganz Europa mit Ausnahme des Hohen Nordens, Schottlands und Irlands.

Flugzeit	J	F	M	A	M	J	J	A	S	O	N	D
Raupen	J	F	M	A	M	J	J	A	S	O	N	D

Polygonia egea (Gelber C-Falter, Südlicher C-Falter)

Der Falter erreicht bis zu 50 mm Flügelspannweite. Die Flügeloberseite ist in der ersten Generation gelbbraun und hat weniger dunkle Zeichnung als die des C-Falters (*P. c-album*). Die Hinterflügel-Unterseite unterscheidet sich von *P c-album* durch die Zeichnung und ein weißes „Y". Die Raupen leben in zwei Generationen von Juli bis Anfang August und September bis

Mitte Oktober an Aufrechtem Glaskraut (*Parietaria officinalis*). In seinem Verbreitungsgebiet im Süden Europas, ohne den Südwesten, fliegen die Imagines in zwei bis drei Generationen von Mai bis Juni und ab August überwinternd bis ins Frühjahr. Die Lebensbereiche der Tiere sind sonnige, warme, felsdurchsetzte Hänge und Steinmauern, auch im Siedlungsbereich, in Höhen von 0 bis 1700 m. Die Art kommt im Mittelmeerraum bis zur Krim und dem Kaukasus vor.

Flugzeit	J	F	M	A	M	J	J	A	S	O	N	D
Raupen	J	F	M	A	M	J	J	A	S	O	N	D

Proterebia afra

Die Spannweite der Flügel liegt zwischen 41 und 46 mm. Die Flügeloberseite ist dunkelbraun mit einer Reihe von orange eingefassten Augenflecken, darunter ein markanter Doppelfleck, deren Anzahl und Größe bei Männchen und Weibchen unterschiedlich sein kann. Die Raupen ziehen sich nach dem Schlupf im Sommer vor der Hitze etwas zurück und fressen ab dem Herbst bis zur Überwinterung wieder verstärkt an ihrer Futterpflanze, dem Echten Schafschwingel (*Festuca ovina*). Die Verpuppung findet ab März statt. Während des Jahres erscheint eine Generation zwischen April und Ende Mai. Die Lebensräume sind trockene, besonnte, sehr warme, grasbewachsene Magerrasen in Höhen zwischen 150 und 1200 m, die meist in Hanglagen mit einigen Sträuchern bestanden sind und felsige oder steinige Stellen aufweisen können. In Europa ist die Art nur lokal in Dalmatien und Nordgriechenland und der Ukraine verbreitet und durch das Verschwinden ihrer Lebensräume im Bestand stark rückläufig.

Flugzeit	J	F	M	**A**	**M**	J	J	A	S	O	N	D
Raupen	**J**	**F**	**M**	A	M	J	**J**	**A**	**S**	**O**	**N**	**D**

Pseudochazara amymone

45 bis 50 mm beträgt die Spannweite. Der Status als Art ist umstritten und einige Autoren schätzen ihn als Unterart von *Pseudochazara mamurra* ein. Die dunkelbraunen Flügeloberseiten zeigen gelblich braune Binden und je zwei schwarze, weiß gekernte Augenflecken, zwischen denen sich zwei weiße Punkte finden. Die Unterseite der Hinterflügel hat zur Basis hin eine dunkelbraun abgegrenzte weiße Binde. Zur Biologie ist wenig bekannt. Die einzige Generation der sehr seltenen Falter findet man zwischen Juni und August an trockenen Felshängen im Norden Griechenlands und im südlichen Albanien in Höhen zwischen 500 und 1500 m.

Flugzeit	J	F	M	A	M	**J**	**J**	**A**	S	O	N	D

Pseudochazara anthelea (Weißband-Samtfalter)

Die Falter erreichen Spannweiten zwischen 45 und 55 mm. Die Arten der Gattung sind alle sehr ähnlich im Erscheinungsbild. Die Oberseite ist dunkelbraun, beim Männchen mit einer weißen Binde. Das Weibchen unterscheidet sich durch ausgedehnte orange Farbanteile vor allem auf den Vorderflügeln. Nahrungspflanzen der Raupen sind diverse Gräser. Die Falter fliegen je nach Höhenlage von Mai bis Juli. Sie sind Bewohner felsiger oder steiniger Hänge mit Sträuchern, lichter Laub- oder Kiefernwälder zwischen 500 und 2000 m Höhe. Die Art kommt auf der Balkanhalbinsel von Albanien, Mazedonien und Südwestbulgarien über Griechenland bis Kreta vor.

Flugzeit	J	F	M	A	M	J	J	A	S	O	N	D

Pseudochazara beroe

Die Flügelspannweite liegt zwischen 43 und 51 mm. Die Grundfarbe ist braun bis hellbraun. Die beiden schwarzen, weiß gekernten Augen auf den Vorderflügeln können mehr oder weniger groß erscheinen und befinden sich innerhalb heller Binden. Die Unterseite der Hinterflügel ist hellbraun marmoriert. Die Raupen fressen verschiedene Gräser. Imagines erscheinen von Mitte Juni bis August in trockenen, steinigen Habitaten zwischen 1400 und 2500 m. Das Vorkommen beschränkt sich auf die Türkei, wobei die Art im europäischen Teil wahrscheinlich ausgestorben ist.

Flugzeit	J	F	M	A	M	J	J	A	S	O	N	D

Pseudochazara cingovskii

Die Falter erreichen Spannweiten zwischen 51 und 57 mm. Die Oberseite erscheint braun mit gelblich braunen Binden, in denen sich je zwei schwarze, weiß gekernte Augenflecken und dazwischen zwei weiße Punkte befinden. Verschiedene Gräser dienen den Raupen als Nahrung. Die Falter kann man in einer Generation von Ende Juni bis Anfang August beobachten. Sie leben an trockenen Kalkfelsbereichen und Geröllhalden mit wenig Bewuchs zwischen 1000 und 1200 m. Die Art kommt in Mazedonien vor.

Flugzeit	J	F	M	A	M	J	J	A	S	O	N	D

Pseudochazara euxina

Der Endemit der Krim-Halbinsel hat zwischen 45 und 58 mm Spannweite. Es sind braune Falter mit je einem orangen bis gelblichen Band, in dem sich auf den Vorderflügeln zwei schwarze, weiß gekernte Augenflecken finden. Die Unterseite der Hinterflügel ist braun marmoriert mit drei dunklen, gezackten Linien. Die Raupe lebt an Gräsern. Von Juni bis August findet man eine Generation der Falter auf trockenen, steinigen Bergsteppen des Yaila-Gebirges auf der Krim. Durch den fortschreitenden Lebensraumverlust sind sie mittlerweile stark bedroht.

Flugzeit	J	F	M	A	M	J	J	A	S	O	N	D

Pseudochazara geyeri

Die Art erreicht Flügelspannweiten zwischen 46 und 52 mm. Die Oberseite ist recht kontrastarm gezeichnet und die hellbraune Binde hebt sich kaum ab. Je zwei schwarze, weiß gekernte Augenflecken befinden sich auf den Vorderflügeln. Auf der Unterseite der Hinterflügel befinden sich zwei auffällige, dunkle Zackenlinien und dazwischen eine weiße Binde, die ihn im Lebensraum relativ unverwechselbar macht. Die Raupe lebt vermutlich an Gräsern wie dem Echten Schafschwingel *(Festuca ovina)*. Zwischen Mitte Juli und Ende August erscheinen die Falter in einer Generation. Sie leben in Höhen ab 1500 bis 1700 m auf grasbewachsenen, felsigen, trockenen Berghängen über der Baumgrenze. Die Verbreitung der seltenen Falter beschränkt sich auf die Grenzregionen Albaniens, Griechenlands und Mazedoniens.

Flugzeit	J	F	M	A	M	J	J	A	S	O	N	D

Pseudochazara graeca

Ein Falter mit einer Spannweite von 42 bis 51 mm. Die gelben Binden auf der Oberseite verlaufen zum Rand der Hinterflügel ins Orange. Die Unterseite der Hinterflügel ist im Basisbereich hellbraun marmoriert und zeigt im Anschluss daran eine kontrastarme, hellgelbe Binde. Die Raupen ernähren sich von verschiedenen Grasarten. Die Imagines erscheinen in einer Generation von Mitte Juli bis Ende August. Offene Felsrasen in Höhen über der Waldgrenze zwischen 1200 und 2200 m Höhe werden von ihnen als Lebensraum beansprucht. Anzutreffen ist *P. graeca* in den Gebirgsbereichen Griechenlands und Mazedoniens.

Flugzeit	J	F	M	A	M	J	J	A	S	O	N	D

Pseudochazara hippolyte

Der Falter kann Spannweiten zwischen 45 und 50 mm erreichen. Die Oberseite ist dunkelbraun mit je einer breiten gelben Binde und zwei schwarzen weiß gekernten Augenflecken, aber ohne kleine weiße Punkte. Die Hinterflügel-Unterseite ist braun marmoriert und trägt drei schwarze Zackenlinien. Die Raupe lebt an Schafschwingel (*Festuca ovina*) und überwintert. Als Falter fliegen sie in einer Generation von Anfang Juli bis Anfang August auf trockenen, grasbewachsenen Hängen und auch in steinigen oder felsigen, steppenartigen Biotopen in Hochlagen zwischen 1500 und 2700 m. Die Verbreitung ist auf den europäischen Teil des russischen Urals beschränkt.

Flugzeit	J	F	M	A	M	J	J	A	S	O	N	D

Pseudochazara mniszechii

Die Falter erreichen Spannweiten zwischen 48 und 57 mm. Auf den orangen Binden finden sich auf allen Flügeln ober- wie unterseits je zwei weiße Punkte. Die Hinterflügel-Unterseite ist braun marmoriert. Nahrung der Raupen sind Gräser wie z. B. der Echte Schafschwingel (*Festuca ovina*). Die Falter fliegen in einer Generation von Ende Juni bis Mitte September auf Trockenrasen und an Hängen mit Felsbereichen und in lichten Gebüsch- und Waldbereichen. Das Verbreitungsgebiet erstreckt sich auf Griechenland und die Türkei.

Flugzeit	J	F	M	A	M	J	J	A	S	O	N	D

Pseudochazara orestes

Die Flügelspannweite liegt zwischen 51 und 57 mm. Zwischen den beiden schwarzen, weiß gekernten Augenflecken befinden sich zwei kleine weiße Punkte auf den orangen Binden der Vorderflügel. Die Raupen fressen Gräser wie Weißes Straußgras (*Agrostis stolonifera*). Die Imagines können in einer Generation von Mitte Juni bis Ende Juli beobachtet werden. Trockenheiße, steile Hänge und Felsflächen mit Büschen und niederen Laubbäumen zwischen 800 und 1600 m Höhe werden als Lebensraum genutzt. Verbreitet ist die Art in Nordwest-Griechenland und Südwest-Bulgarien.

Flugzeit	J	F	M	A	M	J	J	A	S	O	N	D

Pseudochazara williamsi

Die Falter erreichen Spannweiten zwischen 45 und 48 mm. Die dunkelbraune Grundfärbung wird auf der Oberseite von je einem gelbbraunen Querband überlagert und er besitzt auf den Vorderflügeln je zwei schwarze, weiß gekernte Augenflecken. Raupennahrung sind Gräser wie z. B. Echter Schafschwingel (*Festuca ovina*). Die Falter fliegen in einer Generation von Mitte Juni bis Anfang August. Sie bewohnen Trockenrasen und spärlich bewachsene, steinige Hänge im Gebirge zwischen 1800 und 2500 m Höhe. Anzutreffen sind sie in Spanien in der Sierra Nevada.

Flugzeit	J	F	M	A	M	J	J	A	S	O	N	D

Pyronia bathseba

Der recht kleine Falter hat nur eine Spannweite von 18 bis 19 mm. Die Oberseite ist orange mit dunkelbraunen Säumen. Ein weißes Querband auf der Hinterflügel-Unterseite macht ihn unverwechselbar. Diese Art ist dem Rotbraunen Ochsenauge (*P. tithonus*) ähnlich. Die Raupen ernähren sich von Süßgräsern wie z. B. der Wald-Zwenke (*Brachypodium sylvaticum*). Die Falter erscheinen in einer Generation standortabhängig zwischen Mai und Juli. Man findet sie in lichten Wäldern mit gebüschbewachsenen Grasflächen zwischen 300 und 1700 m Höhe. Ihr Verbreitungsgebiet erstreckt sich über die Iberische Halbinsel nach Frankreich bis Marokko.

Flugzeit	J	F	M	A	M	J	J	A	S	O	N	D

Pyronia cecilia (Südliches Ochsenauge)

Die Spannweite der Flügel beträgt zwischen 32 und 40 mm. Der Falter ähnelt dem Rotbraunen Ochsenauge (*P. tithonus*) in Größe und Aussehen, trägt allerdings auf der braun marmorierten Unterseite der Hinterflügel ein weißes Band und es fehlen die weißen Punkte. Die Raupen fressen Gräser wie die Rasen-Schmiele (*Deschampsia cespitosa*). Die Falter erscheinen in einer Generation von Anfang Juni bis Mitte August. Offene Biotope mit Grasbewuchs in niederen Lagen, aber auch bis 2000 m Höhe werden von ihnen bewohnt. Man findet die Art in Portugal, Spanien (Mallorca und Menorca), Frankreich (südwestlicher Teil der Alpen, Korsika), Italien (Sardinien, Elba, Sizilien), Albanien, Griechenland und der Türkei.

Flugzeit	J	F	M	A	M	J	J	A	S	O	N	D

Pyronia tithonus (Rotbraunes Ochsenauge)

Die Falter erreichen zwischen 34 und 42 mm Flügelspannweite. Männchen haben im Gegensatz zu den Weibchen auf den Vorderflügeln einen Duftschuppenfleck, sind rotbraun gefärbt und haben größere, weiß zentrierte Augenflecken an der Spitze. Die Weibchen erscheinen meist heller gelbbraun. Die Raupe nutzt ab September mit Überwinterung bis Mai verschiedene Gräser wie Rotes Straußgras (*Agrostis cappillaris*), Deutsches Weidelgras (*Lolium perenne*) und Rot-Schwingel (*Festuca rubra*). Die Imagines erscheinen in einer Generation von Anfang Juni bis Anfang September. Die Art bewohnt Lichtungen, Ruderalflächen, Waldränder- und wege, Wiesen und auch Gärten mit geeignetem Umfeld. *P. tithonus* ist von der Iberischen

Halbinsel über das südliche Irland, England, West- und Mitteleuropa bis Polen und nach Süden bis Mittelitalien, Korsika, Sardinien und den nördlichen Balkan verbreitet.
RL 3/Naturschutzstatus: 7.

Flugzeit	J	F	M	A	M	J	J	A	S	O	N	D
Raupen	J	F	M	A	M	J	J	A	S	O	N	D

Satyrus actaea

Die Flügel erreichen Spannweiten zwischen 24 und 28 mm. Die Grundfarbe ist dunkelbraun mit je einem hellgekernten Auge beidseitig in der Nähe der Vorderflügelspitzen. Raupennahrung sind Schwingelgräser (*Festuca* sp.). Die Imagines sind in einer Generation ab Ende Juni bis August zu beobachten. Sie leben auf Weiden, lückig bewachsenem Magerrasen sowie in Felsbereichen und an Hängen mit Felsen und Geröll. Das Verbreitungsgebiet erstreckt sich über das südwestliche Europa von Andalusien bis Südfrankreich bis in den südwestlichsten Teil der italienischen Alpen.

Flugzeit	J	F	M	A	M	J	J	A	S	O	N	D

Satyrus ferula (Weißkernauge)

Die dunkelbraunen Vorderflügel haben Spannweiten zwischen 55 und 65 mm. Männchen und Weibchen unterscheiden sich stark. Die Weibchen sind heller braun und ein orangebraunes Querband verläuft in der Nähe des Flügelsaumes. Im Band liegen zwei bis vier Augenflecken mit weißen Kernen, von denen die oberen größer sind als die unteren. Die Augenflecken beim Männchen sind in etwa gleich groß. Die Vorderflügel-Unterseite ist beim Weibchen orangebraun und trägt zwei große Augenflecken. Die Hinterflügel-Unterseite ist graubraun mit hellgrauen Querbändern. Die Nahrungspflanzen der Raupen bestehen aus Gräsern wie Echtem Schafschwingel (*Festuca ovina*), Walliser Schafschwingel (*F. valesiaca*), Aufrechter Trespe (*Bromus erectus*), Rasen-Schmiele (*Deschampsia cespitosa*) und weiteren Arten. Sie lebt nach dem Schlupf bis zum Herbst an den Gräsern, überwintert und verpuppt sich ab Ende Juni. Die Imagines leben während des Jahres in einer Generation von Mitte Juni bis Anfang August. Als

Lebensraum werden steinige, felsige, mit Sträuchern bewachsene Magerrasen, lichte, mit Fels besetzte, trockene Waldbereiche, Schneisen, Waldränder, Hänge von der Ebene bis in Höhen von 1800 m genutzt. Die Verbreitung in Europa beschränkt sich auf den Norden Spaniens, Südfrankreich, die südlichen Alpen, zum Teil bis Süditalien und im Westen und Süden der Balkanhalbinsel.

Flugzeit	J	F	M	A	M	J	J	A	S	O	N	D
Raupen	J	F	M	A	M	J	J	A	S	O	N	D

Satyrus virbius

Die 53 bis 62 mm Spannweite messenden Falter sind dunkelbraun und verfügen auf der Vorderflügelober- und unterseite über je zwei blau gekernte Augen. Die Art ist möglicherweise auch nur eine Unterart des Weißkernauges (*S. ferula)*. Die Raupen fressen verschiedene Schwingel-Arten (*Festuca* sp.) und andere. Bewohnt werden Steppen, steinige und felsige Trockenrasenhänge, Lichtungen und Waldwiesen im Bergwald. *S. virbius* kommt im südöstlichen Russland und auf der Krim vor.

Thaleropis ionia

Die Flügelspannweite liegt zwischen 53 und 63 mm. Die Falter ähneln *Apatura metis*, sind orange mit schwarzen Bändern und Flecken auf der Oberseite, haben aber auf den Vorderflügeln zusätzliche weiße Flecken. Nahrungsgrundlage der Raupen sind die Blätter von Weiden (*Salix* sp.) und Zürgelbaum (*Celtis* sp.). Die Falter fliegen in einer Generation zwischen Juni und September. Die Weibchen überwintern und erscheinen wieder ab März bis in den Mai. Ihr Lebensraum sind gebüschbestandenes Gelände und lichte Wäldern, meist in der Nähe von Flüssen und Bächen. Die Art kommt im europäischen Teil der Türkei vor.

Flugzeit	J	F	M	A	M	J	J	A	S	O	N	D

Vanessa atalanta (Admiral)

Admirale erreichen 65 mm Flügelspannweite. Die Vorderflügel-Oberseite zeigen schwarze Flügelspitzen und eingelagerte, weiße Flecken und eine orangerote Saumbinde. Der Falter kann in Europa nicht verwechselt werden. Die Raupe lebt an Brennnesselarten (*Urtica* sp.). Der Falter saugt gerne an Fallobst. Die Anzahl der Generationen, die die Tiere von März

bis Ende Oktober ausbilden können, lässt sich nicht genau eingrenzen, da Zuwanderungen und vereinzelt Überwinterungen stattfinden. Er ist in fast allen Lebensräumen an stickstoffreichen Standorten z.B. Waldrändern, Wiesen, Ruderalflächen oder in Gärten in Höhen zwischen 0 und 2300 m anzutreffen. Der Admiral kommt als Wanderfalter aus dem Süden zu uns und kann den Winter normalerweise nicht überstehen. Er ist in ganz Europa verbreitet.

Flugzeit	J	F	M	A	M	J	J	A	S	O	N	D

Vanessa cardui (Distelfalter)

Der Wanderfalter erreicht 45 bis 60 mm Vorderflügelspannweite. Die Vorderflügel-Oberseite ist an den Flügelspitzen dem Admiral sehr ähnlich, ansonsten hat er eine orangerote Grundfärbung mit schwarzen Flecken. Die Unterseite der Hinterflügel ist gelbbraun-weiß marmoriert und mit einigen Augenflecken versehen. Die Raupe lebt an Gewöhnlicher Kratzdistel (*Cirsium vulgare*), Großer Brennnessel (*Urtica dioica*), Moschus-Malve (*Malva moschata*) und verschiedensten anderen Pflanzen. Die nach Europa einfliegenden Falter bilden ein bis zwei Generationen und fliegen von April bis Anfang November. Die Tiere sind an keine bestimmten Biotopstrukturen gebunden und können überall in blütenreichen Lebensräumen mit Nektarpflanzen zwischen 0 und 2500 m angetroffen werden. Die Wanderfalter aus Nordafrika machten zuletzt im Frühjahr 2009 durch einen Masseneinflug nach Deutschland von sich reden. Sie sind Kosmopoliten und außer in Südamerika und der Antarktis auf jedem Kontinent beheimatet.

Flugzeit	J	F	M	A	M	J	J	A	S	O	N	D

Vanessa virginiensis (Amerikanischer Distelfalter)

Die Spannweite beträgt zwischen 47 und 65 mm. Im Vergleich zum Distelfalter fallen auf der Unterseite der Hinterflügel die beiden großen Augen auf. Die Oberseite zeigt am Außenrand der Flügel mehrere blau gekernte Augenflecken. Nahrung der Raupen sind verschiedene Korbblütler wie Ruhrkraut (*Gnaphalium* sp.), Katzenpfötchen (*Antennaria* sp.) und Klette (*Arctium* sp.). Die Falter erscheinen in drei bis vier Generationen, bis auf die Wintermonate sind sie das ganze Jahr zu finden. Sie beanspruchen offene Habitate tieferer Lagen als Lebensraum. Auf ihren Wanderrouten an der amerikanischen Ostküste von starken Winden abgelenkte Exemplare können Irland und Großbritannien erreichen und sind so auch nach Teneriffa, La Palma und auf die Iberische Halbinsel gelangt. Einzelne Sichtungen sind aus Südfrankreich und der südwestlichen Schweiz gemeldet.

Flugzeit	J	F	M	A	M	J	J	A	S	O	N	D

Vanessa vulcania (Kanaren-Admiral)

Die Spannweite der Flügel erreicht zwischen 50 und 60 mm. Er unterscheidet sich vom Admiral (*V. atalanta)* durch die kleineren weißen Flecken und die eingelagerten schwarzen Flecken in den roten Querbinden auf den Vorderflügeln. Die Raupen fressen Maulbeerblättrige Brennnessel (*Urtica morifolia*) und Kleine Brennnessel (*U. urens*). Die Falter tauchen ganzjährig in mehreren Generationen auf. Besiedelt werden von ihnen Lorbeerwälder, aber auch Siedlungsbereiche und Kulturland wie z. B. Bananenplantagen. Anzutreffen ist diese Art auf Madeira, Hierro, La Gomera, La Palma, Gran Canaria und Teneriffa sowie im südlichen Portugal und sporadisch in Zentral- und Nordspanien.

Flugzeit	J	F	M	A	M	J	J	A	S	O	N	D

Ypthima asterope

Die Flügel erreichen 30 bis 38 mm Spannweite. Die Falter sind graubraun und tragen auf der Oberseite der Vorderflügel je zwei große schwarze, zweifach hell gekernte Augen. Süßgräser (*Poaceae*) stellen die Nahrungsgrundlage für die Raupen dar. Die Falter kann man ganzjährig in mehreren Generationen im Frühjahr, Sommer und Herbst beobachten. Sie bewohnen küstennahe, felsige Bereiche mit Trockenrasen in tiefen Lagen. Das Vorkommen erstreckt sich über die Türkei, Zypern und weitere Inseln im östlichen Mittelmeerraum.

Flugzeit	J	F	M	A	M	J	J	A	S	O	N	D

Literaturverzeichnis

Bellmann, H. (2003): Der neue Kosmos Schmetterlingsführer. Franckh-Kosmos Verlag.

Blab, J., Ruckstuhl, T., Esche, T. & Holzberger, R. (1987): Aktion Schmetterling – So können wir sie retten. Ravensburger Buchverlag.

Bühler-Cortesi, T. (2009): Schmetterlinge: Tagfalter der Schweiz. Haupt Verlag.

Ebert, G. (Hrsg.): Die Schmetterlinge Baden-Württembergs, Bd. 1–10, Ulmer Verlag.

Gerstmeier, R. (2000): Schmetterlinge. Kosmos.

Higgins, L.G. & Riley, N.D. (1978): Die Tagfalter Europas und Nordwestafrikas. Parey Verlag.

Koch, M. (1984): Schmetterlinge. Neumann-Neudamm.

Novak, I. & Severa, F. (1992): Der Kosmos Schmetterlingsführer. Franckh-Kosmos Verlag.

Pähler, R. & Dudler, H. (2010, 2013): Die Schmetterlingsfauna von Ostwestfalen-Lippe und angrenzender Gebiete in Nordhessen und Südniedersachsen, Band 1 & 2. Eigenverlag.

Pro Natura – Schweizerischer Bund für Naturschutz (1978): Tagfalter und ihre Lebensräume. Fotorotar AG.

Reichholf, J.H. (2001): Schmetterlinge. BLV.

Sauer, F. (1992): Tagfalter Europas – nach Farbfotos erkannt. Fauna Verlag.

Settele, J., Steiner, R., Reinhard, R. & Feldmann, R. (2005): Schmetterlinge – Die Tagfalter Deutschlands. Ulmer Verlag.

Settele, J., Feldmann, R. & Reinhard, R. (1999): Die Tagfalter Deutschlands. Ulmer Verlag.

Settele, J., Kudrna, O., Harpke, A., Kühn, I., Swaay, C. v., Verovnik, R., Warren, M., Wiemers, M., Hanspach, J., Hickler, T., Kühn, E., Halder, I. v., Veling, K., Vliegenthart, A., Wynhoff, I. & Schweiger, O.: Climatic Risk Atlas of European Butterflies. Pensoft.

Stettmer, C., Bräu, M., Gros, P. & Wanninger, O. (2007): Die Tagfalter Bayerns und Österreichs. Laufen.

Thust, R., Kuna, G. & Rommel, R.P. (2006): Tagfalter in Thüringen – Naturschutzreport Heft 23. Thüringer Landesanstalt für Umwelt und Geologie.

Tolman, T. & Lewington, R. (1998): Die Tagfalter Europas und Nordwestafrikas. Kosmos.

Weidemann, H.J. (1986–1988): Tagfalter, Band 1 & 2. Neumann-Neudamm.

Internetadressen

Lepiforum: http://www.lepiforum.de
http://www.entomologenportal.de
ACTIAS-Forum, Internetbörse für Insekten, Spinnen und Käfer: www.actias.org
www.pyrgus.de
Portal für Schmetterlinge und Raupen von Walter Schön: http://www.schmetterling-raupe.de
www.euroleps.ch
speziell Wanderfalterbeobachtung: www.science4you.org
Tagfalter-Monitoring in Deutschland: http://www.tagfalter-monitoring.de

Naturschutzverbände

Bund für Umwelt und Naturschutz Deutschland(BUND)
Bundesgeschäfttsstelle
am Köllnischen Park 1
10179 Berlin
030/275864-0
e-mail: bund@bund.net
www.bund.net

Bund Naturschutz in Bayern e.V.
Dr. Johann-Maier-Str. 4
93049 Regensburg
Tel. 0941/29720-0
e-mail: info@bund-naturschutz.de
www.bund-naturschutz.de

Naturschutzbund Deutschland e.V. NABU
Charitestr. 3
10117 Berlin
Tel. 030/284984-0
e-mail: NABU@NABU.de
www.nabu.de

Glossar

Biotop: Lebensraum

Diapause: Bezeichnet einen durch Hormone gesteuerten Ruhezustand bei Insekten und anderen Wirbellosen, um längere Kälte-, Trocken- oder Hitzeperioden zu überstehen.

Endemit: Eine Tier- oder Pflanzenart, die nur in einem geografisch eng begrenzten Bereich vorkommt, ist endemisch.

Entomologie: Insektenkunde

Gattung: Steht in der Hierarchie oberhalb der Art, kann eine einzige, aber auch viele Arten enthalten.

Generation: Die Zugehörigkeit zu einer Entwicklungsabfolge (Faltergeneration) von Ei, Raupe, Puppe und Schmetterling.

Genitalien, Genitaluntersuchung, -präparation: Die Fortpflanzungsorgane, die am Hinterleib liegen, können durch eine Präparation am Mikroskop zur Unterscheidung herangezogen werden, was allerdings mit der Tötung des Tieres verbunden ist. Bei einigen Arten lässt sich das betäubte Tier auch durch die Entfernung der Haare und Schuppen am Hinterleib mit einem Pinsel bestimmen.

Habitat: Biotop, Lebensraum

Habitus: Äußeres Erscheinungsbild

Imago (Plural: Imagines): Das auf das Ei-, Raupen- und Puppenstadium folgende, fertig entwickelte, zur Fortpflanzung fähige Insekt.

Lepidoptera: Ordnung der Schmetterlinge

Lepidopterologie: Schmetterlingskunde

Nomenklatur: Zoologische, wissenschaftliche Namensgebung

Palpen: Vor allem dem Tasten dienende Anhänge am Kopf verschiedener wirbelloser Tiere.

Tribus: Ist eine Bezeichnung für die Angehörigen einer Artengruppe, die in der Rangfolge zwischen Gattung und Unterfamilie angeordnet ist.

Taxonomie: Die Bezeichnung für die Einordnung eines Lebewesens in ein meist abstammungsgeschichtlich begründetes Ordnungssystem.

Bildquellennachweis

Die Abkürzungen bedeuten:
l = links, m = mittig, o = oben, r = rechts, u = unten.

Die Bilder stammen vom Autor des Buches mit Ausnahme von:

Robert Hirmer: 169, 236, 371, 386 u, 387 o, 398

Werner Redl: 46 u, 156 o, 166, 213, 298, 312, 313 o, 318, 329, 365 o, 379, 381, 405, 423

Heinrich Vogel: 64 o, 77, 121 o, 206, 260 u, 277 u, 340, 352, 365 m, 412 u

Wolfgang Wagner: 45 o, 47 u, 48 u, 50, 52 o, 53 o, 54 u, 56, 57, 59, 60 u, 61, 63, 64 u, 67, 69, 70, 72, 73, 74, 75 u, 78, 84 u, 85, 86 o, 89 u, 91 u, 92, 94, 99, 100 u, 102, 103 u, 117, 118, 119, 121 u, 124 u, 129 u, 131, 132, 133, 134, 137, 138, 140 u, 141, 143, 145 o, 147 o, 153 o, 159 u, 172 o, 176 o, 178, 199 o, 201, 207, 210, 226, 231 u, 235 u, 243, 253, 257 u, 272, 278 o, 285 u, 286, 287, 291 o, 294, 296 u, 304, 305, 306, 308, 315 u, 316, 323, 325 o, 332 u, 335 o, 337, 338, 343, 348, 353, 356, 363, 365 u, 374 o, 380, 383 o, 384 o, 385, 395, 403, 404, 414, 416, 419 u, 420 u, 422 m, 422 u, 427, 428

Wikipedia: 55, 66, 82, 98, 103 o, 106 o, 108 o, 110, 111, 112, 113, 114, 115 o, 120, 125 u, 142, 144 u, 146, 147 m l, 147 m r, 147 u, 148, 159 o, 163, 179, 196, 199 u, 216 u, 218, 222, 223, 224, 228, 229, 230, 240 u, 242, 244, 249, 257 o, 258, 295, 300 o, 310, 311 o, 317, 320 o, 325 u, 330, 331, 336, 345, 346, 349, 355, 359, 374 u, 375, 377, 378, 382, 384 u, 388 o, 391, 394, 403 o, 406 o, 410, 410, 411, 420 o, 422 o, 429, 430

Register der deutschen Artnamen

A

Admiral 424
  Kanaren- 429
Afrikanischer Monarch 295
Ähnlicher Mohrenfalter 305
Ähnlicher Perlmutterfalter 270
Akazien-Zipfelfalter 230
Alexis-Bläuling 161
Alpengelbling 109
Alpen-Maivogel 337
Alpen-Mohrenfalter 331
  Freyers 329
Alpen-Perlmutterfalter 274
Alpen-Scheckenfalter 334
Alpen-Weißling 137
Alpen-Wiesenvögelchen 288
Alpen-Würfel-Dickkopffalter 63
  Graumelierter 61
Ambossfleck-Würfel-Dickkopffalter 70
Ameisenbläuling
  Dunkler Wiesenknopf- 185
  Enzian- 183
  Heller Wiesenknopf- 186
  Schwarzgefleckter 182
  Thymian- 182
Amerikanischer Distelfalter 427
Andorn-Dickkopffalter 45
Apennin-Schachbrett 375
Apollo 87
  Falscher 81
  Griechischer 81
  Hochalpen- 90
  Schwarzer 89
Argus-Bläuling 188
Arktischer Mohrenfalter 302
Aurorafalter 96
  Gelber 97
Azorensamtfalter 341
  Westlicher 350

B

Baldrian-Scheckenfalter 388
Balkan-Gelbling 104
Balkan-Osterluzeifalter 91
Balkan-Schachbrett 378
Balkan-Waldportier 353
Balkanweißling 127
Baumweißling 99
Berghexe 282
Berg-Mohrenfalter 306
Bergwald-Perlmutterfalter 274
Bergweißling 129
Blassbindiger Mohrenfalter 328
Blauäugiger Waldportier 396
Blauer Eichen-Zipfelfalter 160
Blaukernauge 396
Bläuling
  Alexis- 161
  Argus- 188
  Dunkler Alpen- 217
  Eros- 212
  Escher- 213
  Faulbaum- 151
  Fetthennen- 237
  Gemeiner 219
  Gepunkteter Gras- 242
  Graublauer 236
  Großer Blasenstrauch- 166
  Großer Wander- 168
  Hauhechel- 219
  Heller Alpen- 194
  Himmelblauer 201
  Hochmoor- 193
  Idas - 192
  Kleiner Alpen- 158
  Kleiner Esparsetten- 226
  Kleiner Tragant- 197
  Kleiner Wander- 169
  Kronwicken- 189
  Kurzschwänziger 154
  Langschwänziger 168

Östlicher Esparsetten- 198
Östlicher Kurzschwänziger 155
Östlicher Quendel- 238
Pelargonien- 149
Prächtiger 200
Rotklee- 225
Silbergrüner 204
Storchschnabel- 214
Streifen- 206
Südlicher Kurzgeschwänzter 153
Vogelwicken- 200
Weißdolch- 206
Westlicher Quendel- 236
Wundklee- 210
Zahnflügel- 208
Zwerg- 157
Bläulinge 143
Blauschillernder Feuerfalter 173
Blauschwarzer Eisvogel 368
Blindpunkt-Mohrenfalter 318
Braunadern-Schachbrett 379
Braunauge 360
Braun-Dickkopffalter
Braunkolbiger 79
Mattscheckiger 76
Schwarzkolbiger 79
Brauner Eichen-Zipfelfalter 232
Brauner Feuerfalter 179
Brauner Tundrasamtfalter 407
Brauner Waldvogel 250
Braunfleckiger Perlmutterfalter 273
Braunkolbiger Braun-Dickkopffalter 79
Bräunlicher Scheckenfalter 394
Braunscheckauge 363
Brombeer-Perlmutterfalter 277
Bulgarischer Mohrenfalter 322

C

C-Falter 411
Gelber 412
Südlicher 412
Christ's Mohrenfalter 301

D

Dickkopffalter 43
Andorn- 45
Dunkler 51
Gelbwürfeliger 49
Graubrauner 72
Heilziest- 45
Loreley- 46
Malven- 43
Rostfarbiger 58
Spiegelfleck- 54
Steppen- 55
Distelfalter 426
Amerikanischer 427
Donau-Schillerfalter 248
Doppelaugen-Mohrenfalter 321
Dukaten-Feuerfalter 181
Dunkler Alpenbläuling 217
Dunkler Dickkopffalter 51
Dunkler Wiesenknopf-Ameisenbläuling 185

E

Edelfalter 244
Ehrenpreis-Scheckenfalter 384
Eisenfarbiger Samtfalter 352
Eismohrenfalter 325
Eisvogel
Blauschwarzer 368
Großer 367
Kleiner 366
Elba-Heufalter 287
Enzian-Ameisenbläuling 183
Erdbeerbaumfalter 281
Eros-Bläuling 212
Eschen-Scheckenfalter 338
Eschen-Zipfelfalter 167

Escher-Bläuling 213
Esparsetten-Bläuling
Östlicher 198

F

Falscher Apollo 81
Faulbaum-Bläuling 151
Felsen-Mohrenfalter 308
Fetthennen-Bläuling 237
Feuerfalter
Blauschillernder 173
Brauner 179
Dukaten- 181
Großer 172
Kleiner 176
Lilagold- 174
Provence- 240
Südöstlicher 178
Violetter 170
Feuriger Perlmutterfalter 254
Flockenblumen-Scheckenfalter 392
Früher Mohrenfalter 313
Frühlings-Perlmutterfalter 267
Fuchs
Großer 401
Kleiner 245
Östlicher Großer 403

G

Geißblatt-Scheckenfalter 337
Gelbbinden-Mohrenfalter 307
Gelbbindiger Mohrenfalter 316
Gelber Aurorafalter 96
Gelber C-Falter 412
Gelbgefleckter Mohrenfalter 312
Gelbgrauer Tundrasamtfalter 404
Gelbling
Alpen- 109
Balkan- 104
Hochmoor- 108
Hufeisenklee- 101
Regensburger 107
Steppen- 105
Wander- 104
Weißklee- 106
Gelblinge 96
Gelbringfalter 370
Gelbwürfeliger Dickkopffalter 49
Gemeiner Bläuling 219
Gepunkteter Grasbläuling 242
Gesprenkelter Gebirgs-Weißling 118
Gletscherfalter 405
Goldener Scheckenfalter 333
Graubindiger Mohrenfalter 297
Graublauer Bläuling 236
Graubrauner Dickkopffalter 72
Graubrauner Mohrenfalter 324
Griechischer Apollo 81
Großer Blasenstrauch-Bläuling 166
Großer Eisvogel 367
Großer Feuerfalter 172
Großer Fuchs 401
Großer Kohlweißling 127
Großer Perlmutterfalter 255
Großer Schillerfalter 247
Großer Waldportier 344
Großer Wanderbläuling 168
Großes Ochsenauge 372
Grünader-Weißling 135
Grüner Zipfelfalter 150
Grüngestreifter Weißling 114
Grünlicher Perlmutterfalter 258

H

Hauhechel-Bläuling 219
Heilziest-Dickkopffalter 45
Heller Alpenbläuling 194
Heller Wiesenknopf-Ameisenbläuling 186
Hellorangegrüner Heufalter 104
Heufalter
Elba- 287
Hellorangegrüner 104

Korsischer 286
Orangeroter 107
Rhodopen- 293
Russischer 290
Himmelblauer Bläuling 201
Hochalpen-Apollo 90
Hochalpen-Perlmutterfalter
Kleiner 271
Hochalpen-Würfel-Dickkopffalter 72
Hochalpiner Schillernder Mohrenfalter 320
Hochmoor-Bläuling 193
Hochmoorgelbling 108
Hochmoor-Perlmutterfalter 263
Hufeisenklee-Gelbling 101

I

Iberischer Segelfalter 82
Idas-Bläuling 192

K

Kaisermantel 261
Kanaren-Admiral 429
Kanaren-Samtfalter 355
Kanaren-Waldbrettspiel 410
Kanaren-Weißling 130
Kardinal 260
Karpathos-Waldportier 342
Karstweißling 133
Kleine Rostbinde 352
Kleiner Alpenbläuling 158
Kleiner Eisvogel 366
Kleiner Esparsetten-Bläuling 226
Kleiner Feuerfalter 176
Kleiner Fuchs 245
Kleiner Kohlweißling 136
Kleiner Mohrenfalter 314
Kleiner Monarch 295
Kleiner Perlmutterfalter 358
Kleiner Scheckenfalter 382
Kleiner Schillerfalter 246
Kleiner Schlehen-Zipfelfalter 230
Kleiner Südlicher Würfel-Dickkopffalter 69
Kleiner Waldportier 340
Kleiner Wanderbläuling 169
Kleiner Würfel-Dickkopffalter 68
Kleines Ochsenauge 356
Kleines Wiesenvögelchen 292
Kleopatra-Falter 120
Knochs Mohrenfalter 304
Kohlweißling
Großer 127
Kleiner 136
Kommafalter 53
Korsischer Heufalter 286
Korsischer Perlmutterfalter 256
Korsischer Schwalbenschwanz 85
Korsischer Waldportier 349
Kretischer Waldportier 343
Kreuzdornzipfelfalter 234
Kronwicken-Bläuling 189
Krüpers Weißling 132
Krüppelschlehen-Zipfelfalter 230
Kurzschwänziger Bläuling 154

L

La-Gomera-Zitronenfalter 122
Landkärtchen 251
Langschwänziger Bläuling 168
La-Palma-Zitronenfalter 123
Leinkraut-Scheckenfalter 387
Lilagold-Feuerfalter 174
Linnés Leguminosenweißling 127
Loreley-Dickkopffalter 46
Lorkovics Mohrenfalter 299

M

Madeira-Waldbrettspiel 409
Mädesüß-Perlmutterfalter 279
Magerrasen-Perlmutterfalter 265
Maivogel 338
Alpen- 337
Malven-Dickkopffalter 43
Mandeläugiger Mohrenfalter 298

Marmorierter Mohrenfalter 318
Mattscheckiger Braun-Dickkopffalter 76
Mattscheckiger Weißling 118
Mauerfuchs 361
Mittelmeer-Waldportier 341
Mittelmeer-Zitronenfalter 120
Mittlerer Perlmutterfalter 259
Mohrenfalter
  Ähnlicher 305
  Arktischer 302
  Berg- 306
  Blassbindiger 328
  Blindpunkt- 318
  Bulgarischer 322
  Christ's 301
  Doppelaugen- 321
  Felsen- 308
  Freyers Alpen- 329
  Früher 313
  Gelbbinden- 307
  Gelbbindiger 316
  Gelbgefleckter 312
  Graubindiger 297
  Graubrauner 324
  Hochalpiner Schillernder 320
  Kleiner 314
  Knochs 304
  Lorkovics 299
  Mandeläugiger 298
  Marmorierter 318
  Quellen- 326
  Rundaugen- 313
  Schillernder 299
  Schweizer Schillernder 331
  Simplon- 301
  Steirischer 329
  Sudeten- 330
  Unpunktierter 324
  Weißbindiger 311
  Weißbindiger Bergwald- 306
  Weißgebänderter 299
  Weißpunktierter 300
Monarch 295
  Afrikanischer 295
  Kleiner 295
Moor-Wiesenvögelchen 291

N

Natterwurz-Perlmutterfalter 275
Nierenfleck-Zipfelfalter 239

O

Ochsenauge
  Großes 372
  Kleines 356
  Rotbraunes 420
  Sardinisches 373
  Südliches 419
Ockerbindiger Samtfalter 351
Orangeroter Heufalter 107
Osterluzeifalter 93
  Balkan- 91
  Östlicher 91
  Spanischer 94
  Westlicher 94
Östlicher Gesprenkelter Weißling 112
Östlicher Großer Fuchs 403
Östlicher Kurzschwänziger Bläuling 155
Östlicher Osterluzeifalter 91
Östlicher Perlmutterfalter 258
Östlicher Quendel-Bläuling 238
Östlicher Resedafalter 140
Östlicher Scheckenfalter 385
Östlicher Senfweißling 125
Östlicher Tintenflech-Weißling 125

P

Pelargonien-Bläuling 149
Perlmutterfalter
  Ähnlicher 270
  Alpen- 274
  Bergwald- 274

Braunfleckiger 273
Brombeer- 277
Feuriger 254
Frühlings- 267
Großer 255
Grünlicher 258
Hochmoor- 263
Kleiner 358
Kleiner Hochalpen- 271
Korsischer 256
Mädesüß- 279
Magerrasen- 265
Mittlerer 259
Natterwurz- 275
Östlicher 258
Randring- 266
Saumfleck- 278
Silberfleck- 267
Sumpfwiesen- 273
Pflaumenzipfelfalter 233
Postillon 104
Prächtiger Bläuling 200
Provence-Feuerfalter 240

Q

Quellen-Mohrenfalter 326

R

Randring-Perlmutterfalter 266
Regensburger Gelbling 107
Resedafalter 139
Östlicher 140
Rhodopen-Heufalter 293
Ritterfalter 81
Rostbinde 351
Kleine 352
Rostfarbiger Dickkopffalter 58
Rotbindiger Samtfalter 252
Rotbraunes Ochsenauge 420
Rotbraunes Wiesenvögelchen 289
Roter Scheckenfalter 389
Roter Würfel-Dickkopffalter 75
Rotklee-Bläuling 225
Rundaugen-Mohrenfalter 313
Rundfleckiger Würfel-Dickkopffalter 71
Russischer Heufalter 290

S

Samtfalter
Eisenfarbiger 352
Kanaren- 355
Ockerbindiger 351
Rotbindiger 252
Weißband- 414
Sardinisches Ochsenauge 373
Saumfleck-Perlmutterfalter 278
Schachbrett 376
Apennin- 375
Balkan- 378
Braunadern- 379
Spanisches 377
Scheckenfalter
Alpen- 334
Baldrian- 388
Bräunlicher 394
Bündner 395
Ehrenpreis- 384
Eschen- 338
Flockenblumen- 392
Geißblatt- 337
Goldener 333
Kleiner 382
Leinkraut- 387
Östlicher 385
Roter 389
Skabiosen- 333
Veilchen- 334
Wachtelweizen- 383
Wegerich- 386
Westalpiner 395
Westlicher 392
Schillerfalter
Donau- 248
Großer 247
Kleiner 246

Ungarischer 248
Schillernder Mohrenfalter 299
Schlüsselblumen-Würfelfalter 164
Schnauzenfalter
Zürgelbaum- 364
Schornsteinfeger 250
Schwalbenschwanz 86
Korsischer 85
Südlicher 84
Schwarzbrauner Trauerfalter 398
Schwarzer Apollo 89
Schwarzer Trauerfalter 397
Schwarzgefleckter Ameisenbläuling 182
Schwarzkolbiger Braun-Dickkopffalter 79
Schwefelvögelchen 179
Schweizer Schillernder Mohrenfalter 331
Segelfalter 83
Iberischer 82
Senfweißling 127
Östlicher 125
Silberfalter
Violetter 279
Silberfleck-Permutterfalter 267
Silbergrüner Bläuling 204
Silberstrich 261
Simplon-Mohrenfalter 301
Skabiosen-Scheckenfalter 333
Sonnenröschen-Würfel-Dickkopffalter 60
Spanischer Osterluzeifalter 94
Spanisches Schachbrett 377
Spiegelfleck-Dickkopffalter 54
Steirischer Mohrenfalter 329
Steppen-Dickkopffalter 55
Steppen-Gelbling 105
Steppenheiden-Würfel-Dickkopffalter 65
Steppenpförtner 282
Storchschnabel-Bläuling 214
Streifen-Bläuling 206
Stromtal-Wiesenvögelchen 291
Sudeten-Mohrenfalter 330
Südlicher C-Falter 412
Südlicher Kurzgeschwänzter Bläuling 153
Südlicher Schwalbenschwanz 84
Südliches Ochsenauge 419
Südöstlicher Feuerfalter 178
Südwestalpen-Würfeldickkopf 64
Sumpfwiesen-Perlmutterfalter 273

T

Tagpfauenauge 400
Teneriffa-Zitronenfalter 121
Thymian-Ameisenbläuling 182
Tintenfleck-Weißling 127
Östlicher 125
Tragant-Bläuling
Kleiner 197
Trauerfalter
Schwarzbrauner 398
Schwarzer 397
Trauermantel 399
Tundrasamtfalter
Brauner 407
Gelbgrauer 404

U

Ulmen-Zipfelfalter 234
Ungarischer Schillerfalter 248
Unpunktierter Mohrenfalter 324

V

Veilchen-Scheckenfalter 334
Violetter Feuerfalter 170
Violetter Silberfalter 279
Vogelwicken-Bläuling 200

W
Wachtelweizen-Scheckenfalter 383
Waldbrettspiel 408
  Kanaren- 410
  Madeira- 409
Waldportier
  Balkan- 353
  Blauäugiger 396
  Großer 344
  Karpathos- 342
  Kleiner 340
  Korsischer 349
  Kretischer 343
  Mittelmeer- 341
  Walliser 347
  Weißer 276
Waldvogel
  Brauner 250
Wald-Wiesenvögelchen 289
Walliser Waldportier 347
Wandergelbling 104
Wegerich-Scheckenfalter 386
Weißband-Samtfalter 414
Weißbindiger Bergwald-Mohrenfalter 306
Weißbindiger Mohrenfalter 311
Weißbindiges Wiesenvögelchen 284
Weißdolch-Bläuling 206
Weißer Waldportier 276
Weißes L 402
Weißgebänderter Mohrenfalter 299
Weißkernauge 423
Weißklee-Gelbling 106
Weißling 125
  Alpen- 137
  Balkan- 127
  Berg- 129
  Baum- 99
  Gesprenkelter Gebirgs- 118
  Grünader- 135
  Grüngestreifter 114
  Kanaren- 130
  Karst- 133
  Krüpers 132
  Linnés Leguminosen- 127
  Mattscheckiger 118
  Östlicher Gesprenkelter 112
  Senf- 127
  Tintenfleck- 127
  Westlicher Gesprenkelter 115
Weißlinge 96
Weißpunktierter Mohrenfalter 300
Westalpiner Scheckenfalter 395
Westlicher Azorensamtfalter 341
Westlicher Gesprenkelter Weißling 115
Westlicher Osterluzeifalter 94
Westlicher Quendel-Bläuling 236
Westlicher Scheckenfalter 392
Wiesenknopf-Ameisenbläuling
  Dunkler 185
  Heller 186
Wiesenvögelchen
  Alpen- 288
  Kleines 292
  Moor- 291
  Rotbraunes 289
  Stromtal- 291
  Wald- 289
  Weißbindiges 284
Wundklee-Bläuling 210
Würfeldickkopf
  Südwestalpen 64
Würfel-Dickkopffalter
  Alpen- 63
  Ambossfleck- 70
  Graumelierter Alpen- 61
  Hochalpen- 72
  Kleiner 68
  Kleiner Südlicher 69
  Roter 75
  Rundfleckiger 71

Sonnenröschen- 60
Steppenheiden- 65
Zweibrütiger 62
Würfelfalter
Schlüsselblumen- 164

Z

Zahnflügel-Bläuling 208
Zipfelfalter
Akazien- 230
Blauer Eichen- 160
Brauner Eichen- 232
Eschen- 167
Grüner 150
Kleiner Schlehen- 230
Kreuzdorn- 234
Krüppelschlehen- 230
Nierenfleck- 239
Pflaumen- 233
Ulmen- 234
Zitronenfalter 123
La-Gomera- 122
La-Palma- 123
Mittelmeer- 120
Teneriffa- 121
Zürgelbaum-Schnauzenfalter 364
Zweibrütiger Würfel-Dickkopffalter 62
Zwerg-Bläuling 157

Register der wissenschaftlichen Artnamen

A

Aglais ichnusa 244
Aglais urticae 245
Anthocharis cardamines 96
Anthocharis damone 97
Anthocharis euphenoides 97
Anthocharis gruneri 99
Apatura ilia 246
Apatura iris 247
Apatura metis 248
Aphantopus hyperantus 250
Apharitis acamas 143
Aphnaeinae 143
Aporia crataegi 99
Araschnia levana 251
Arethusana arethusa 252
Arethusana boabdil 254
Argynnis adippe 254
Argynnis aglaja 255
Argynnis elisa 256
Argynnis laodice 258
Argynnis niobe 259
Argynnis pandora 260
Argynnis paphia 261
Aricia anteros 143
Aricia artaxerxes 144
Aricia montensis 145
Aulocera circe 276
Azanus jesous 147
Azanus ubaldus 148

B

Boloria alaskensis 262
Boloria angarensis 264
Boloria aquilonaris 263
Boloria chariclea 264
Boloria (Clossiana) titania 275
Boloria dia 265
Boloria eunomia 266
Boloria euphrosyne 267
Boloria frigga 269
Boloria graeca 269
Boloria improba 269
Boloria napaea 270
Boloria pales 271
Boloria polaris 272
Boloria selene 273
Boloria selenis 274
Boloria thore 274
Boloria tritonia 276
Borbo borbonica 43
Brenthis daphne 277
Brenthis hecate 278
Brenthis ino 279
Brintesia circe 276

C

Cacyreus marshalli 149
Callophrys avis 150
Callophrys butlerovi 150
Callophrys rubi 150
Carcharodus alceae 43
Carcharodus baeticus 45
Carcharodus flocciferus 45
Carcharodus lavatherae 46
Carcharodus orientalis 47
Carcharodus stauderi 48
Carcharodus tripolina 48
Carterocephalus palaemon 49
Catopsilia florella 100
Celastrina argiolus 151
Charaxes jasius 281
Chazara briseis 282
Chazara persephone 283
Chazara prieuri 283
Chilades galba 152
Chilades trochylus 152
Clossiana selene 273
Coenonympha amaryllis 284
Coenonympha arcania 284
Coenonympha corinna 286
Coenonympha dorus 286

Coenonympha elbana 287
Coenonympha gardetta 288
Coenonympha glycerion 289
Coenonympha hero 289
Coenonympha leander 290
Coenonympha oedippus 291
Coenonympha orientalis 292
Coenonympha pamphilus 292
Coenonympha phryne 293
Coenonympha thyrsis 294
Coliadinae 96
Colias alfacariensis 101
Colias aurorina 102
Colias caucasica 104
Colias chrysotheme 104
Colias crocea 104
Colias erate 105
Colias hyale 106
Colias myrmidone 107
Colias palaeno 108
Colias phicomone 109
Colias sulitelma 110
Colias tyche 111
Colotis evagore 112
Cupido alcetas 153
Cupido argiades 154
Cupido carswelli 155
Cupido decolorata 155
Cupido lorquinii 156
Cupido minimus 157
Cupido osiris 158
Cyclyrius webbianus 159

D

Danaus chrysippus 295
Danaus plexippus 295
Deudorix livia 160

E

Erebia aethiops 297
Erebia alberganus 298
Erebia bubastis 299
Erebia calcaria 299
Erebia cassioides 299
Erebia christi 301
Erebia claudina 300
Erebia cyclopius 301
Erebia dabanensis 302
Erebia disa 302
Erebia discoidalis 302
Erebia edda 303
Erebia embla 303
Erebia epiphron 304
Erebia epistygne 304
Erebia eriphyle 305
Erebia euryale 306
Erebia fasciata 307
Erebia flavofasciata 307
Erebia gorge 308
Erebia gorgone 309
Erebia hispania 309
Erebia jeniseiensis 310
Erebia lefebvrei 310
Erebia ligea 311
Erebia manto 312
Erebia medusa 313
Erebia melampus 314
Erebia melas 316
Erebia meolans 316
Erebia mnestra 318
Erebia montana 318
Erebia neoridas 319
Erebia nivalis 320
Erebia oeme 321
Erebia orientalis 322
Erebia ottomana 322
Erebia palarica 323
Erebia pandrose 324
Erebia pharte 324
Erebia pluto 325
Erebia polaris 326
Erebia pronoe 326
Erebia rhodopensis 327
Erebia rondoui 327
Erebia rossii 327
Erebia scipio 328

Erebia sthennyo 328
Erebia stirius 329
Erebia styx 329
Erebia sudetica 330
Erebia triaria 331
Erebia tyndarus 331
Erebia zapateri 332
Erynnis marloyi 50
Erynnis tages 51
Euchloe ausonia 112
Euchloe bazae 113
Euchloe belemia 114
Euchloe charlonia 114
Euchloe crameri 115
Euchloe eversi 116
Euchloe grancanariensis 116
Euchloe hesperidum 117
Euchloe insularis 117
Euchloe penia 118
Euchloe simplonia 118
Euchloe tagis 120
Euphydryas aurinia 333
Euphydryas cynthia 334
Euphydryas desfontainii 335
Euphydryas iduna 337
Euphydryas intermedia 337
Euphydryas maturna 338

F
Favonius quercus 160

G
Gegenes nostrodamus 52
Gegenes pumilio 52
Glaucopsyche alexis 161
Glaucopsyche melanops 163
Glaucopsyche paphos 164
Gonepteryx cleobule 121
Gonepteryx cleopatra 120
Gonepteryx eversi 122
Gonepteryx farinosa 122
Gonepteryx maderensis 122
Gonepteryx palmae 123
Gonepteryx rhamni 123

H
Hamearis lucina 164
Hesperia comma 53
Hesperiidae 43
Heteropterus morpheus 54
Hipparchia alcyone 340
Hipparchia aristaeus 341
Hipparchia autonoe 341
Hipparchia azorinus 341
Hipparchia bacchus 342
Hipparchia blachieri 342
Hipparchia christenseni 342
Hipparchia cretica 343
Hipparchia cypriensis 344
Hipparchia fagi 344
Hipparchia fatua 345
Hipparchia fidia 346
Hipparchia genava 347
Hipparchia gomera 347
Hipparchia leighebi 347
Hipparchia maderensis 348
Hipparchia mersina 348
Hipparchia miguelensis 349
Hipparchia neapolitana 350
Hipparchia neomiris 349
Hipparchia occidentalis 350
Hipparchia pellucida 350
Hipparchia sbordonii 352
Hipparchia semele 351
Hipparchia senthes 351
Hipparchia statilinus 352
Hipparchia syriaca 353
Hipparchia tamadabae 354
Hipparchia tilosi 354
Hipparchia volgensis 354
Hipparchia wyssii 355
Hypolimnas misippus 355
Hyponephele lupinus 356
Hyponephele lycaon 356

I

Iolana iolas 166
Iphiclides feisthamelii 82
Iphiclides podalirius 82, 83
Issoria eugenia 357
Issoria lathonia 358

K

Kirinia climene 359
Kirinia roxelana 359

L

Laeosopis roboris 167
Lampides boeticus 168
Lasiommata deidamia 360
Lasiommata mae 360
Lasiommata megera 361
Lasiommata paramegaera 362
Lasiommata petropolitana 363
Leptidea duponcheli 124
Leptidea juvernica 125
Leptidea morsei 125
Leptidea reali 126
Leptidea sinapis 127
Leptotes pirithous 169
Libythea celtis 364
Limenitis camilla 366
Limenitis populi 367
Limenitis reducta 368
Lopinga achine 370
Lycaena alciphron 170
Lycaena bleusei 171
Lycaena candens 171
Lycaena dispar rutilus 172
Lycaena helle 173
Lycaena hippothoe 174
Lycaena ottomanus 176
Lycaena phlaeas 176
Lycaena thersamon 178
Lycaena thetis 179
Lycaena tityrus 179
Lycaena virgaureae 181
Lycaenidae 143
Lycaeninae 143

M

Maculinea alcon 183
Maculinea arion 182
Maculinea nausithous 185
Maculinea teleius 186
Maniola chia 371
Maniola cypricola 372
Maniola halicarnassus 372
Maniola jurtina 372
Maniola megala 373
Maniola nurag 373
Maniola telmessia 374
Melanargia arge 375
Melanargia galathea 376
Melanargia ines 377
Melanargia lachesis 378
Melanargia larissa 378
Melanargia occitanica 379
Melanargia pherusa 380
Melitaea aetherie 381
Melitaea arduinna 382
Melitaea asteria 382
Melitaea athalia 383
Melitaea aurelia 384
Melitaea britomartis 385
Melitaea cinxia 386
Melitaea deione 387
Melitaea diamina 388
Melitaea didyma 389
Melitaea ornata 391
Melitaea parthenoides 392
Melitaea phoebe 392
Melitaea trivia 394
Melitaea varia 395
Minois dryas 396
Muschampia cribrellum 55
Muschampia proteides 56
Muschampia proto 56
Muschampia tessellum 57

N
Neolycaena rhymnus 182
Neptis rivularis 397
Neptis sappho 398
Nymphalis antiopa 399
Nymphalis io 400
Nymphalis polychloros 401
Nymphalis vaualbum 402
Nymphalis xanthomelas 403

O
Ochlodes sylvanus 58
Oeneis bore 404
Oeneis glacialis 405
Oeneis jutta 405
Oeneis magna 406
Oeneis melissa 407
Oeneis norna 407
Oeneis polixenes 407
Oeneis tarpeia 408

P
Papilio alexanor 84
Papilio hospiton 85
Papilio machaon 86
Papilionidae 81
Papilioninae 81
Pararge aegeria 408
Pararge xiphioides 410
Parnassiinae 81
Parnassius apollo 87
Parnassius mnemosyne 89
Parnassius phoebus 90
Pelopidas thrax 59
Phengaris alcon 183
Phengaris arion 182
Phengaris teleius 186
Pieridae 96
Pierinae 96
Pieris balcana 127
Pieris brassicae 127
Pieris bryoniae 129
Pieris cheiranthi 130
Pieris ergane 131
Pieris krueperi 132
Pieris mannii 133
Pieris napi 135
Pieris rapae 136
Plebejus aquilo 188
Plebejus argus 188
Plebejus argyrognomon 189
Plebejus bellieri 190
Plebejus brethertoni 191
Plebejus eurypilus 191
Plebejus hesperica 191
Plebejus idas 192
Plebejus loewii 193
Plebejus optilete 193
Plebejus orbitulus 194
Plebejus psylorita 195
Plebejus pylaon 196
Plebejus pyrenaica 197
Plebejus sephirus 197
Plebejus trappi 197
Plebejus villai 198
Plebejus zullichi 198
Polygonia c-album 411
Polygonia egea 412
Polyommatus abdon 198
Polyommatus admetus 198
Polyommatus albicans 199
Polyommatus amandus 200
Polyommatus aroaniensis 201
Polyommatus bellargus 201
Polyommatus budashkini 203
Polyommatus caelestissima 203
Polyommatus celina 203
Polyommatus coelestina 203
Polyommatus coridon 204
Polyommatus corydonius 205
Polyommatus cyane 206
Polyommatus damocles 206
Polyommatus damon 206
Polyommatus damone 208
Polyommatus daphnis 208
Polyommatus dolus 209

Polyommatus dorylas 210
Polyommatus eleniae 211
Polyommatus eros 212
Polyommatus escheri 213
Polyommatus eumedon 214
Polyommatus exuberans 215
Polyommatus fabressei 215
Polyommatus fulgens 216
Polyommatus galloi 215
Polyommatus gennargenti 215
Polyommatus glandon 217
Polyommatus golgus 217
Polyommatus hispana 218
Polyommatus humedasae 219
Polyommatus icarus 219
Polyommatus iphigenia 221
Polyommatus krymaea 221
Polyommatus menalcas 221
Polyommatus nephohiptamenos 222
Polyommatus nivescens 222
Polyommatus orphicus 223
Polyommatus pelopi 223
Polyommatus pljushtchi 224
Polyommatus ripartii 224
Polyommatus semiargus 225
Polyommatus thersites 226
Polyommatus violetae 227
Polyommatus virgilia 227
Pontia callidice 137
Pontia chloridice 139
Pontia daplidice 139
Pontia edusa 140
Praephilotes anthracias 228
Proterebia afra 413
Pseudochazara amymone 414
Pseudochazara beroe 415
Pseudochazara cingovskii 415
Pseudochazara euxina 415
Pseudochazara geyeri 416
Pseudochazara hippolyte 417
Pseudochazara mniszechii 417
Pseudochazara orestes 418
Pseudochazara williamsi 418
Pseudophilotes abencerragus 228
Pseudophilotes barbagiae 229
Pseudophilotes bavius 229
Pseudophilotes panoptes 230
Pseudophilotes vicrama 238
Pyrgus alveus 60
Pyrgus andromedae 61
Pyrgus armoricanus 62
Pyrgus bellieri 63
Pyrgus cacaliae 63
Pyrgus carlinae 64
Pyrgus carthami 65
Pyrgus centaureae 66
Pyrgus cinarae 67
Pyrgus malvae 68
Pyrgus malvoides 69
Pyrgus onopordi 70
Pyrgus serratulae 71
Pyrgus sidae 72
Pyrgus warrenensis 72
Pyronia bathseba 418
Pyronia cecilia 419
Pyronia tithonus 420

R

Riodininae 143

S

Satyrium acaciae 230
Satyrium ilicis 232
Satyrium ledereri 231
Satyrium pruni 233
Satyrium spini 234
Satyrium w-album 234
Satyrus actaea 422
Satyrus ferula 423
Satyrus virbius 424
Scolitantides baton 236
Scolitantides orion 237
Spialia orbifer 73
Spialia phlomidis 74

Spialia sertorius 75
Spialia therapne 76

T

Tarucus balkanica 238
Tarucus theophrastus 239
Thaleropis ionia 424
Thecla betulae 239
Thymelicus acteon 76
Thymelicus christi 78
Thymelicus hyrax 78
Thymelicus lineola 79
Thymelicus sylvestris 79, 81
Tomares ballus 240
Tomares callimachus 241
Turanana taygetica 241

V

Vanessa atalanta 424
Vanessa cardui 426
Vanessa virginiensis 427
Vanessa vulcania 429

Y

Ypthima asterope 429

Z

Zegris eupheme 141
Zegris pyrothoe 142
Zerynthia cerisy 91
Zerynthia cretica 92
Zerynthia polyxena 93
Zerynthia rumina 94
Zizeeria knysna 243